国家科学技术学术著作出版基金资助出版

电化学分析仪器设计与应用

Design and Application of Electrochemical Instruments

牛利　包宇　刘振邦　等著

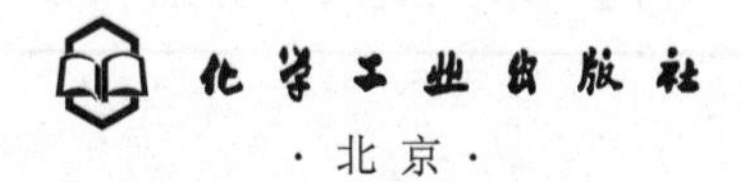

·北京·

内容简介

《电化学分析仪器设计与应用》共 6 章，主要内容包括电化学分析仪器的发展史、电化学分析基本概念和技术方法、电化学分析仪器电路原理及设计方法、电化学分析仪器应用软件设计、电化学分析仪器的微型化、电化学分析仪器联用技术。本书在介绍电化学分析仪器上重点向读者展示了电化学分析仪器与联用技术的测量原理，电化学分析仪器总体架构与软硬件设计思路，并以实验室自主研发设计并实现商品化的电化学工作站、扫描电化学显微镜、表面等离子体共振仪、石英晶体微天平为例，进行了较为详细的介绍。

本书适合电化学分析工作者、电化学分析仪器研发人员阅读，也可作为高等院校相关专业教师、研究生以及高年级本科生的参考书。

图书在版编目（CIP）数据

电化学分析仪器设计与应用 / 牛利等著. —北京：化学工业出版社，2021.8（2023.7重印）

国家科学技术学术著作出版基金资助出版

ISBN 978-7-122-39136-0

Ⅰ. ①电… Ⅱ. ①牛… Ⅲ. ①电化学分析-分析仪器 Ⅳ. ①TH832

中国版本图书馆 CIP 数据核字（2021）第 087341 号

责任编辑：成荣霞　　文字编辑：李　玥

责任校对：宋　夏　　装帧设计：王晓宇

出版发行：化学工业出版社（北京市东城区青年湖南街 13 号　邮政编码 100011）

印　　装：北京虎彩文化传播有限公司

710mm×1000mm　1/16　印张 15¼　字数 258 千字　2023 年 7 月北京第 1 版第 4 次印刷

购书咨询：010-64518888　　售后服务：010-64518899

网　　址：http://www.cip.com.cn

凡购买本书，如有缺损质量问题，本社销售中心负责调换。

定　　价：128.00 元

PREFACE

前言

电子、质子是构成物质结构的基本粒子，化学反应的发生，必然涉及电子的转移或偏移，将化学变化与电的现象紧密联系起来的学科便是电化学。应用电化学的基本原理和实验技术，依据物质的电化学性质来测定物质组成及含量的分析方法称为电化学分析或电分析化学。电分析化学仪器就是用来测量和记录化学变化过程中电流、电阻、电势强度和变化的设备，它把化学过程中的现象以电势差、电流、电量、电阻等形式进行测量和表达，其特点是能够进行快速分析，仪器简单、易自动控制，灵敏度高，适合微量、痕量分析，测量范围宽，在科学发展中有着不可低估的作用。

在20世纪80年代中期以前，电化学分析的基本方法已经广泛建立，我国电化学仪器也完成电子管向晶体管的过渡，中国科学院长春应用化学研究所在60～70年代研制了示波和方波极谱仪、伏安和循环伏安仪、脉冲极谱仪，80年代研制出多功能新极谱仪，并获国家优秀新产品金龙奖。从20世纪80年代中期到90年代初期，随着电子技术的发展和微型计算机的普及，计算机控制的电化学分析仪器迅速发展，EG&G PARC、Pine、Solartron等国际先进仪器大量进入。我国的一些大学和研究所等研究机构在此阶段也开始研究电化学仪器的计算机控制技术和数据处理技术，包括中国科学院长春应用化学研究所、武汉大学、厦门大学、中国科学技术大学、沈阳金属腐蚀与防护研究所、中国矿业大学等，对我国电化学仪器技术的早期开拓探索作出了贡献。江苏电分析仪器厂与中国科学技术大学合作推出我国自行研制的第一代MEC-12A多功能微机电化学分析仪。20世纪80年代及90年代，我国的研究者在电分析化学理论和实验方法及测试技术方面也进行了深入研究，我国的电化学仪器技术进一步发展，在专用和常用仪器方面，出现了一批我国自主生产的仪器，90年代末期，以中国科学院长春应用化学研究所为主研制出的全面综合通用型ECS 2000电化学测试系统，标志着我国已经全面掌握了电化学仪器技术。在进入21世纪以后，尤其是近几年，随着嵌入式电子技术的发展和分布式检测需求的增加，电化学分析仪器在向着微型化、网络化的方向发展，无线通信方式迅速发展，并在某些场合取得了应用。

中华人民共和国科学技术部一直十分重视科学仪器研制与开发工作。“九五”和“十五”期间都将“科学仪器研制与开发”列为国家科技攻关计划的重要组成部分，在我国科研工作者及仪器厂商的努力下攻克了一批共性关键技术，取得上百项具有自主创新性的科学仪器产品，带动了我国相关仪器设备的发展，一些量大面广的分析仪器国内市场占有率从13%提高到了50%，但在高端分析仪器方面与国际先进仪器还具有一定差距，导致一些重点领域科学研究进度缓慢。

科学仪器设备是科学技术发展的基石，也是支撑我国经济社会发展和国防安全的重要手段，本书以笔者实验室多年从事分析仪器研发为例，从电化学发展历史、电化学分析方法、硬件电路实现、配套软件设计等多角度阐述了自行研发的电化学工作站、扫描电化学显微镜、表面等离子体共振仪、石英晶体微天平等仪器。本书适合电化学分析工作者、电化学分析仪器研发人员阅读，也可作为高等院校相关专业教师、研究生以及高年级本科生的参考书。

由于笔者水平有限，误漏在所难免，恳请读者批评指正。

牛利

2021年2月

目录

CONTENTS

1

电化学分析仪器的发展历史

1.1 电化学的历史——理论的探索

1.1.1 Galvani 和 Volta 的发现

电子、质子是构成物质结构的基本粒子，化学反应的发生，必然涉及电子的转移或偏移，将化学变化与电的现象紧密联系起来的学科便是电化学。应用电化学的基本原理和实验技术，依据物质的电化学性质来测定物质组成及含量的分析方法称为电化学分析或电分析化学。无论是本章要讲述的电分析技术，还是近年来热门的能源话题，如燃料电池、锂电池和超级电容器，都源于电化学。电化学的研究和发展涉及了能源、材料、环保和生命奥秘等许多人们面对的重大课题。

电分析化学不仅是电化学的分支，也是仪器分析的重要分支，现代电分析化学是一个融合了电化学、分析化学和仪器技术的学科，在解决实际生活中的分析问题时，表现出其独特的能力。随着现代分析仪器技术微型化、仿生化、自动化、信息化的发展[1]，电分析化学技术以其高灵敏、小尺寸和方便快捷的优势，衍生出众多实用的检测体系，得到广泛的应用。

回顾历史，电化学系统的发展在 1960 年之前，极大程度上是受到仪器技术的制约的，然而在那个年代，先辈科学家们却深入地探讨了电化学的基本理论，不断开拓新的测试方法。奠定了现代电分析化学的理论基础，其中一些方法至今仍然被使用。追本溯源，电化学的历史要从 200 多年前说起。在 1771 年，意大利生物学家 Luigi Galvani（伽伐尼，图 1.1）在做青蛙解剖实验的时候，发现用金属棒去触碰现剥的蛙腿，会引起蛙腿肌肉的剧烈痉挛。这个现象引起了 Galvani 的注意，因为在意大利传统医学中，认为肌肉运动是依靠某种“气”，而 Galvani 猜测可能来自某种“电”，于是他通过反复的实验，选择不同的时间、不同的天气、不同的金属等等，排除外来电的可能。最终认为这并不是气，而是自身产生的电，提出是“生物电”导致的蛙腿痉挛。直到 1791 年，他发表了一篇名为《电流在肌肉运动中所起的作用》的论文，阐明了生物电的概念。对于电化学学科来说，这是一个重要的历史时刻，后人公认 Galvani 这篇论文就是电化学以及电生理学研究的历史开端，而 Galvani 因此也被后人称为生物电之父。

图 1.1
Luigi Galvani
（1737—1798）与
青蛙实验

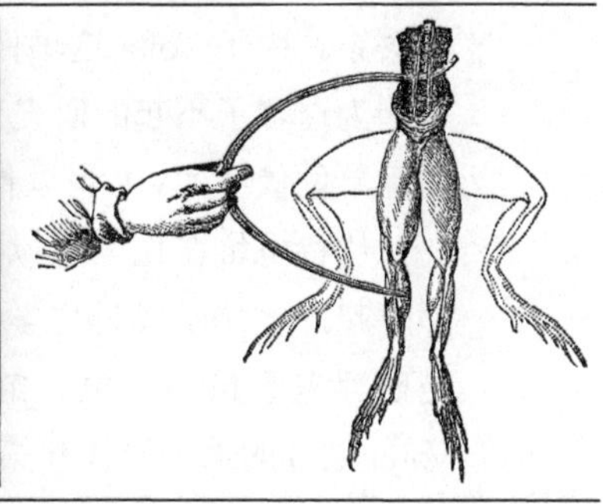

不过，就在几年后有人提出了不同的意见。同在意大利的物理学家 Alessandro Volta（伏特）反复重现 Galvani 著名的“青蛙实验”。他发现，不同的金属才能刺激青蛙腿的收缩，不仅如此，通过实验和分析，他发现使用湿的纸张或者海绵也可以产生电，不必要使用青蛙的肌肉。因此，Volta（伏特，图 1.2）提出这种电并非来源于“生物电”，而是两端的金属电极导致的，解剖的青蛙腿实际上不仅充当了电解液的作用，而且是一只非常灵敏的“验电器”。

图 1.2
Alessandro Volta
（1745—1827）与
伏特电堆

Volta 进行了进一步的阐述，将金属称为第一导体，溶液称为第二导体，将二者连接成为回路就可能产生电流，这与动物本身是无关的[2]。为了证明自己的想法，Volta 在 1800 年，制作了一个“Pile”（电堆）去说服 Galvani，电堆用锌板、铜板和海水组成，相当于一个叠放的电池。那时不叫电池，还没有“battery”这个词，起名叫做“Volta Pile”（伏特电堆）。伏特电堆每个单元可以产生 0.76V 的开路电压，六个单元的伏特电堆可以达到大约 4.56V 的开路输出。

在当时，伏特电堆的发明，为人们提供了能够产生稳定电流的化学电源，使人们从各个方面研究电流的各种效应，并且开始研究电和化学的关系。由于 Volta 这项伟大的发明，他后来被拿破仑封爵并授予奖牌，也因为这项了不起的研究工作，Volta 被后人公认为化学电池之父，电压国际单位伏特（V）也以他的名字命名。

伏特电堆在化学界掀起了一次研究热潮，开辟了新的研究领域，从那时起，电化学成为化学家族的一员。从电和化学的角度来说，电化学是研究电学量如电位、电流和电荷与化学参数之间的关系的学科。从 Volta 划分的第一导体和第二导体的角度上来说，电化学是一门研究电子导体和离子导体界面问题的科学。

1.1.2 Faraday 和 Nernst 的理论贡献

在 19 世纪初的化学界，科学家们在积极讨论物质的组成，对单质和化合物的区分缺乏有效的验证手段。在 Volta 发明电堆以后，化学家们以电堆为电源，研究物质的组成。在 1800 年，英国化学家 William Nicholson、Anthony Carlisle 等人开始利用伏特电堆电解水，研究一些物质组成和电的关系。那时很多人认为碱土类物质具有单质的性质，是不能分解的。虽然拉瓦锡曾经预测碱土应该可以分解，但仍然没有实际证据。在 1807 年，英国化学家 Humphry Davy 非常执着，在电解碱溶液一直得到氢气和氧气的情况下，考虑到电解熔融盐，最终制备出了单质的钾和钠，打破了之前碱土类不能分解的说法[2]。可见，在电池发明之初，电作为一种新的实验手段被人们使用，电化学的理论研究并未成规模展开，还没涉及电势、电流与化学量的关系。

直到 1834 年，Davy 的学生，英国人 Michael Faraday（法拉第，图 1.3）对“电化学”有了新的认识，该年他发表了一篇名为“关于电的实验研究”的论文，提出物质在电解过程中参与电极反应的质量 m 与通过电极的电量 Q 是成正比的，不同物质电解的质量则正比于该物质的分子量，后人称为法拉第电解定律。

$$m = \frac{M}{n} \times \frac{Q}{F}$$

$$F = 96485\text{C/mol}$$

法拉第电解定律是 Faraday 在 19 世纪前半期通过大量电解实验得出的规律，是电化学中的最重要定律，我们在电化学研究中经常要用到它。不仅如此，历史上法拉第电解定律还曾启发同时代的物理学家，形成电荷具有原子性的概念，这对于导致基本电荷 e 的发现以及建立物质的电结构理论是具有重大意义的。

法拉第定律是电化学研究的最基本定律。从电分析技术上来看，后来在 1940 年左右出现的库仑分析方法，就是完全以法拉第定律为基础的，只是 Faraday 提出理论之时，还没有足够的仪器技术来拓展这个定律的应用。而 Faraday 也不仅提出了电解定律，他因为在电学领域更加伟大的科学发现，提出电磁感应定律和场的概念，被誉为电学之父。

图 1.3
Michael Faraday
(1791—1867)

Faraday 不仅在电化学研究中做出了重大贡献，而且在电磁感应定律的研究中实现了一生更大的成就，有趣的是，另一位伟大的电化学理论贡献者也有着类似的故事。德国物理学家 Walther Nernst（能斯特，图 1.4），因 1906 年提出的热力学第三定律获得了 1920 年的诺贝尔化学奖。而早在 1889 年，25 岁的 Nernst 在物理化学上初露头角，他将热力学原理应用到了电池上，认为电极是有“溶解压力”的，进一步提出能斯特方程。Nernst 认为在一定温度下，可逆电池的电动势与参加电池反应各组分的活度之间的关系，反映了各组分活度对电动势的影响，能斯特方程表达式如下：

图 1.4
Walther Nernst
(1864—1941)

$$\varphi_{ox/red} = \varphi^{\ominus}_{ox/red} + \frac{RT}{nF} \ln \frac{c_{ox} / c^{\ominus}}{c_{red} / c^{\ominus}}$$

这是自 Volta 发明电池近百年以来，第一次有人能对电池产生电势作出合理解释。能斯特方程将电池的电势同电池的各个性质联系起来。虽然 Nernst 当时的解释到现代已被其他更好的解释所代替，但能斯特方程仍然沿用至今。

能斯特方程是电化学中的最基本方程，在这个基础上发展出了电位测量法，电位测量法是常用电分析技术之一，通过测量平衡状态下的电池电动势，确定离子浓度或者进行电位滴定。比如，将能斯特方程进一步简化为 $E = K + S\lg[c]$ 的形式，两个不同浓度的半电池反应做差后，得到电势差与离子浓度对数的线性关系，而大部分离子选择电极之所以实用，就是利用这个结果。离子选择电极是最直接的电位分析法，从结构上看，是一个选择性膜分隔的浓差电池。

能斯特方程提出同期及其后年间，电化学研究理论内容日渐丰富，如 1887 年的 Arrhenius 电离理论，1905 年的 Tafel 公式，1923 年 Debye-Hückel 理论，1924 年 Stern 完善双电层模型，1930 年电分析中重要的 Butler-Volmer 方程，1934 年 D. Ilkovic 提出扩散电流方程等[3]。人们在电极和溶液的界面问题以及电极过程问题的理解上，已经到了一个较为系统的程度。

法拉第定律和能斯特方程，是电化学发展中里程碑式的贡献。而当我们发现了一种自然现象，一个科学问题的时候，我们总要思考如何去理解和利用。在化学科学中，我们也经常会考虑，如何利用这个现象去创造一些未知的东西，或是研究这个现象理解未知的过程。顺着这样的思路，电化学发展成了两个方向，一个是利用电化学去创造，如工业电解、电镀、化学电池，直到现在生活中的锂电池、手机的显示屏等等。另一个是理解电化学的过程中，产生了各种参量和衍生出的诸多数据，对这些数据的理解就成为电分析化学，如 pH 测量、环境重金属分析和气体分析、人体的血液分析等具体的分析问题。

1.1.3 早期电化学分析技术

电分析技术应用电化学的基本原理和实验方法，依据物质的电化学性质测定其组成及含量，在这个过程中人们需要直接对电学性质进行测量，所以既需要合理的测试方法又需要可靠的分析仪器。

电化学系统的设计是要面向具体的电化学技术开发的，如今，电分析仪器已经非常成熟，基本能够满足人们对各种分析方法的应用设计。在早期，尤其是1900年之前，由于仪器技术尚未兴起，硬件条件不足，电分析化学几乎没有电学仪器来支撑，分析技术一定程度上受限于时代的技术发展。早期比较有影响力的电分析技术要数离子选择电极的发明和极谱学的提出。

离子选择电极（ISE）是电位分析法的一种，是对能斯特方程的直接运用。ISE的发展具有悠久的历史[4]，到了现代，由于出现更加稳定的和更加灵敏的电子元件，电位分析法的测量领域充分拓展，涉及了临床诊断、工业控制和环境分析等诸多领域，医疗中的血液离子分析（钾、钙、钠、镁等）基本都使用电位分析法。由于ISE具有良好的选择响应特性，商业化产品较为成熟，许多公司如热电、康宁玻璃、日本日立等都是ISE比较知名的生产厂商。

最经典的ISE是pH电极（图1.5），它对氢离子具有极高的选择性，极宽的测试范围，以及快速和稳定的响应能力。pH电极是M. Cremer在1906年报道的，他首次发现了玻璃膜电极对氢离子的选择性应答的现象，相当于最早开展电化学传感器的研究[5]。1930年代，玻璃电极测定pH的方法成为最为方便的技术（通过测定分隔开的玻璃电极和参比电极之间的电位差），到了1940年，A. Beckman将其成功商业化之后，pH电极成为测量pH值的通用方法。

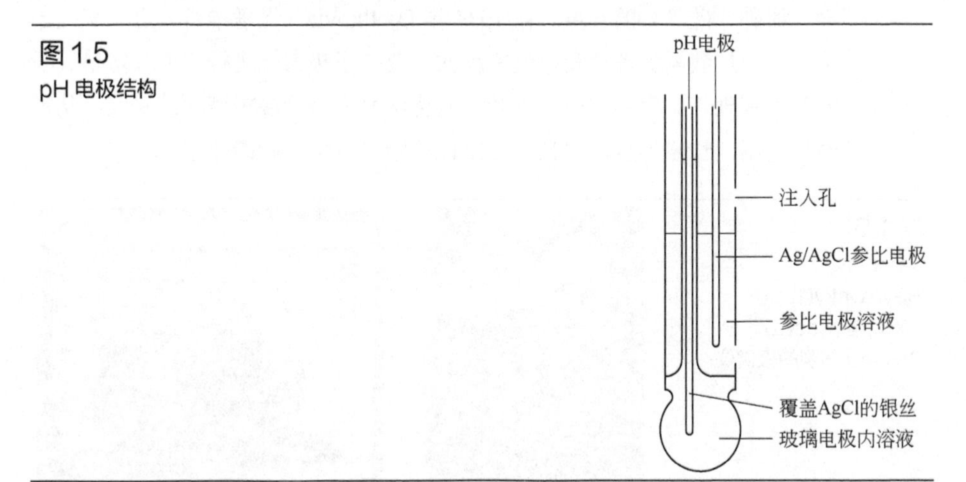

图1.5
pH电极结构

pH 电极是由很薄的 pH 敏感膜封装在普通玻璃的底部组成的，玻璃膜由三维硅酸盐的网络组成，含有负电荷的氧原子，能够与适当尺寸的阳离子进行配位。前面提到，离子选择电极的公式依据是 $E = K + RT / nF\lg[c]$，pH 电极的电位遵循 $E_{cell} = K + 0.059\text{pH}$，电位是 pH 的线性函数，并且有较宽的线性范围。

1950 年代左右，由于晶体管的发明及应用，很容易测量阻抗为 100MW 以上的电极电位，因此其应用开始普及。直到 1960 年代，对 pH 敏感膜进行了大量而系统的研究，发展了许多对 K^+、Na^+、Ca^{2+}、F^-、NO_3^- 响应的膜电极并市场化[6]。

第一台自动化的电分析仪器应归功于极谱法的提出，1900 年代初电化学基本理论日渐丰富，相关的分析技术应运而生。在 1922 年，捷克化学家 Jaroslav Heyrovský（海洛夫斯基）提出极谱方法，他采用液态的滴汞电极，通过不断地循环获得洁净的电极表面，滴汞电极以较小的面积，易极化的优势使得测试过程完全依靠扩散电流控制，在技术方法上取得重大革新。Heyrovský 在 1959 年也因为极谱学的提出获得了诺贝尔化学奖。

1925 年 Heyrovský（图 1.6）和日本化学家 Masuzo Shikata（志方益三，1895—1964）创制了第一台自动照相记录的极谱仪，记录了铜、锌、镉和硝基苯等的极谱图，极谱仪成为电分析仪器发展中的里程碑式的装置。极谱仪也成为测量微量元素的常用分析仪器，用于测量纯金属中的杂质，检测有机物、无机物中金属类微量元素（如金、银等）和非金属类微量元素（如砷、硅等）的含量。在 1934 年 D. Ilkovic（尤考维奇）进一步提出了著名的扩散电流理论和电流方程式，奠定了极谱法进行定性和定量分析的理论基础。此后各国电化学和分析化学家积极开展极谱学的研究，从理论到应用，长盛不衰，并且派生出许多新的方法、新的技术。

图 1.6
Jaroslav Heyrovský(1890—1967)与 Masuzo Shikata 研制的极谱仪

1.2 电分析技术——仪器技术和材料学

1.2.1 仪器技术

1.2.1.1 硬件技术

电分析技术的发展依赖于电化学仪器和电化学分析方法。电化学仪器是指能够准确测量和记录化学变化过程中的电流、电阻、电势强度和变化的仪器设备。其基础部分是仪器硬件，它能够把化学过程中的现象以电势差、电流、电量、电阻（电导）、电容等形式进行测量，或者对这些参量进行激发、获取和存储。

现在人们使用最多的电化学仪器是电化学工作站，它是由一系列测试模块组成的电化学测量系统，组成部分包含了快速数字信号发生器、高速数据采集系统、电位电流信号滤波器、多级信号增益、IR 降补偿电路以及恒电位仪、恒电流仪等等。电化学工作站的测试方法非常丰富，基本方法包括了循环伏安法、交流阻抗法、交流伏安法、溶出分析等测量技术。从结构上看，电化学工作站的最基本模块是恒电位仪，现代的恒电位仪通常是由运算放大器构建的模拟器件，能够处理连续的电信号，在系统部分由计算机完成，通过数模转换器将数字信号转换为模拟信号输入到恒电位仪中，恒电位仪的模拟信号再通过一个模数转换器来输出，由计算机来进行信号的记录和数据处理。

电化学分析仪器的发展，尤其是硬件的发展，很大程度上是受制于同时代的相关技术。实际上，电化学分析仪器的巨大革新得益于第二次世界大战之后，经济发展带动的科技发展。1960 年代以来，由于军方的需求和大众消费者的需求，电子学飞速进步，随后，电子学极大程度地推进了硬件技术的研发，在硬件技术的支撑下，分析方法变得多样化，进而使得前辈电化学家们的理论得以真正地发挥作用。

回顾电化学仪器硬件的发展历程，简单地说，经历了早期的高压大电阻恒电流测量电路，后来到以恒电位仪为核心的模拟仪器电路，再到现在计算机控制的电化学综合测试系统这样的过程[7]。

在电化学分析仪的发展之初，1942 年 A. Hickling 研制成功三电极恒电位仪。到 1950 年代，人们陆续提出了方波伏安法、脉冲伏安法等新的技术。1980 年代初，极谱仪的记录方式发生重大改变，从原始的人工记录转变为记录仪记录或示波器显示，如慢扫的笔录式极谱仪和快扫的示波极谱仪。随着微电子技术的不断发展，数字式、微机化的示波极谱仪也就孕育而生了[8]。1980 年之前，国内的电化学仪器也完成了从电子管到晶体管的过渡，那时，由恒电位仪、信号发生器、XY 函数记录仪等组成的循环伏安仪则是国内电化学主要的研究工具之一。

到 1980 年代后期，现代电子技术和微机与电化学方法结合，建立了微机联用电化学分析测试系统，使我国的电化学分析测试仪器的发展步入了一个新的阶段；接近 2000 年时，其发展逐渐迈向成熟，硬件集成化，软件程序模块化、多样化，并集多种功能为一体。由于计算机技术的应用，使得仪器的稳定性和自动化程度大大增强，传统仪器中很多烦琐的步骤，如参数设置、数据采集和存储等都被简化。这些进步使电化学仪器的测量速度、精度、准确度、分辨率得到较大提高，为电化学家提供了更为有效的研究方法，同时也促进了电化学分析仪器的广泛应用。

电子技术的进步给科学研究带来了很大的方便，在微型计算机普及之前，电化学分析仪器的参数设定是通过仪器面板上的旋钮和按钮来实现的，数据的记录则需要通过人眼观察手工记录，速度缓慢并且准确性较差；和 XY 记录仪的联合使得操作者从繁重的记录工作中解脱出来，并且使得记录的精确度和准确性大幅提高，但对于实验测得数据的处理仍旧需要手工进行；与计算机相结合后，仪器的操作方式发生了根本的改变，用户可以在计算机的图形界面上设置实验流程和参数，实验数据以曲线的形式直观地显示在屏幕上，通过调用计算机软件上的功能算法，可以比较方便地实现数据的分析处理，例如示差分析、卷积分析、分数微分、噪声滤除、峰位峰高峰面积确定、小波变换与傅里叶变换处理等。在 1990 年代前期，受计算机存储容量的限制，分析仪器应用软件能够存储和处理的数据长度是有限的，这限制了一些需要快速采集大量数据或者需要长时间连续测试的应用；而随着微型计算机内存容量和性能的迅速提升，这一瓶颈已成为历史，当前的分析仪器应用软件不再有数据长度的限制。

不仅是硬件本身的不断发展，仪器的结构设计和通信设计也随之革新，过去的几十年间，电化学分析仪器与计算机之间的连接方式也发生了显著的变化。在 20 世纪 80 年代和 90 年代初，仪器与微型计算机的连接方式有 COM、LPT、ISA、GPIB 等。其中 COM 和 LPT 接口传输速率较低但简单易用，尤其是 COM 口，目前仍有仪器在使用；ISA 总线和 GPIB 接口相对 COM 与 LPT 来说传输速率有显著提升，并且带有额外的控制功能，但需要在计算机内部加装接口卡，结构复杂且成本较高，在电化学分析仪器中应用较少，这两种接口目前已经基本被淘汰。进入 90 年代中后期，以太网和 USB 接口逐渐成为微型计算机的标准配置，这两种接口在传输速度、传输距离、稳定性和易用性等方面都得到了显著提升，因此被部分需要高速数据传输或者多通道传输的电化学分析仪器采用，这两种接口，尤其是 USB，在近十年已经逐渐取代了 COM 口，成为主流。

1.2.1.2 仪器应用

一些欧美国家在电化学仪器的研发方面起步较早，现在知名的电化学分析仪的品牌，如美国 Princeton Applied Research 公司的 EG&G 系列、美国 Bioanalytical System 公司的 BAS 系列和荷兰 Ecochemie 公司的 Autolab 系列都是国际上备受关注的电化学仪器。在国内，美国 CH Instrument 公司的 CHI 系列已经成为电化学研究单位中的常用仪器。

国内的电化学仪器开发于 1980 年代开展起来，在此阶段我国的一些大学和研究所等研究机构开始研究电化学仪器的计算机控制技术和数据处理技术，包括中国科学院长春应用化学研究所（简称中科院长春应化所）、武汉大学、厦门大学、中国科技大学、沈阳金属腐蚀与防护所、中国矿业大学等对我国电化学仪器技术的早期开拓探索做出了贡献。江苏电分析仪器厂与中国科技大学合作推出 MEC-12A 多功能微机电化学分析仪，是我国自行研制的第一代电化学仪器，可以达到恒电位±3V，电流下限 2μA。直至 90 年代末期，中科院长春应化所朱果逸、董献堆、夏勇等在“九五”攻关计划的支持和武汉大学的协助下，完全自主研制出全面综合通用型 ECS2000 电化学测试系统，标志着我国已经全面掌握了电化学仪器技术。这些仪器产品和国外仪器水平差距逐渐缩小，系统不断完善，逐步走向成熟，奠定了产业竞争的初步基础。

2000 年之后，随着嵌入式计算机以及网络技术的发展，电化学分析仪器逐渐迈向信息化、智能化、硬件集成功能化、软件程序模块化、组件化、微型化，不但测量速度、精度、准确度、分辨率有较大提高，实时现场在线能力也大大增强。电化学和电分析的技术和方法也在更广泛地纵深发展，众多机构也进行了仪器相关的研制和试制，特别是超微电极、分离联用、复杂多通道技术、芯片系统、成像技术等得到深入发展。2011年，汪尔康、夏勇等人研制成功一系列超微型电化学系统（图1.7），形成通用型、多通道、扩展型三个系列十余个型号，其中通用型U盘式电化学系统已初步实现产业化。

图1.7
超微型化电化学分析仪

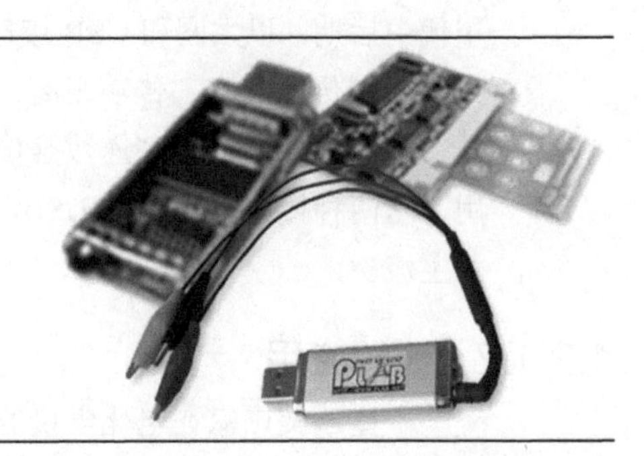

如今，大量的仪器被研发得更加完善，按基本功能分类为酸度计、离子计、电导率仪、电势滴定仪、库仑仪、伏安仪、电池充放电测试系统、电解分析与电解加工用仪器、色谱等专用电化学检测器等，实验研究仪器有极谱仪及伏安和循环伏安仪、恒电位、电流仪、液/液界面电分析仪、阻抗分析、时空/光谱联合控测的微区分析和成像分析等。其基本技术方法可分为控制电势、控制电流、线性扫描、脉冲技术、计时测量、交流技术、阻抗技术、和分离/光谱/显微等技术的联用等，目前已经发展出上百种方法可以用于各种分析检测。

1.2.2 电分析方法与电极材料

1.2.2.1 仪器与电分析方法

在电化学发展的历程中，重要的电分析方法与硬件技术对仪器的推动作用是相辅相成的。在1950年代，在硬件技术的支撑下，电化学产生了很多新的理论和技术。理论上，主要有界面电化学（包括界面结构、界面电子传递和表面电化学）的发展，R. Marcus由于1950—1960年间的界面电子转移理论研究，获得1992年诺贝尔化学奖。不仅如此，随着仪器技术的进步，电化学新体系的研究也进入丰产期，T. Kuwana在1960年开展了光谱电化学的研究，接下来Gavach、Koryta等人的液-液界面研究。其他如表面光谱效应，包括金属、半导体电极的电反射效应，金属电极表面红外光谱选律，表面分子振动光谱的电化学Stark效应，表面增强拉曼散射效应，表面增强红外吸收效应等也逐渐开展起来。

回顾电分析技术的方法发展，最早提出的是电解法和库仑分析法，到20世纪，电导分析、电位分析、高频滴定等方法被广泛使用。早期的分析技术大多基于稳态系统而设计的电化学技术，到了1950年代，各种快速暂态方法被创立，随着电子学的进步，1960年代线性扫描方法和电化学阻抗谱成为实验室中的常用手段，离子选择性电极、固定化酶电极和氧电极等电化学传感器的形式被发展起来，1970年代至1980年代的电化学生物传感器、微伏安电极和化学修饰电极成为重要的研究方向。随着近十年来各种技术和新材料的发展，特别是生命科学、信息科学与电化学方法的交叉与联用，大大扩展了电分析化学的研究范围，使电化学方法迅速发展成为一类快速、灵敏、简便的分析方法[9]。

从仪器能够实现的基本技术上来说，电化学分析方法根据测试时的电极过程一般可以分为稳态技术和暂态技术，稳态技术是早期人们经常使用的方法，是指电极处于稳态时进行测量，在指定的时间范围内，电化学系统的参量是“稳定的状态”。稳态不等于平衡态，稳态是指电极处在一个电极电势、电流密度、电极界面状态等基本不变的状态，它的一个显著特点是双电层结构的稳定，也就是说双电层充电电流为零。通常，稳态技术包括恒电位或是恒电流的两种主要方式。

稳态技术通常使用到的仪器是恒电位仪，通常所说的恒电位仪是兼具恒电位和恒电流功能的，其工作原理是应用负反馈电路，调整电解池的极化电流，以研究电极的极化状态。恒电位仪是电化学研究的经典仪器，具有良好的精度是人们对恒电位仪的基本要求，在某些场合，我们需要恒电位仪具有极低电流的输出能力，例如微电极的研究。相反的，在电池研究中我们又需要很大的电流输出能力。硬件研发者们也会根据使用者的需求来设计不同的仪器类型。需要值得注意的是，恒电位或者说恒电势与电学的恒电压在本质上是有区别的[7]。

稳态技术的应用中比较经典的方法还包括Tafel曲线测量和旋转圆盘电极的方法。其中 Tafel 曲线是测定腐蚀速率的常用方法，原理是由Butler-Volmer 公式在电极处在强极化区时简化为 Tafel 公式，再依据外推法测定电极交换电流。旋转圆盘技术（RDE）对于电分析化学来说，是应用比较广的一种强制对流技术，跟滴汞电极的类似之处在于，RDE 也是通过运动电极的方式实现强制对流，重要之处在于，RDE 是为数不多的能够把流体力学方程和电极表面扩散方程在稳态状态下严格解出的一种电化学体系。

在电极表面轴向距离相同的各处，溶液的流动速度是相同的，在达到相同的强制对流状态时，电极表面形成了稳态的、均匀的扩散层厚度。重要的是，这样的稳态扩散状态是可以人为控制的。根据流体动力学可以计算出扩散层厚度，并结合 Fick 第一定律，得到扩散电流方程。

扩散层厚度：

$$\delta = 1.61 D_o^{1/3} \nu^{-1/6} \omega^{-1/2}$$

极限扩散电流：

$$i_d = 0.62 nFAD_o^{2/3} \nu^{-1/6} C_o^* \omega^{-1/2}$$

旋转圆盘电极的应用很广，因为在自然对流情况下，电极动力学参数的测量会受到浓差极化的影响，而在电极高速旋转的情况下，扩散控制过程会转变为电化学反应控制，人们就可以利用稳态极化曲线分析电化学参数了。

另一类技术是暂态技术，它是相对稳态而言的，包括我们经常使用的循环伏安法（交流、方波、脉冲、阶跃）、交流阻抗法、控制电流技术等电化学技术。所谓暂态过程，就是电极极化开始到电极稳定这个“过渡阶段”，例如双电层充电、电化学反应、扩散传质等过程，包含了时间因素，流经电极的电流包括法拉第电流和非法拉第电流。在这个过程中，电极的极化条件发生了改变，从一个稳态过渡到另一个稳态的过程中，有一些电化学参量的变化是比较明显的，对这些明显变化参量的考察，有助于我们了解一些电化学过程。

如今我们使用的更多电化学技术是暂态技术，最经典的当属循环伏安法。循环伏安法多用于电极反应的定性研究，例如观察电极界面上的氧化还原反应、物质价态变化、电极反应的可逆性等机理问题。循环伏安法的波形为对工作电极施加的三角波电位、测量电位-电流的关系曲线，详细内容会在后面章节进行具体介绍。

脉冲伏安法也是伏安技术的一种，通常用于固体电极或者滴汞电极，可以获得较大的法拉第电流，以及较低的检测下限。采用差分脉冲伏安法可以降低双电层充电电容的影响，获得更低的下限，灵敏度更高。方波伏安法不仅具有差分脉冲伏安法控制背景电流的优势，更主要的优点是它具有更快的速度，一条完整的伏安曲线在几秒钟就可以获得，效率大大增加[10]。

对于痕量物质的溶出分析过程，差分脉冲伏安法和方波伏安法是常用的电化学技术。溶出分析包括电解富集和电解溶出两个过程，富集过程被测物质在极限电流下电解，富集于电极表面，通常通过搅拌强制对流以防止增强富集效果。溶出过程采用反向电位扫描，根据溶出的峰位置和峰高进行定性和定量的分析，如图 1.8 所示。前面提到，在溶出过程中，差分脉冲法和方波法有利于获得较高的灵敏度。溶出伏安法经常使用的电极包括汞膜电极和固体电极，以及 2000 年 J.Wang 教授提出的铋膜电极[11]等。

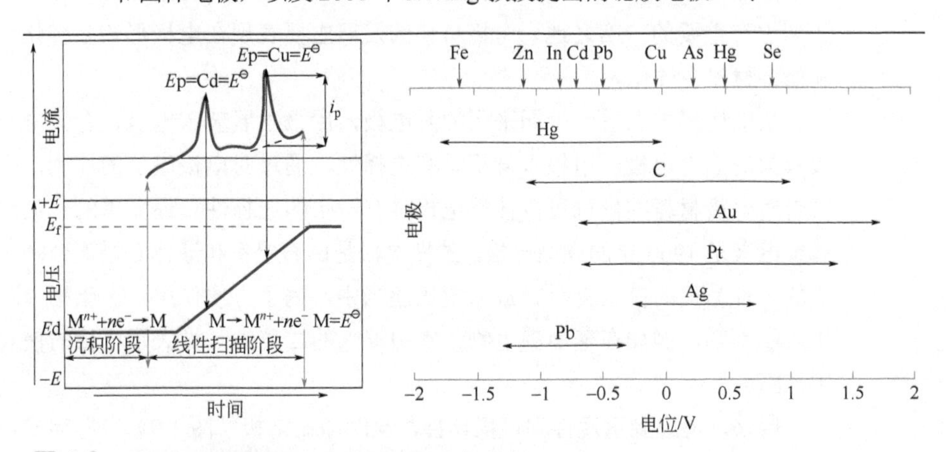

图 1.8 溶出分析示意图与不同电极材料的电位窗口

电化学阻抗是电化学技术中重要的一类技术，与其他电化学技术明显的区别在于，电化学阻抗将电化学系统看作是一个黑箱，输入扰动信号 X，获取输出信号 Y，进行拟合分析。拟合时，将电化学系统看作是一个等效电路，这个等效电路是由电阻、电容和电感等基本元件组合而成。通过分析这个等效电路的元件，理解它们的电化学含义，推测电极结构和电化学过程。简而言之，给电化学系统施加一个频率不同的小振幅交流信号，测量交流信号电压与电流的比值随正弦波频率 ω 的变化情况，或者是阻抗的相位角ϕ随 ω 的变化情况。电化学阻抗谱是研究电极过程动力学、电极材料性质和固体电解质性质有效的工具。

1.2.2.2 仪器与电极的演变

现在的电分析基本方法已经定型，仪器技术也能满足人们的需求，电化学系统硬件的开发早已不是电分析技术发展的瓶颈。体现在 1990 年代后期，电化学分析仪的发展日趋迈向成熟，体现为硬件集成化，软件程序模块化、多样化，并集多种功能为一体，这些进步使电化学仪器的测量速度、精度、准确度、分辨率得到较大提高，为电化学研究人员提供了有效的研究方法。尤其是近些年，国际知名电化学工作站生产商，如美国 Princeton Applied Research（EG&G）、CH Instrument（CHI）、荷兰 ECochemie（Autolab）等公司的大型电化学分析仪在硬件上几乎没有大的革新，而是将研发重点放在软件的不断升级上，以满足人们的需求。

在仪器技术足以能够满足基础研究的情况下，电极材料作为电分析化学的热门方向被广泛研究，也使得近 30 年来，电分析化学在分析化学领域占有重要的一席之地。电极材料的发展主要表现在电极形式多样化和修饰材料多样化。

从电极形式上看，早期采用的汞电极，后来发展玻碳电极、金属电极等常规固态电极。电极本身不具有选择性，通过对电极电位的控制，或者对电极材料的修饰可以使得电极具有一定的选择性。最简单的一类修饰电极是 1960 年的碳糊电极，碳糊电极是由石墨粉和液体石蜡混合制成的一种黏稠的糊状物[12]，放入电极座当中，为了方便使用，在碳糊中掺入修饰物，例如在葡萄糖生物传感中混入的二茂铁，扩大了电极的使用范围。

后来，考虑到重现性和可操作性，丝网印刷电极（图 1.9）等抛弃式的电极得到普遍的应用。人们尽可能使用廉价的抛弃式电极来替代一个洁净电极。如今，商业化的抛弃式电极已经不仅限于血糖的检测，而且已经拓展到了诸多其他的领域。

图 1.9
丝网印刷电极

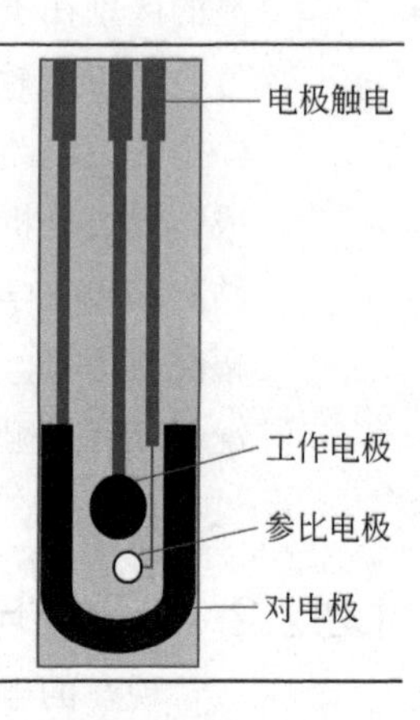

微电极（UME）是一种比较特殊的电极形式，至今已发展了 30 多年。微电极是指电极线径尺度在微米或者更小的电极，微电极最大的特点是球形扩散，使之具有很高的传质速率和很大的电流密度，并且具有较小

的 IR 降和充电电流，如图 1.10 所示。在同样的硬件条件下，微电极能够提高测量系统的信噪比，不仅如此，微电极也极大地拓展了电分析样品的测试环境和研究范围。在生物活体检测、扫描电化学显微镜、腐蚀微区分析、流动在线检测等领域有重要的应用价值。

图 1.10
微电极的扩散层

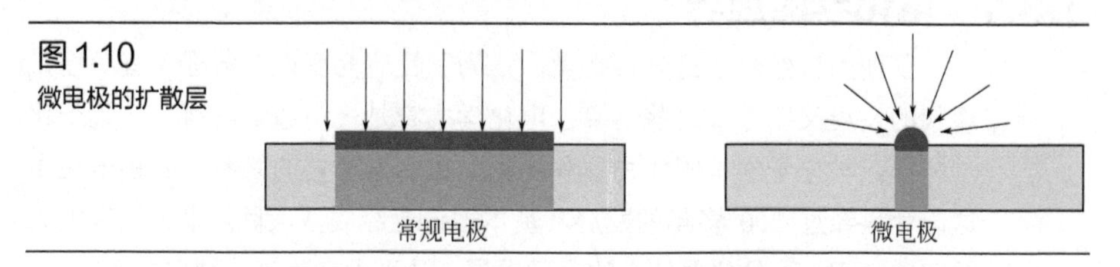

单晶电极是具有特定晶体结构的电极，常规电极是多晶态的，所获得的电化学信息是不同晶面的电化学行为的平均结果，采用单晶电极能够保证电极表面的重现性，可用于研究吸附物跟电极表面的键接关系，探索电极过程的微观机理。

化学修饰电极（CME）代表了电极系统研究的现代潮流，从 1975 年至今一直是电分析化学热门的研究领域。CME 是将电极表面进行修饰，使得修饰试剂的电化学行为得到展现，解决具体的分析问题。CME 在电分析选择性上有了质的突破，在分析方法上使得电催化、酶电极等方法的研究更加便捷。进一步的，CME 也成为各种电化学传感器的测试基础，应用领域延伸至能源、电化学合成等方面[13]。

CME 通常是通过化学或者物理的方法，对电极进行修饰，完成功能电极的设计，主要方法有化学吸附、自组装、共价键和等。其中，最常用的方法是把适当的聚合物膜覆盖于电极表面，制备过程通常使用聚合物溶液滴涂于电极表面，使溶剂挥发，或者使用聚合物单体在溶液中进行电聚合。

溶出伏安法出现以后，最常使用的是汞电极，后来人们使用修饰的汞膜电极。2000 年，J. Wang（1948—）教授提出了铋膜电极替代汞膜，取得了重要的进展，铋以其绿色无毒的特性，而且能够达到汞电极的性能，成为很好的替代品，避免了接触毒性的电极材料给人们带来的潜在危害。

可以看出，新材料的深入研究拓宽了电化学的应用范围，不仅仅是带来的检测灵敏度的更高精度变化，还有更高的分辨能力和选择性，由此衍生出很多实用的分析方法。对于电化学分析仪器的设计者而言，也提出了新的需求，尤其是在软件设计方面，如何实现与现有分析方法很好的对接，是仪器开发者们应当认真思考的一个问题。

1.3 电分析技术的发展——跨界的趋势

1.3.1 电化学的边界

早期的自然科学是分科之学，是为了让研究变得有条理、有顺序，现代的发展又要打破这些藩篱。电化学本身是一门边缘学科，立足于化学科学，与电子学、固体物理和生物学也有着密切的联系。回顾电化学这门学科经过 200 多年的发展，基本理论已经成型，目前来说没有太大的突破空间，而且仪器技术的迅猛发展，几乎没有明显的硬件技术瓶颈，电分析化学呈现出了向周边学科融合的发展趋势。为了拓宽电分析化学的应用范围，“联用”是形成传感器件和分析仪器的常用手段。

电分析化学发展之初是依据一些热力学性质进行分析研究，基于能斯特方程、法拉第定律、电势-pH 等规律，通过控制电位或者电流获取动力学的信息。随着进一步的发展，电分析化学结合了光谱/波谱技术、扫描探针技术等分析化学的周边学科，引入了光学信号等新的参数[7]，出现了新的研究分支。

从另一个角度来说，电化学方法不仅可以通过对多种电信号如电位、电流、电容的测量实现分析测量，还可以作为调制手段，促使化学反应的发生，因此，将电化学方法与其他的分析测试方法如石英晶体微天平、表面等离子体共振光谱、紫外-可见光谱、化学发光、扫描探针技术等结合联用，可以从多个维度上探索界面上的相互作用、反应过程、质量变化、结构特征等。

学科融合引起的专业性变得更强，国内的研究机构发展了不同的电化学分析“联用”技术，厦门大学在微区时空分辨、光谱联合分析方面，武汉大学在多孔电极、电池材料、电子自旋共振各自发展了独特的电化学技术。南京大学、北京大学、复旦大学在生命分析、超微针尖相关的电化学方面都有出色成果，中国科学院长春应化所在修饰电极、液-液界面、电分析仪器方法等方面走出了自己的道路。大连化物所、西北师范大学等在芯片技术、计量分析方法、电化学发光等方面做出了自己特色。电化学联用技术由于涉及诸多的交叉学科和技术问题，通常的研究团队也都会把研究兴趣集中在各自擅长的领域里，将技术做得更加深入。下面简要介绍几种电化学联用技术的发展历程，具体的会在后面的章节中做详细的说明。

扫描电化学显微镜是电化学和扫描探针技术相结合的一种分析技术。通常，电极表面原位的微观结构表征对于常规的显微技术是非常困难的，由于电极表面的溶液无法在高真空的情况下工作。因此，人们尝试拓展新的技术，开展对电极表面微观结构的原位表征研究。基于超微电极和电化学扫描探针显微（ECSTM）的研究背景，在1989年，美国得克萨斯大学奥斯丁分校的Allen J. Bard教授［图1.11（a）］在Engstorm等人的工作基础上提出了扫描电化学显微镜（SECM）的设计，并予以实验上的实现，在1999年，美国CHI公司与Bard教授合作，进行了SECM的商品化，推动了这一技术的进一步发展。

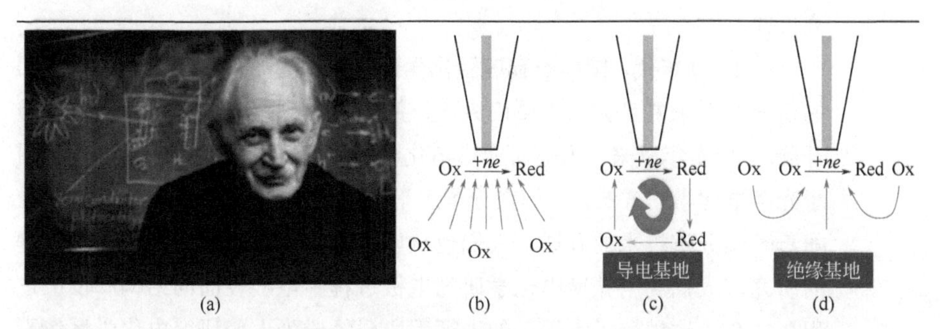

图1.11　Allen J. Bard教授（a）；向远离基底圆盘状探针的半球形扩散（b）；导电基底上的正反馈（c）；绝缘基底对扩散的阻碍负反馈（d）

原理上，SECM采用双恒电位仪控制探针的电势和基底的电势，探针通过压电控制器移动，获取探针电流和位置信息。常规的操作模式有反馈模式和收集模式（如图1.12）[14]。因此，SECM是通过探针和基底的电化学反应来探测基底的电化学形貌信息，如电极表面的形貌结构，化学结构分布和生物活性物质分布等。SECM能够实现样品表面扫描成像、异相电荷传递反应、均相化学反应动力学等主要的研究应用。

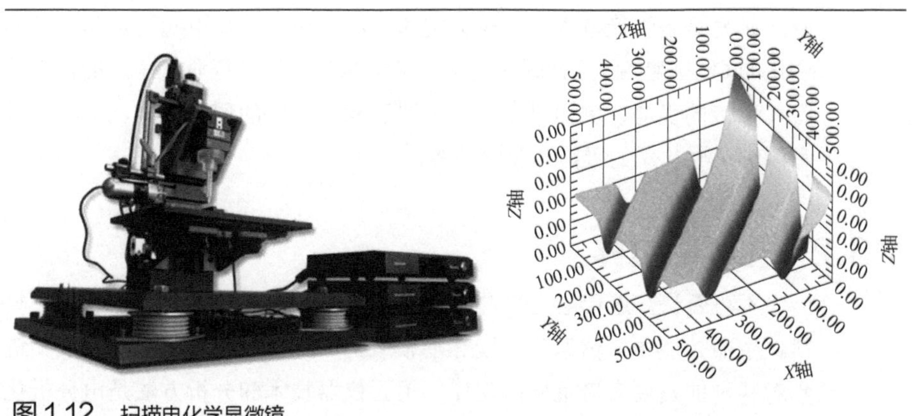

图1.12　扫描电化学显微镜

光谱电化学是发展比较早的电化学联用方法，是将光谱技术和电化学技术相结合的一种分析技术，在1960年代初开始研究。当时的电化学家R. N. Adams在指导学生T. Kuwana的时候，发现了电化学反应中的颜色变化，于是想用光谱学的方法来表征这个过程。于是，能够透光的电极成了这个设想的技术难点，在1964年，T.Kuwana研究出了一种掺杂Sb的SnO_2玻璃板，这种具有导电性的玻璃，后来被称为Nesa玻璃。光谱电化学由此发展起来，成为电分析化学乃至分析化学中的一个重要研究方向。

在1980年代，国内长春应用化学研究所率先开展了光谱电化学方面的研究，后来复旦大学、厦门大学、武汉大学、重庆大学等高校也相继开展。30多年以来，人们对光谱电化学的研究已形成完善的体系，应用了光谱电化学的方法，人们在分子水平上对电化学过程有了更深的认识。随着时间分辨技术的开展，人们也从电极的稳态过程拓展到了暂态过程的研究，人们利用光谱电化学研究电极过程中电极表面的结构和反应过程，如今，这种分子水平上的表征手段已经成为人们研究电化学系统不可或缺的手段之一。

电化学石英晶体微天平，是电化学方法与压电方法相结合衍生出的一项分析技术。石英晶体微天平（QCM）的理论提出始于1959年，1960年代QCM在分析化学领域得到应用，尤其是气相分析和检测当中，人们在1964年利用QCM技术成功地制作出了气体传感器。但直到1980年代，QCM技术才被应用到溶液当中[15]。与电化学方法结合的研究被称为电化学石英晶体微天平（EQCM），利用其可以感应到纳克级的质量变化，还能同时测量电极表面质量电流和电量随电位的变化情况。EQCM在对吸附的研究是基于最基本的法拉第定律，以及质量变化引起石英晶体频率变化的QCM特性。这种既获得电化学信息又能够获得质量信息的技术具有其独特的优势，例如对电化学金属沉积和溶解的过程研究，膜的生成和溶解，电化学的吸附和脱附等等。

1.3.2 化学的边界

不可否认，近代电化学/电分析化学仪器已经发展为化学、物理、材料、生命、能源、信息和环境等多领域的广泛基础工具，它的发展和进步对科学的发展有着重要的支撑作用。仪器技术和分析方法是电分析化学的推进动力，前面提到，现代电化学理论和硬件技术都已经相对完善，近些年，网络技术和软件技术的飞速发展已经带动了电分析技术，其影响和带来变革的潜力有逐渐超越电子学的趋势。从未来的发展上看，把电化学与生物、固体物理、光学等学科分割开看非明智之举，电化学分析作为仪器分析的一员，跟不上仪器技术的进步也意味着发展落后于时代。现在，网络技术和软件技术正在拓宽我们的应用视野。

首先，网络技术的影响是巨大的。在进入 21 世纪以后，尤其是近几年，随着嵌入式电子技术的发展和分布式检测需求的增加，电化学分析仪器在向着微型化、网络化的方向发展，无线通信方式（包括无线局域网、移动通信网络等）不断升级，并在某些场合取得了应用。此外，部分便携式的电化学分析仪器，内部采用了嵌入式操作系统，本身即带有用户接口，无需与计算机连接即可实现参数设定、数据存储等功能。电化学具有实时跟踪测量的功能，获得反应动力学常数和定量关系等信息，这点恰好满足生物分子识别和相互作用的研究要求。

物联网技术与电化学传感器的结合为电分析技术的应用提供了新的平台，在水质、大气、工业过程监测和健康监控领域将具有十分广阔的应用前景与市场需求，物联网技术的发展瓶颈是传感器终端，在电分析化学的发展中可以预见，随着基础研究的进步，更多的简单实用、自动化、免维护的电化学传感器将被研发出来，以方便人们通过手机等移动互联工具轻松获取环境信息和健康信息。

电化学可穿戴式设备目前通常作为人们健康监测的传感器，它应用了无线网络，且微型化和集成化的程度较高。现在，人们关于微型电化学传感的研究已经不再满足于微电极、叉指电极、阵列电极等，穿戴式设备成为前沿话题，智能的手表和手环是我们现在常见的穿戴式设备，但电化学的穿戴式设备不会满足于此，几年前，印刷电极就开始在穿戴设备上做尝试，基于印刷电极和柔性电极的电化学传感器就应用于皮肤上的汗液分析[16]，如图 1.13 所示。

近两三年，贴于皮肤上的电化学传感器显现出高集成化和耐折叠的发展趋势[17]，电化学传感多利用人体的汗液，结合电分析的基本技术，进行汗液分析。实现了体温监控以及汗水中的四种化学物质：葡萄糖、乳酸、钠、钾的实时检测，这些检测结果通过蓝牙、Wi-Fi 或者 Zigbee 等网络技术，无线传输到手机等接收终端中进行分析处理，以监控佩戴者的运动状态和健康情况，如图 1.14 所示。

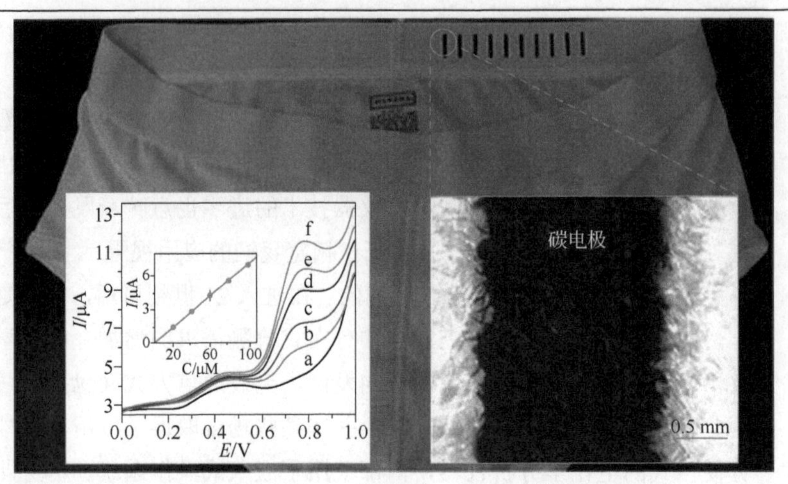

图 1.13 基于丝网印刷电极的传感器

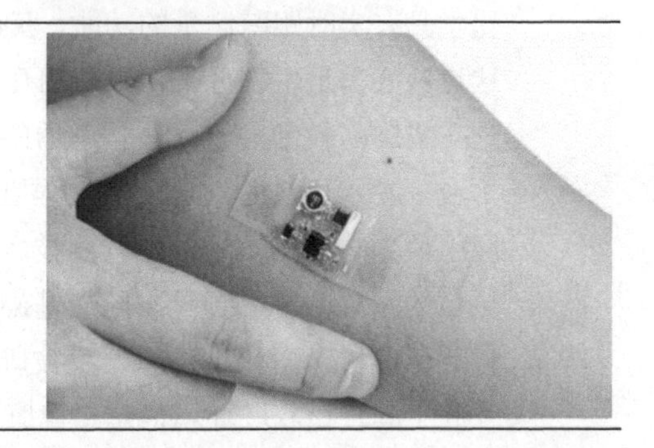
图 1.14
贴合于皮肤上的穿戴式化学传感器

穿戴式的电化学分析设备非常有可能在医学上获得实际的应用，比如对心脏病人、帕金森综合征病人的 24 小时监测等方面。人们的想象力是无限的，电化学穿戴式设备不仅可以应用于人类的皮肤，还有眼睛，毕竟皮肤不是人体体液丰富的部位。在 2014 年，谷歌公司提出了使用隐形眼镜（图 1.15）来测量泪液中血糖的概念，以减轻糖尿病人经常使用刺破的方式测试血糖的困扰。虽然在技术上，电池、功耗、芯片大小等问题都有待解决，目前还处于概念阶段，产品何时面世尚未可知，但是由于眼睛部位的特殊性，无论是芯片、电池、传感器，要做到能和隐形眼镜融合，这本身就是一次技术革命，未来智能化的浪潮下会产生很多颠覆想象力的分析技术的产品。在 2016 年，麻省理工学院的研究人员又提出了在手臂和腿上贴合可发电的穿戴式设备，利用电化学原理，新技术能利用大量自然运动和活动生成电能，是穿戴式设备供能的有趣设计[18]。实际上，可穿戴设备可以理解为新时代电分析技术微型化和便携式发展概念的延伸。

图 1.15
谷歌公司提出的隐形眼镜血糖分析概念

软件技术和算法研究也给电化学带来了新的理解和新的契机。现代计算机的硬件不断升级，为各种软件的算法提供了强大的技术支撑。人工智能算法的不断修正，成为人们理解微观领域的新工具，在分析科学中开始拓宽人类的理解力。其中，密度泛函方法（DFT）是目前较为普遍使用的模拟吸附质与基底间相互作用的方法，DFT 是利用电子密度来决定分子的能量[19]。DFT 也是凝聚态物理和计算化学最常用的方法之一，而电子的模型与信息对化学键的可靠计算是非常重要的，有助于理解电化学过程中的电催化问题，比如，电极电势与金属催化剂 d 带中心影响着电极表面物种的形成、吸附和脱附，通过表面结构的计算和调控，研究电极电势、电催化剂结构与物种的吸附脱附、电子转移以及电催化剂活性、稳定性的关系[20]。

神经网络算法，是由计算机科学家们在 1950 年代提出，是一种让计算机反复训练获得分析能力的算法，如今已经发展出各种具体的算法形式。2016 年 Google 人工智能 AlphaGo 战胜了韩国围棋顶尖棋手李世石，攻下了棋类博弈的最后阵地，使人们进一步加深了对计算机算法的印象和认识。Google 公司发表在 Nature 杂志上的文章介绍，AlphaGo 使用了基于神经网络和蒙特卡洛树搜索的算法，再回首 20 年前“深蓝”和卡斯帕罗夫的人机对战，软件和硬件的变革都已是日新月异。神经网络算法在与分析技术的结合中起到的作用还没有被充分的展示，但是，这种算法对于传感器阵列对不同分析物质的选择性的问题，显然孕育着非凡潜力。目前，人们把传感器做成阵列的形式，利用不同传感器具有的部分选择性，依据神经网络算法（图 1.16）对整个传感和数据系统进行反复训练。其中，基于半导体或聚合物敏感膜的“电子鼻”阵列是最先应用这种算法的，“电子鼻”通过训练，能够从混合物中测出一些香料，或者酒精的成分，而且已经获得了商业化应用。

图 1.16
神经网络算法示意图

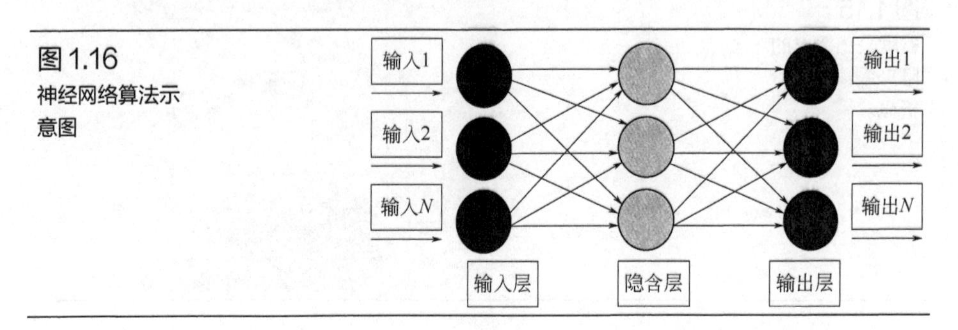

回顾电分析化学的发展，我们可以看到，最初在物理化学范畴内进行深入的理论探讨，到后来发展为实用的检测技术和传感器。近现代之后，电子学迅速崛起，拉动了分析技术的巨大变革，接下来电极材料的研究成为方法学的焦点，直到现代各种联用技术成为应用的主流。未来终究是很难预测的，正如最初伽伐尼在生理学研究中没有想到伏特的电化学发现一样，伏特也无法预言未来的理论深度和技术成就，因为不断会有更新的技术出现。而顺应着时代发展的浪潮，电化学会以更新的模样去融合和展现，在这样的发展过程中，也需要我们对这一学科不断地思考和勇敢地探索。

参考文献

[1] 鞠熀先. 电分析化学与生物传感技术[M]. 北京：科学出版社, 2006.

[2] 朱晓溪. 早期化学仪器与化学学科发展的关系研究[D]. 上海：上海师范大学, 2011.

[3] 卢小泉，薛中华，刘秀辉. 电化学分析仪器[M]. 北京：化学工业出版社, 2010.

[4] Lindner E, Toth K. To the memory of erno pungor: a subjective view on the history of ion-selective electrodes[J]. Electroanal, 2009, 21 (17-18): 1887-1894.

[5] 杨辉，卢文庆. 应用电化学[M]. 北京:科学出版社, 2001.

[6] Lubert K H，Kalcher K. History of electroanalytical methods[J]. Electroanal，2010, 22 (17-18): 1937-1946.

[7] 贾铮，戴长松，陈玲. 电化学测量方法[M]. 北京：化学工业出版社, 2006.

[8] 陈昌国，刘渝萍，吴守国. 国内电化学分析测试仪器发展现状[J]. 现代科学仪器，2004,3: 8-11.

[9] 姜智能. 电化学分析测试仪设计研究[D]. 南京：南京理工大学, 2009.

[10] Wang J. Analytical electrochemistry：3rd Edition[M]. Berlin: Wiley-VCH，2006.

[11] (a) Wang J,Lu J, Hocevar S B,et al. Bismuth-coated carbon electrodes for anodic stripping voltammetry[J]. Analytical Chemistry, 2000, 72(14):3218-3222;

(b) Wang J,Deo R P,Thongngamdee S, et al. Effect of surface-active compounds on the stripping voltammetric response of bismuth film electrodes[J]. Electroanalysis, 2015, 13(14):1153-1156.

[12] Eggins B R. Chemical sensors and biosensors：Fundamentals and Applications[M]. Manhattan：John Wiley & Sons, 2008.

[13] 董绍俊，车广礼，谢远武. 化学修饰电极[M]. 北京：科学出版社, 1995.

[14] Bard A J, Faulkner L R, Leddy J, et al. Electrochemical methods: Fundamentals and Applications[M]. New York: John Wiley&,Sons，1980.

[15] 朱果逸，王英. 电化学石英晶体微天平及其应用[J]. 分析化学，1995, 23(09): 1095-1101.

[16] Windmiller J R, Wang J. Wearable electrochemical sensors and biosensors: A review[J]. Electroanalysis, 2013, 25(1): 29-46.

[17] Xu S, Zhang Y, Jia L, et al. Soft microfluidic assemblies of sensors, circuits, and radios for the skin[J]. Science, 2014, 344(6179): 70-74.

[18] Kim S, Choi S J, Zhao K, et al. Electrochemically driven mechanical energy harvesting[J]. Nature Communications, 2016, 7(1): 1-7

[19] 孙世刚，陈胜利. 电催化[M]. 北京：化学工业出版社, 2013.

[20] 李莉，魏子栋. 电化学催化的密度泛函研究[J]. 电化学, 2016, 20(04): 307-315.

2

电化学分析基本概念和技术方法

2.1 电化学和电化学分析的基础概念

电化学（electrochemistry）：研究电的作用和化学作用相互关系的化学分支[1]，涉及通过电势或电流来导致化学反应的发生以及通过化学反应来产生电能或电信号。

电分析化学（electroanalytical chemistry）：以测量某一化学体系的电信号响应（包括电势、电流、电导、电量、阻抗等）来测定物质含量或某些电化学性质的一类分析方法，是仪器分析的一个重要分支。

电极（electrode）：电极是用来与回路中其他部分（电解质、空气等）接触的电子导体，一般指与电解质接触并发生化学反应的导体部分。电极上的电荷迁移通过电子或空穴运动来实现，而电解质中电荷迁移通过离子运动来实现。电极可由固体金属（金、铂、铜、银等）、液体金属（汞、汞齐）、碳或半导体等构成。

电化学池（electrochemistry cell）：包括电极、电解质以及电极界面的集合。通常情况下，一个电化学池要包括至少两个电极，被至少一种电解质隔开。

工作电极（working electrode）：电化学池中总的化学反应由两个半反应构成，它们描述了两个电极上的化学变化，同时确定两个电极上的反应细节相对困难，而人们感兴趣的往往只是其中一个，则此电极称为工作电极或敏感电极。

参比电极（reference electrode）：具有稳定的电极电势，在电化学反应中用于确定工作电极的电势变化。典型的参比电极有标准氢电极、甘汞电极、银/氯化银电极等。

辅助电极/对电极（auxiliary electrode or counter electrode）：在电化学反应中为工作电极提供电荷或提供电流以保持工作电极电势的电极，或者理解为电化学池中除了工作电极之外的另一个参与化学反应的电极。

两电极体系和三电极体系：只有工作电极和辅助电极的电化学池，称为两电极体系；具有工作电极、辅助电极和参比电极的电化学池，称为三电极体系。三电极体系由于参比电极的存在，工作电极电势控制更准确。在金属腐蚀测量、充放电测量等方法中，通常采用两电极体系。

电极电势：指电极和电解质两相界面的区间内，由于剩余电荷集中所形成的界面电场的电势差，或理解为电极和溶液两相间的内电势差。

相对电极电势：把待测电极与标准氢电极组成无液接电势的电池，此电池的开路电压即为待测电极的相对电极电势。实际使用中，更多的是用相对电极电势替代电极电势。

2.2 电化学分析方法概述

电化学体系涉及复杂的多相界面以及热力学、动力学过程，通过电化学的方式进行测量分析，其本质是通过对测试条件的控制和体系响应的测量及分析，获取体系的某些信息。

经过长期的研究和积累，人们已经总结出一套应用于电化学分析测量的规则、手段和技术，形成了一系列电化学分析方法。对这些方法的分类，可以从多个不同的角度进行。从时间顺序的角度来看，早期的电解-重量法、电滴定法已经不再常用，极谱法也基本被 20 世纪中期出现的各种伏安法所取代，线性电势扫描、各种阶跃/脉冲方法和电化学阻抗谱等方法已经成为标准测试手段；从电极过程的角度看，电化学分析方法可以分为稳态方法和暂态方法，即在电极过程处于稳态时进行测量的方法和在电极过程处于暂态时进行测量的方法；从控制参数的角度看，电化学分析方法又可以分为控制电流方法、控制电势方法以及控制电量方法等；从测量参数的角度看，则可以分为电流测量方法、电势测量方法、电导测量方法、电量测量方法以及电容测量方法等；从被控参数随时间变化的规律看，电化学分析方法又可分为恒电流/恒电势法、电流/电势阶跃法、线性扫描法、脉冲法、交流/阻抗分析法等。

从电化学分析仪器系统设计的角度考虑，各种电化学分析方法之间的异同主要体现在被控参数及其随时间变化的规律上和待测参数信息的采集重点两个方面。控制电势方法和控制电流方法所需要的电路结构具有很大的差异，在早期需要完全不同的两种分析仪器；控制电势扫描方法和控制电势阶跃方法，虽然同属控制电势技术方法，但其所需要的控制波形具有完全不同的特征，在计算机控制数字-模拟转换器（DAC）大规模应用之前，需要用不同的硬件电路产生相应的控制波形；交流伏安法与控制电势电化学阻抗法同属控制电势分析方法，其控制波形也非常相似，但被测参数的关注点不同，对于测得数据的计算方法完全不同。

现代的电化学分析仪器系统，通常具有能够工作在恒电位仪和恒电流仪两种状态的模拟电路部分，由计算机控制继电器或者模拟开关的通断，将电路切换成恒电势模式或恒电流模式；由数字-模拟转换器和直接频率合成器以及附属器件构成的波形发生电路，能够胜任各种复杂的控制波形的产生；多通道的信号采集电路，通常由精密的模拟-数字转换器构成，能够快速采集被测电压或电流信号；功能强大的嵌入式处理器具有精确的定时功能、丰富的控制接口、大容量的存储空间以及高速的数据通信能力。这种综合的、功能丰富的硬件系统，使得设计者可以在一套硬件体系下，实现绝大多数的电化学分析方法。各种方法之间的差异，更多地体现在电路模式的切换、控制波形的选择以及被测参数的选择上。

2.2.1 控制电势扫描技术方法

控制电势扫描方法，包括线性扫描伏安法、循环伏安法、Tafel 曲线等，属于恒电势法。在这一类方法中，仪器系统控制电极电势随时间以恒定的速率变化（即线性扫描），同时记录流过工作电极的电流，测试的结果通常以电流对电势的曲线（*i-E*）或者电流对时间（*i-t*）的曲线来表示。

线性扫描伏安法（linear sweep voltammetry，LSV）电极电势随时间的变化波形如图 2.1 所示：仪器系统控制电极电势由初始电势（initial potential）开始，以恒定的变化速率-通常称为扫描速率或扫描速度（scan rate）变化，直到电极电势到达终止电势（final potential）为止。

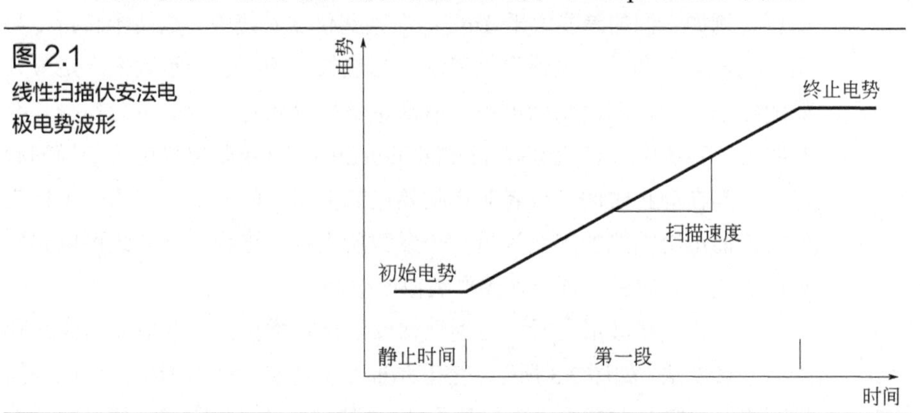

图 2.1
线性扫描伏安法电极电势波形

循环伏安法（cyclic voltammetry，CV）电极电势随时间变化的波形类似于三角波，如图 2.2 所示。仪器系统控制电极电势由初始电势（initial potential）开始，以设定的扫描速率变化直至到达第一峰电势（first vertex potential）时，改变电势扫描方向，继续电势扫描直到第二峰电势（second vertex potential），再次改变电势扫描方向，如此循环进行，直至完成设定的扫描段数（segments）。

图 2.2
循环伏安法电极电势波形

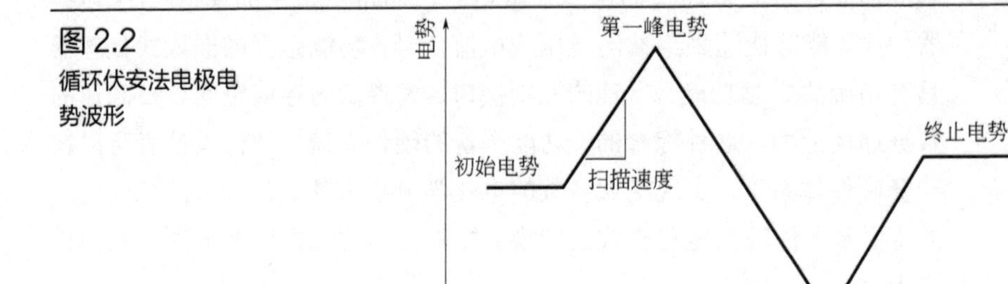

循环伏安法中，电极电势在两个转折电势之间往复变化，依实验需求不同，可以有一次或多次。这个次数可以用循环的“圈数（number of cycles）”或扫描的“段数（segments）”来表示，也可以用电势转折的“次数”表示。

初始电势和终止电势可以是两个转折电势之一，也可以是不同于转折电势的值；初始电势和终止电势的值可以相同，也可以不同。两个转折电势的大小，通常没有限制，大多数仪器系统只要求它们不要太靠近即可，例如它们的差要大于 1mV；在某些仪器系统中，这两个转折电势用“高电势”和“低电势”来表示，相应的，还有一个参数来指定最开始的扫描方向，即由初始电势向着高电势扫描还是向着低电势扫描。在某些仪器系统中，初始电势（initial potential）并不是电极电势扫描的起点，而是在静止时间（或者叫作初始电势持续时间）内保持的一个稳定电势，而电势扫描的起点为另一个参数所指定。这种设置方式可以起到与在实验开始前进行预处理操作类似的效果。

从电极电势波形上看，与循环伏安法比较类似的还有塔菲尔曲线和阶梯波伏安法。如图 2.3 所示，塔菲尔曲线的电极电势波形由初始电势扫描至终止电势，并在终止电势处保持一段时间（hold time），然后向反方向扫描，回到初始电势。同循环伏安法一样，这个电势扫描过程可以进行多次。

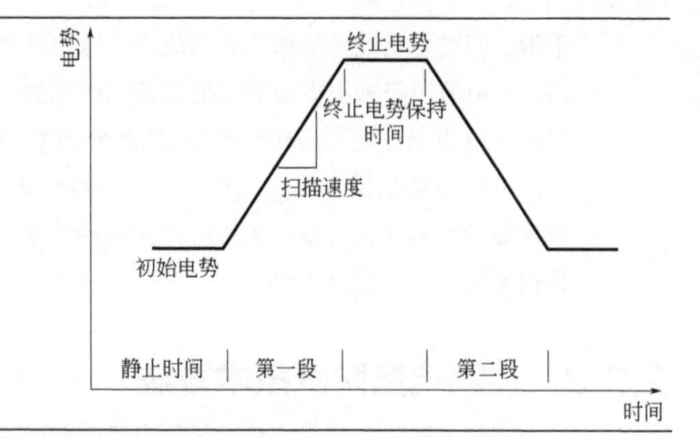

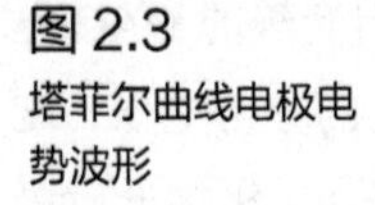
图 2.3 塔菲尔曲线电极电势波形

与线性扫描伏安法和循环伏安法不同的是，在塔菲尔曲线方法中，实验者更关注的是电极电流的对数与电极电势之间的关系，因此，现代的电化学分析仪器通常会直接显示和存储电极电流的对数值。

在控制电势扫描方法中，得到稳定的、线性变化并且斜率和方向都可调的电势信号是关键。在早期的仪器系统中，曾使用过的方法包括通过恒速转动的电机来带动滑动变阻器的滑块来产生线性变化的电势，通过调节电机的转速和方向来改变电势扫描的斜率和方向；另一种纯电路的方式是通过一个电阻对电容进行充电和放电，调节电阻的大小来改变充放电的速度，得到电势扫描的斜率；前述两种电势扫描信号的产生方式较为原始，扫描速度的条件和扫描方向的改变需要手动控制，在集成的定时器芯片面世以后，采用精心设计的定时器加外部电容电路，则可以较为容易地产生电势扫描所需要的波形信号，自动化程度也得到了提高。在计算机和集成的数字-模拟转换器（DAC）应用于这一领域之后，情况发生了本质性的改变。通过计算机控制 DAC，可以很容易地产生各种各样的波形信号，包括斜率和电势范围都精细可调的电势扫描信号。

通过计算机控制 DAC 来产生电势扫描信号，为控制电势扫描方法提供了极大的便利，但也带来了一个新的问题。在早期采用电容充放电方式产生的电势扫描信号是平滑的，而由 DAC 产生的电势扫描信号是由一个一个微小的台阶组成的，在某些情况下，这些微小的台阶信号会对电极电流产生影响。为解决这一问题，人们采取了多种手段，较为广泛使用的是使 DAC 产生的电势信号通过一个低通滤波器，来滤除信号中的高频成分，让信号变得更平滑；近年来，仪器设计者们往往采用分辨率更高的 DAC（通常 16bit 或以上），使电势信号中的台阶变得更小，信号更平滑，但这会明显地增加仪器的成本；另一种方法是采用两级的 DAC 电路，先由前一级来根据电势扫描的范围产生后一级 DAC 的参考电压，这样就可以更充分地利用后一级 DAC 的分辨率。现代的综合电化学分析系统，控制电势扫描方法的电势扫描速率范围通常都比较宽，可以从几个微伏每秒到数千伏每秒，电势阶梯在扫描速率较小时可以达到 10μV，在高扫速时也不会超过 1mV。

2.2.2 控制电势阶跃技术方法

控制电势阶跃技术方法，是恒电势法的一类，在某些书籍和文献中，也习惯性地将控制电势阶跃技术方法叫作恒电势法。这一类方法中，仪器系统控制电极电势按照一定的阶跃波形规律变化，同时测量电极电流（计时安培法或计时电流法）或者电量（计时库仑法）随时间的变化，进而分析电极过程的机理和计算有关参数。

典型的控制电势阶跃技术方法的电极电势波形如图 2.4 所示，在 t_0 时刻，仪器系统控制电极电势由初始电势（initial potential）阶跃到第一电势（first potential），同时以较小的时间间隔测定电极电流。电极电势在经过脉冲宽度（pulse width），可以再次阶跃回初始电势，如此往复重复多次。

图 2.4
控制电势阶跃波形

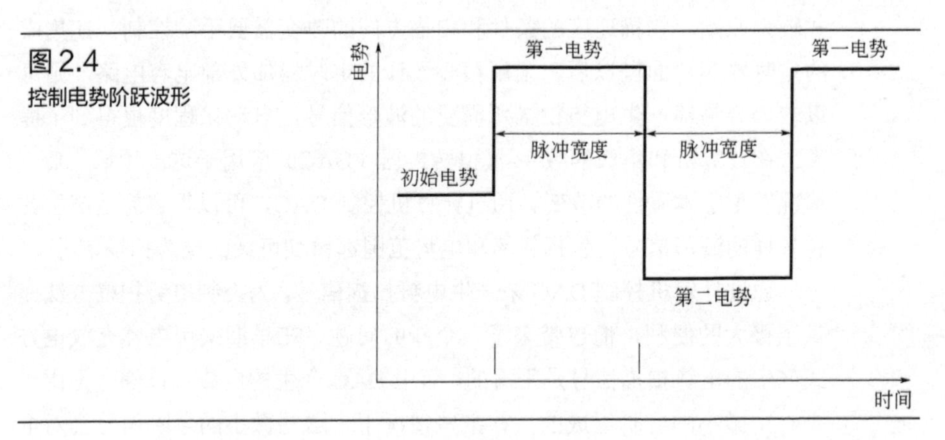

一种较为简化的实验方法是在计时电流法的基础上，忽略初始电势，仪器系统直接控制一个恒定的电极电势并记录电流，这种方法称为电流-时间曲线（*i-t* curve）。在这种方法中，电极电势其实仍旧是从另一个电势阶跃至设定的电势的，不同的仪器系统，处理方式不同，可能是零电势、

上次实验结束时的电极电势或一个随机的电势。虽然在电极电势阶跃至设定电势之前的电流信息并没有记录，但在某些情况下，这个电势仍有可能对 t_0 时刻之后的电流产生影响。合理地避免这种未知电势影响的办法是在仪器系统中采取“先设置电势，再接通电极”的控制顺序来控制内部电路的通断，避免未知的电势信号施加在电极上；用户如不能确定仪器系统的控制方式，可以采用计时电流法，主动设置初始电势来消除未知情况。

把电极电流对时间做积分，就可以得到电量值，因此，在大部分电化学分析仪器系统中，计时电流法和计时库仑法是同一种方法，只要采集了电流信号，随时可以计算出电量来。另一种实现方式是在硬件电路中采用积分电路来测量电量值，在这种方式中，积分电容的选择较为重要，要同时兼顾精度与测量范围。

控制电势阶跃方法中，往往同时包含了电极暂态过程和稳态过程。将电势阶跃的幅度减小至 10mV 左右，并且在单向极化持续时间较短的情况下，可以忽略浓差极化效应，认为电极处于电荷传递过程，等效电路元件的值不变。此时电极电流响应信号如图 2.5 所示，在这种情况下，可以采用等效电路的方法，测定电极体系的未补偿溶液电阻和时间常数等参数。

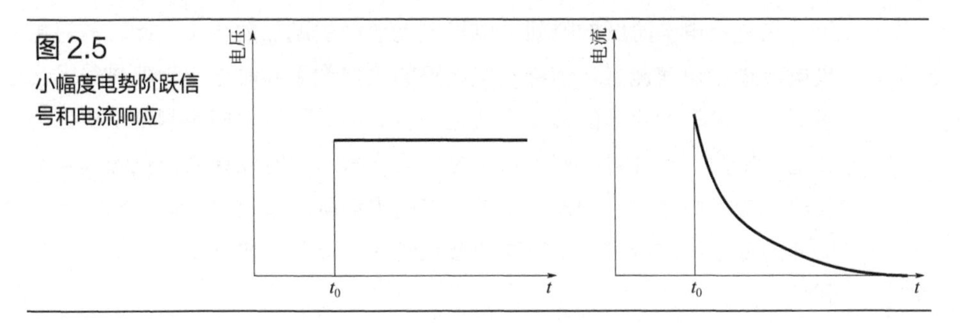

图 2.5
小幅度电势阶跃信号和电流响应

早期的电化学分析仪器，电势阶跃波形的产生依靠手动控制电路开关或采用定时器电路，只能产生较为简单的周期性阶跃信号。采用计算机控制 DAC 方式生产电势波形后，则可以产生更为复杂和灵活的电极电势阶跃波形。如图 2.6 所示，电势阶跃的个数可以多达十几个甚至几十个，每一个电势的持续时间（也称为阶跃宽度）可以分别设置，整个阶跃波形可以多次重复。现代的电化学分析系统基本都能够支持类似的实验方法，通常称为多电势阶跃方法（multi potential step）。

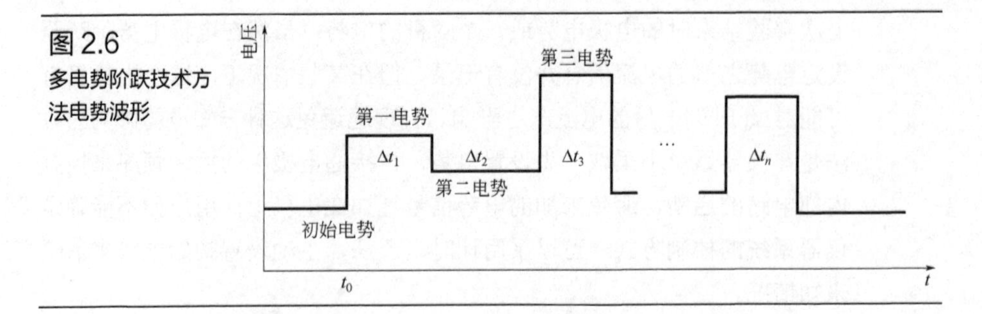

图 2.6 多电势阶跃技术方法电势波形

虽然灵活设置多电势阶跃方法的参数，完全可以实现计时电流法、电流时间曲线、计时电量法、溶液电阻测量等多种实验方法的功能，但在大多数商品化的仪器系统上，上述方法仍得以保留，以满足用户使用习惯的需求。

与控制电势扫描技术方法相比，在控制电势阶跃技术方法中，我们更希望电势变化迅速而准确，越接近理想阶跃波形越好。实际上，受限于电路元器件（主要是功率放大器）的压摆率（输出电压的变化速率）、电路和电极引线的电容以及电极体系的界面电容，电极电势的阶跃波形总是无法达到理想波形。另外，在进行控制电势阶跃实验时，信号发生电路的低通滤波器应处于关闭状态，或者选择较高的截止频率，避免对阶跃波形产生影响。

在电极电势阶跃的瞬间，电极电流会产生剧烈的变化，此时需对电极电流进行快速测量，信号采集电路的采样频率和时序同步就显得尤为重要。一种较为合理的解决方法是用较高的采样频率同步测量电极电势和电极电流，这样可以避免由于时序同步引起的时间误差，更为真实地反映电极界面信息。同样，在进行控制电势阶跃实验时，信号测量电路部分的低通滤波器应处于较高的截止频率，避免对快速变化的信号产生影响。

2.2.3 脉冲测量技术方法

脉冲测量技术最早是在滴汞电极体系上发展起来的，称为极谱法；随后在固态电极体系中得到应用，称为脉冲伏安法。无论是采用滴汞电极还是固态电极，脉冲测量技术的电势波形是相同的，因此后文中以脉冲伏安法为例。

从电极电势随时间变化的波形角度看，脉冲测量技术方法可以看作是电极电势连续线性变化的线性扫描方法与电极电势阶跃变化的电势阶跃法的组合，在这一类方法中，电极电势的波形由线性分量和阶跃分量叠加构成。

阶梯波伏安法是古老而又典型的脉冲测量技术[2]，其电极电势随时间变化的波形如图 2.7 所示。整个电势波形由一系列的电势阶跃组成，每个电势阶跃的高度称为电势增量（increment potential）或阶跃高度（ΔE），电势恒定的时间称为阶跃周期（step period）或阶跃步长（Δt）。电势阶跃波形的起点和终点分别由初始电势（initial potential）和终止电势（final potential）表示，并且，在电极电势到达终止电势后，阶跃高度可以变为负值，改变阶跃方向，再回到初始电势。与循环伏安法类似，这个阶跃扫描的过程可以重复进行多次，即多个“循环”或“段数”。在电势阶跃扫描的过程中，记录电极电流并对阶梯电势作图，即可得到阶梯波伏安曲线。

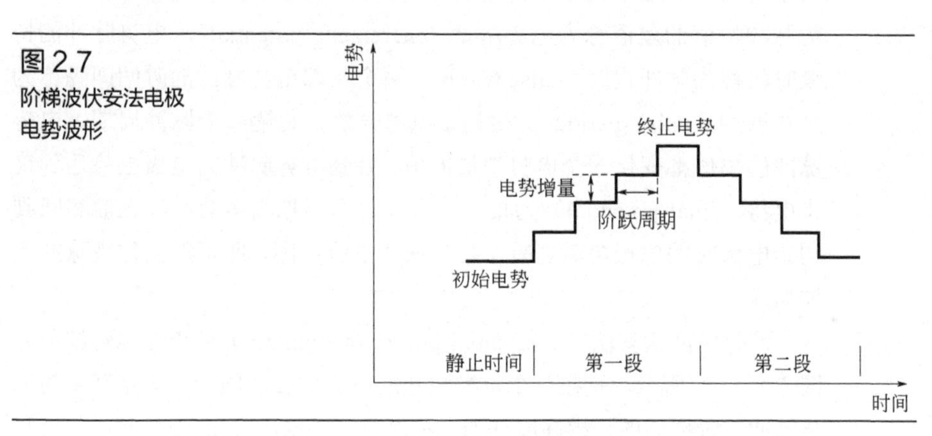

图 2.7
阶梯波伏安法电极电势波形

早期采用滴汞电极时，阶梯波伏安法（或称为极谱法）的阶跃周期与汞滴的滴落时间相匹配，同时受限于波形发生方式和仪器精度，阶跃高度通常设置为几个毫伏；在固态电极上应用阶梯波伏安法时，由于无需考虑汞滴的生长和滴落时间，阶跃周期可以在较大的范围内灵活设置，同时由于计算机控制 DAC 波形发生电路的应用以及 DAC 分辨率的不断提高，使得阶跃高度可以任意设置。在阶梯波伏安法扫描过程中，阶跃周期和阶跃高度共同确定了电势扫描速率和数据采集的速率。当阶梯波伏安法的阶跃周期和阶跃高度都设定为比较小的值时，阶梯电势波形将非常接近线性扫描电势波形。实际上，在现代的电化学分析仪器系统中，计算机控制 DAC 波形发生电路产生的都是阶梯波形，在应用于线性扫描伏安法时自动地将阶跃周期和阶跃高度都设置为最小值，开启信号发生电路中的低通滤波器，来实现线性波形的输出；在应用于阶梯波伏安法时，则根据用户设置的阶跃周期和阶跃高度进行，关闭低通滤波或将其设置为较高的截止频率。

常规脉冲伏安法、差分脉冲伏安法和方波伏安法是目前较为常用的脉冲技术方法，它们出现的比阶梯波伏安法要晚一些。其中常规脉冲伏安法和差分脉冲伏安法都有对应的应用于滴汞电极的极谱法，方波伏安法则没有。如图 2.8 所示，这三种脉冲技术方法的电极电势波形可以看作是在阶梯波伏安法的电势波形基础上，叠加了另一个同周期的简单电势阶跃构成。

常规脉冲伏安法（normal pulse voltammetry）的电极电势波形如图 2.8（a）所示，在一个恒定的基准电势上叠加一系列幅值逐渐增加的电势脉冲，其中基准电势通常又称为初始电势（initial potential），每两个相邻的电势脉冲幅值的差值称为电势增量（increment potential），电势脉冲的持续时间称为脉冲宽度（pulse width），两个相邻电势脉冲的时间间隔称为脉冲周期（pulse period）。由初始电势开始，每隔一个脉冲周期，电势脉冲的幅值都变化一个电势增量的值，直到电势脉冲的电极电势达到终止电势（final potential）为止。记录在每个周期内电势脉冲之前和回到初始电势时的电极电流之差，并对脉冲电势作图，即可得到常规脉冲伏安曲线。

差分脉冲伏安法（differential pulse voltammetry）的电极电势波形如图 2.8（b）所示，是在一个阶梯波基准电势上叠加同一个固定高度的电势脉冲。阶梯波的阶梯高度称为电势增量（increment potential），起点和终点分别称为初始电势（initial potential）和终止电势（final potential）；所叠加的电势脉冲的高度称为振幅（amplitude），持续时间称为脉冲宽度（pulse width）；阶梯波和电势脉冲具有相同的周期，称为脉冲周期（pulse period）。分别测量电势脉冲结束之前和电势阶跃之前的电极电流并做差，对阶梯波电势作图，即可得到差分脉冲伏安曲线。

方波伏安法（square wave voltammetry）的电极电势波形如图 2.8（c）所示，可以看作是一个阶梯波基础电势上叠加一个双向的方波电势脉冲波形。阶梯波基准电势的阶梯高度称为电势增量（increment potential），起点和终点分别称为初始电势（initial potential）和终止电势（final potential）；所叠加电势的单脉冲高度称为振幅（amplitude），由于电势脉冲为双向脉冲，因此实际的电势脉冲为振幅的 2 倍；阶梯波和电势脉冲具有相同的周期（period），在实验参数设置时通常设定其频率（frequency）。在每个脉冲周期中，正向脉冲和反向脉冲结束前分别测量电极电流并做差，对阶梯波基础电势作图，得到方波伏安曲线；也有仪器系统将正向脉冲电流、反向脉冲电流以及电流差值都记录下来。

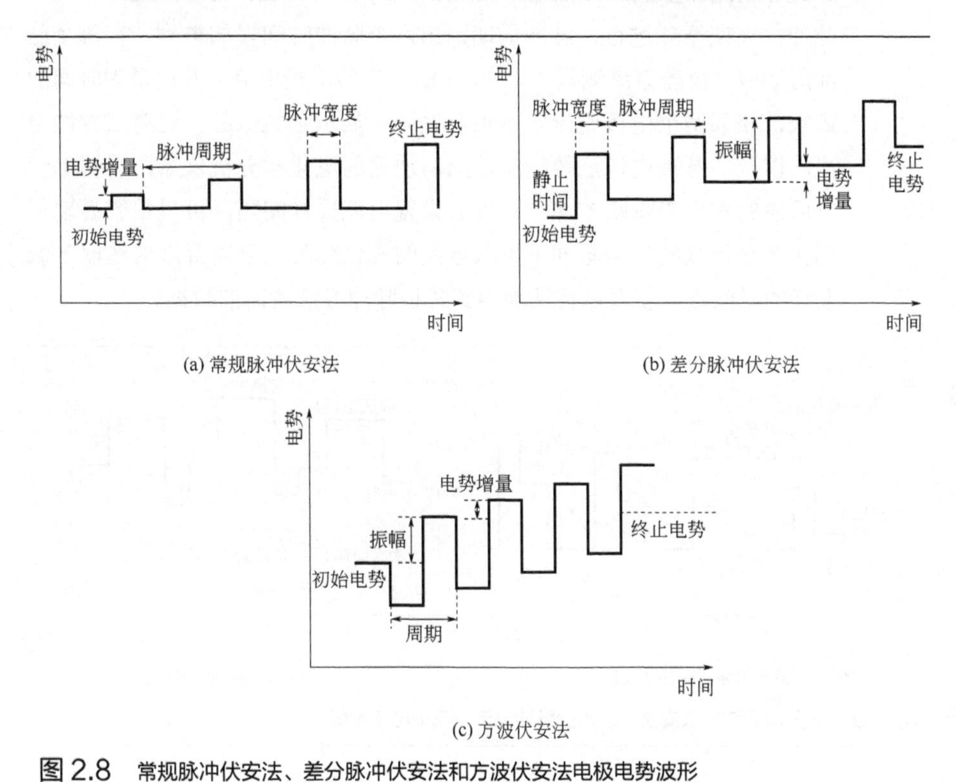

图 2.8　常规脉冲伏安法、差分脉冲伏安法和方波伏安法电极电势波形

在阶梯波伏安法、常规脉冲伏安法、差分脉冲伏安法和方波伏安法的基础上，又衍生出了多种脉冲测试方法，如差分常规脉冲伏安法[3, 4]、双差分电流法、三差分电流法等。这些衍生方法的电极电势波形通常可以视为前面几种基本脉冲方法的组合，如图 2.9（a）所示的差分常规脉冲伏安法，其电极电势波形为常规脉冲伏安法和差分脉冲伏安法的叠加，即在常规脉冲伏安法的每个电势脉冲上，再叠加一个固定高度的电势脉冲，这样在每个脉冲周期中，电极电势都会先回到初始电势，然后阶跃到一个逐渐递增（增量，increment potential）的脉冲电势，再阶跃一个固定的脉冲高度。仪器系统记录每个脉冲电势的电流，并记录为第一个脉冲电势的函数。

图 2.9（b）所示的双差分脉冲电流法电极电势波形则更为复杂一些，在双差分电流法中，一个脉冲周期共包含两组电势脉冲，每组电势脉冲由一个不进行电流测量的清洗电位（图中清洗电位 1 和清洗电位 2）和两个进行电流测量的脉冲电位（图中 E_1、E_2 和 E_3、E_4）构成，这六个电位脉冲按周期循环进行，脉冲周期则由六个脉冲时间累加得到。在每个脉冲周期内，仪器系统测量 E_1、E_2 和 E_3、E_4 的电极电流，并记录为时间的函数，相邻两个电极电流之差也可以同步显示。类似的，还有三脉冲电流法以及多脉冲电流法等，实际上，现代的电化学分析仪器，采用上一节所述的多电势阶跃方法，合理的设置电流采样间隔，可以很容易地得到在多个连续的电势脉冲下电极电流的变化趋势，只需合理的选取电流采样的时间点，就可以灵活地得到各种脉冲方法所需的数据。

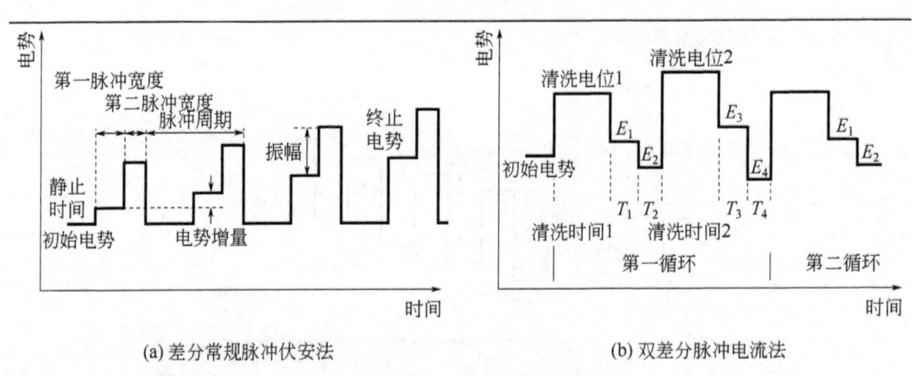

(a) 差分常规脉冲伏安法　　(b) 双差分脉冲电流法

图 2.9　差分常规脉冲伏安法和双差分脉冲电流法电极电势波形

在脉冲方法中，电极电流的测量并不是随时间匀速进行的，而是在一个阶跃电势保持的过程中，只进行一次电流测量。在脉冲极谱法以及早期的脉冲伏安法中，电极电流的采样在电极电势阶跃之后或阶跃之前的某个时刻进行，这个电流采样的时间点通常用采样时刻（sample point）来表示，如图 2.10（a）所示，采样时刻的选择通常选取在电极电势阶跃之前，以降低测量结果中的双电层充电电流。在现代电化学测试系统中，较为常用的方式是在电势阶跃之前的一段时间内（采样宽度，sample width）连续进行电流采样，然后取这一段时间电极电流的平均值，记为脉冲电流，这种方式的优点是可以有效避免外部高频随机干扰给测量结果带来的随机噪声。

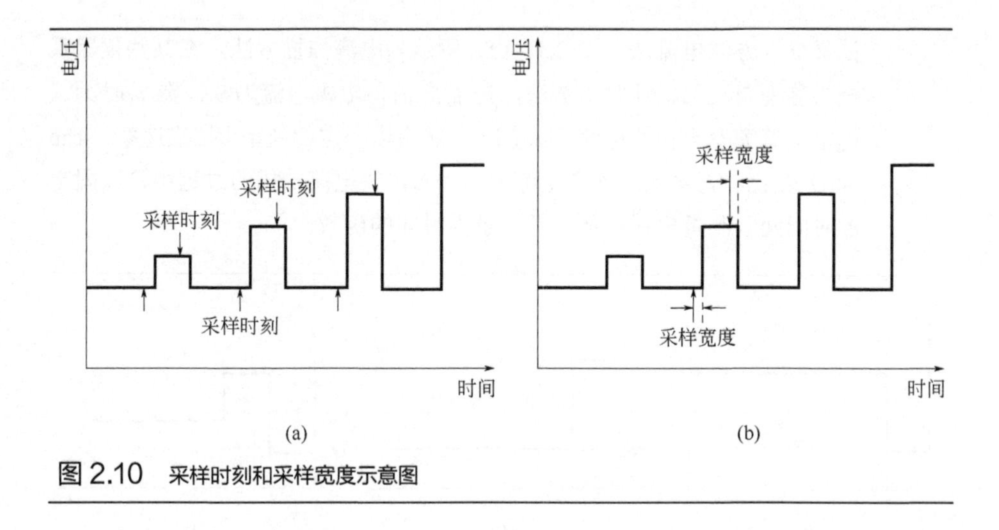

图 2.10 采样时刻和采样宽度示意图

2.2.4 控制电流技术

控制电势技术方法中，电极体系的被控量是电极电势，被测量是流过电极的电流或电量；而在控制电流技术方法中，被控量是电极电流，被测量的是电极电势。从仪器系统波形生成的角度来看，控制电流技术与控制电势技术并无明显的区别，相对于电势控制波形，电流控制波形相对简单一些。图 2.11 所示的是一些典型的控制电流技术方法的电极电流波形。

图 2.11（a）所示的为单电流阶跃方法，即在 t_0 时刻，仪器系统控制电极电流由零阶跃至某一设定电流值，然后保持恒定，测量并记录电极电势随时间的变化曲线；图 2.11（b）所示为断电流方法，在 t_0 时刻之前，仪器系统控制电极电流为设定电流值，在 t_0 时刻电极电流切断为零，记录电极电势的变化趋势；图 2.11（c）所示为双脉冲电流法，在 t_0 时刻之前，电极电流为零，在 t_0 时刻，电极电流阶跃至一个较大的电流 i_1，持续一个较短的时间 t_1 后（通常在微秒级），电极电流再次阶跃至一个较小的电流 i_2，直至实验结束；图 2.11（d）所示为多电流阶跃法，可连续进行多个电流阶跃，每个阶跃电流值和持续时间都可以单独设置，并且这个多电流阶跃过程可以循环进行多次；图 2.11（e）所示为计时电势法，在每个周期中有两个方向相反的电流阶跃，分别称为阳极电流和阴极电流，对应的持续时间称为阳极时间和阴极时间，通常情况下，阳极电流和阴极电流大小相等，方向相反，阳极时间和阴极时间相同，此时计时电势

法又称为方波电流法；图 2.11（f）所示为电流扫描方法，在某些仪器系统中称为电流扫描计时电势法，在 t_0 之前，电极电流为零，在 t_0 时刻，电极电流突变至初始电流（initial i），然后以一定的斜率（扫描速率，scan rate）变化，直至到达终止电流（final i），在电流扫描的过程中，以固定的时间间隔测量电极电势，并记录为时间的函数。

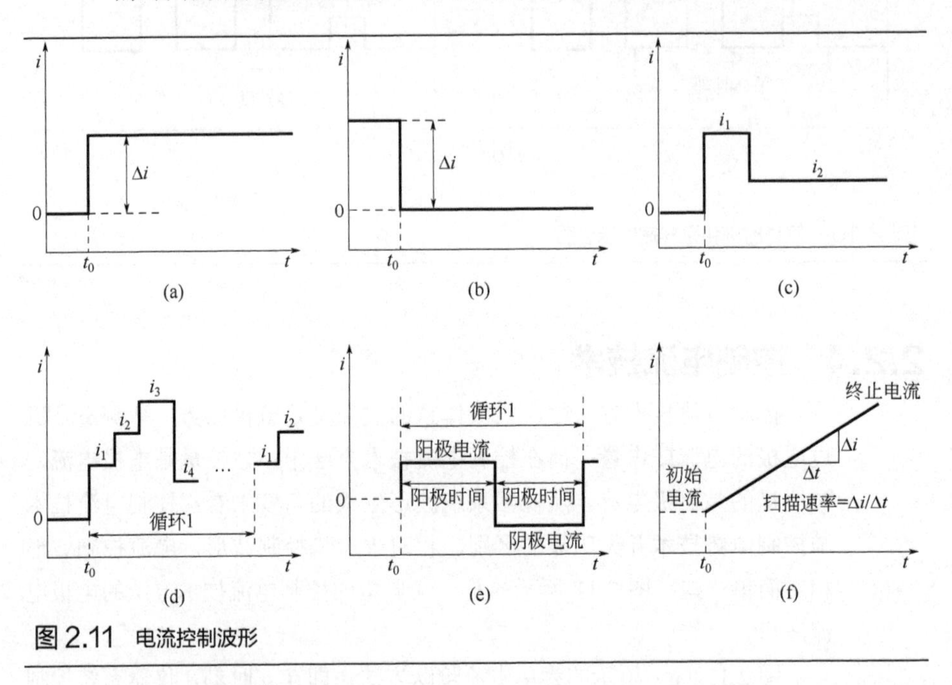

图 2.11　电流控制波形

2.2.5　交流阻抗技术方法

交流阻抗技术，是指对电极体系施加小幅度的交流电势信号或电流信号扰动，同时观察体系在稳态时对扰动的响应，进而分析电化学系统的反应机理和计算相关参数。按照施加的扰动信号区分，交流阻抗技术可以分为控制电势交流阻抗法和控制电流交流阻抗法，顾名思义，这两种方式的区别在于控制信号与测量信号刚好相反，而数据处理与计算的方式是基本相同的，实际应用中，更为常用的是控制电势的方法。按照控制波形和获取数据的方式区分，交流阻抗技术又可以分为电化学阻抗谱和交流伏安法，其中电化学阻抗谱更为侧重的是体系的电化学阻抗与频率变化之间的关系，而交流伏安法则主要研究在某一个固定频率下，体系对交流扰动的响应随直流极化电势的变化趋势。

图 2.12 所示为频率扫描型控制电势电化学阻抗谱的电势波形示意图，在一个恒定的直流电势上，叠加一系列不同频率的小幅度正弦波。其中直流电势称为偏置电势（offset potential）或起始电势（initial potential），通常选在能够使电极体系处于稳态直流极化状态的区间；正弦波的振幅通常较小，较为常用的取值为 5mV 或 10mV，以避免导致电极体系偏离原有的稳定状态；在测试过程中，正弦波的频率是一个变化的值，范围可以从 10^{-6}Hz 到 10^{6}Hz。仪器系统根据所施加的电极电势和电极体系的响应电流，得出体系的电化学阻抗信息，包括阻抗的振幅、相位、实部、虚部等，可以将阻抗的振幅和相位分别记为频率的函数并作图，得到波特图（Bode plot），也可以用阻抗的实部和虚部分别作为横轴和纵轴绘制阻抗复平面图，也叫作能奎斯特图（Nyquist plot）。

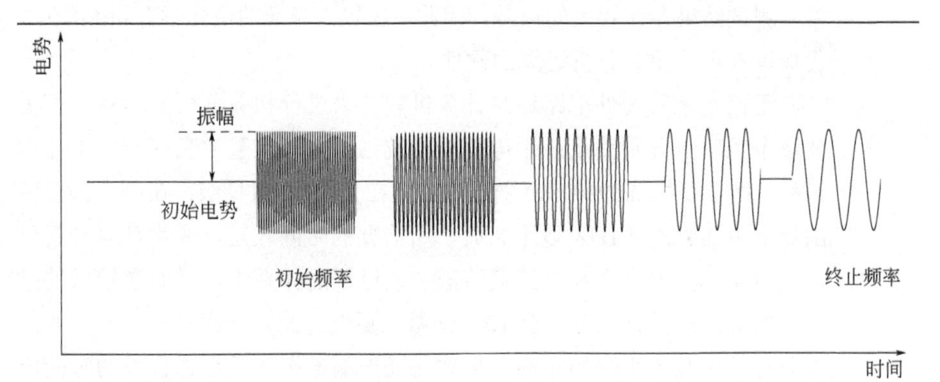

图 2.12 控制电势电化学阻抗谱激励波形

在偏置电势上所叠加的正弦交流信号的频率，通常由较高的频率向较低的频率变化，变化范围在仪器系统中通过初始频率（initial frequency）和终止频率（final frequency）这两个参数来指定。频率的变化规律可以是线性的或者对数的，其中对数规律较为常用，相应的波特图中，横坐标也采用频率的对数。测试的频率点数需要根据设置的频率扫描范围和具体需求来选取，通常情况下，频率值每变化十倍，选取十个左右的频率点，即可得到较为完整详细的测试曲线。

在历史上，阻抗测试技术并不是最先应用于电化学测试领域的，因此有多种技术手段先后被应用于电化学阻抗测量，包括交流电桥、选相检波、利萨茹图形、相敏检测等，在专门的电化学阻抗测试系统出现之前，锁相放大器和频响分析仪也被广泛应用于电化学阻抗测量。这些阻抗测试技术都是基于相关分析原理，采用硬件电路对两路（电极电势和电极电流）正弦交流信号进行运算，检测出两路信号的同相分量和 90°相移分量，即阻抗的实部和虚部，进而计算出阻抗的振幅和相位信息。在计算机控制的综合电化学分析系统出现以后，相关分析运算也可以通过计算机软件来实现。计算机控制一路 DAC 或者 DDS 器件产生所需要的正弦交流信号，另一路 DAC 产生直流偏置电势，然后通过运算放大器电路将两路信号叠加，施加于恒电位仪。通过 ADC 快速的测量电极电势和电极电流的变化波形（一种简化的方式是只测量电极电流），再通过软件计算，即可得到体系的阻抗信息。采用软件计算方式实现电化学阻抗测量，可以使仪器系统的硬件结构得到简化，降低成本，但在测试频率较高时（100kHz 以上），受限于恒电位仪的频率响应特性和 ADC 采样速率，测试结果存在较大的误差，因此，在较为高端的电化学分析系统中，仍保留着用于相关分析运算的硬件。

无论是采用硬件电路还是计算机软件来进行相关分析的运算，都需要逐个频率点分别测量；用电化学阻抗谱的方式完整的表征一个电化学过程，所需要扫描的频率范围至少应该在 2～3 个数量级；在频率扫描范围处于中高频段（1Hz 以上）时，所需要的时间较短，通常几分钟就可以完成实验，但是在某些涉及溶液扩散过程的体系中，需要在较低的频率下测量，最低频率可低至 10^{-3}Hz 甚至更低，此时一次频率扫描需要几十分钟甚至几个小时的时间，很难保证被测电极体系在这么长的时间内不发生变化而产生测量误差。在 20 世纪 70 年代，人们将快速傅里叶变换技术（FFT）应用于电化学阻抗分析，有效地提高了电化学阻抗测试的效率。基于 FFT 的电化学阻抗测量技术，理论上可以采用脉冲信号或随机白噪声（从频谱学角度看，这两种信号都可以看作是所有频率的叠加）作为激励信号，一次性计算出整个频谱信息；实际应用中，受限于仪器系统的结构和频率特性，通常不会一次性进行所有频率的测量，而是将某一个频率段或相近频率段的多个测试频率相叠加，合成为一个伪随机噪声，与直流偏置信号叠加后施加于电极体系上。用来合成伪随机白噪声的频率信号，一种方式是选取基频的奇次谐波以避免在响应电流信号中出现二次谐波；每个频率信号的幅值相等，以保证各个谐波分量具有相同的权重；初始相位则需要随机分配，以保证合成信号在幅值上不会出现较大的波动。

除了电化学阻抗谱，交流伏安法也是一种主要的电化学阻抗测试方法。交流伏安法的电极电势波形如图 2.13 所示，在某一选定的频率下，逐渐改变激励信号中的直流偏置电势，进而获取响应电流的振幅和相位随直流偏置电势的变化趋势。通常，偏置电势的变化是线性进行的，因此图 2.13 所示的波形又称为线性扫描交流伏安法。在此基础上，加入了直流偏置电势反向扫描的方法称为循环交流伏安法；对电流响应的二次（高次）谐波进行分析的方法称为二次（高次）谐波交流伏安法。

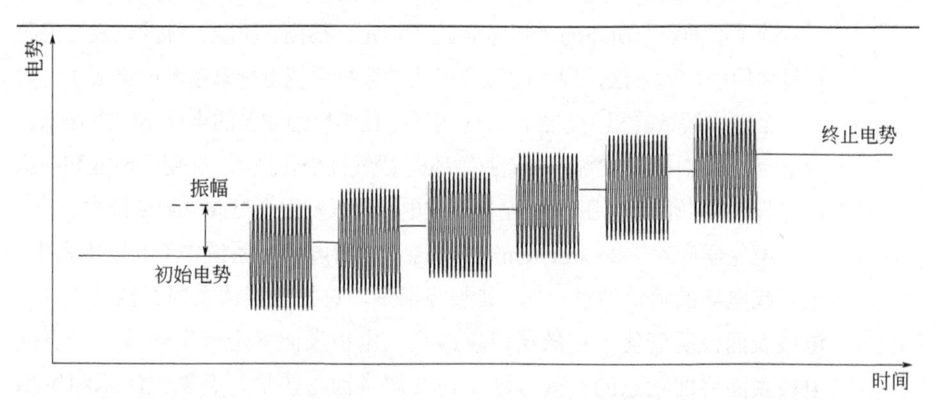

图 2.13 交流伏安法电极电势波形

从仪器设计的角度看，交流伏安法与电化学阻抗谱的工作原理完全相同，只是在参数设置和具体的实验控制流程，或是数据计算方式上有少许区别。因此大多数具有电化学交流阻抗谱测试功能的电化学分析仪器，都可完成交流伏安测试方法，只不过在有一些仪器系统中，交流伏安法不是作为一种单独的方法存在，而是在交流阻抗谱中设置了一个偏置电势扫描模式。类似的，还有振幅扫描模式和时间扫描模式，即固定阻抗测试频率和偏置电势，有规律地改变交流信号振幅的模式和将阻抗测试的频率、偏置电势、振幅都固定，观察体系阻抗随时间变化的模式。

对于综合性的电化学分析系统来说，电化学阻抗测试技术是一种不可缺少的技术方法。由于阻抗测试涉及高中低多个频段，频率范围较宽，因此对仪器系统硬件设计也提出了较高的要求。为满足多个频段的频率响应特性和稳定性，一种较为普遍的做法是预置多个信号电路处理模块，分别针对不同频段，其中低频和中频部分可以和其他的电化学方法共用，而高频部分则需要单独设置。在较为现代化的电化学分析仪器系统中，通常采用直接数字频率合成器件（DDS）来产生高频的交流激励信号，以弥补 DAC 器件在速度上的不足。采用软件计算方式获取阻抗信息的仪器系统，为了在高频段的每个正弦波周期内能够获得足够多的采样数据点，往往需要额外设置一颗低分辨率、高采样速率的 ADC 芯片；同时采用直流偏压去除电路来消除响应信号中的直流分量，以最大化地利用 ADC 的分辨率。

2.2.6 针对电化学腐蚀、电池和超级电容器的技术方法

除了前面章节所述的控制电势/电流恒定、扫描、阶跃、脉冲以及交流阻抗等通用的技术方法，现代的综合电化学分析系统也越来越多地集成了针对某一个研究领域的相关方法，如应用于电化学腐蚀测量的电化学噪声技术、恒电流/电流扫描腐蚀测量、线性/循环/分段线性极化技术，应用于电池和超级电容器测量的恒流/恒压/恒阻循环充放电测量以及组合充放电测量技术等。

电化学噪声（electrochemical noise）是指电化学系统中（电极体系中）电流或电势的随机波动[5, 6]，其起因很多，包括电极体系局部活性变化、电极表面性质变化、扩散层厚度改变、电极表面气泡产生等等，是表征电极表面界面状态的有效方法，在金属腐蚀与防护、金属电沉积和生物电化学领域都有着广泛的应用。

电化学噪声根据检测信号的不同，分为电势（电压）噪声和电流噪声。对电压噪声的检测较为简单，以固定的采样频率进行常规的开路电位检测，记录电极电势与时间的关系即可；电流噪声的测定可在开路电位和恒电位极化两种情况下进行，当在开路电位条件下进行电化学电流噪声测量时，通常采用双电极体系，又可分为同种电极系统或异种电极系统，此时仪器系统工作在零阻电流计状态；当在恒电位计划条件下测定电化学电流噪声时，通常采用三电极体系，在双电极体系的基础上外加辅助电极给工作电极提供恒压极化条件，此时仪器系统工作在恒电位仪状态。

在一些仪器系统中，可将零阻电流计单独作为一项功能提供给使用者。在使用零阻电流计功能或者双电极体系电化学噪声测量时，需要采用与其他测试方法不同的接线方式，即将被研究的电极分别接入到仪器系统的地线（GND）和工作电极引线（WE），如果使用标准电极，则接入参比电极引线（RE），辅助电极（CE）闲置不用。另外需要注意的是，使用零阻电流计或双电极体系电化学噪声测量时，虽然仪器系统没有给电极体系提供任何的控制电势或电流，但是在电极接入电极引线的时刻，就有电流流过，因此需要立刻开始数据采集。

无论是测量电压噪声还是电流噪声，采样频率都是一个重要的参数，过低的采样频率会使有用的高频信息丢失，产生噪声的事件被忽略；过高的采样频率会使仪器系统固有噪声被一同记录，并且会导致测量结果数据量较大。由于电化学噪声信号幅度较小，并且通常叠加了会随时间漂移的直流信号，因此在进行结果分析时，需剔除其中的直流分量，去除直流漂移的方法有移动平均值法[7]、线性拟合法[8]、多项式拟合法[9]和小波分析法[10]等。对于电化学噪声的数据，可采用多种方法进行分析，包括频率域的傅里叶变换[11]、最大熵值法[12, 13]、小波分析法[14]以及时间域的标准偏差、孔蚀指标[15]、噪声电阻[16]、Hurst 指数[17]等。近年来，一些时域-频域联合分析方法也被引入到电化学噪声分析中，如短时傅里叶分析、Hilbert-Huang 变换分析[18]等。

除了电化学噪声测量，前面章节所述控制电势和控制电流测量技术方法，也都可以用于电化学腐蚀测量，如图 2.14 所示，从（a）至（e）分别被称为线性极化、循环极化、分离线性极化、恒电流极化、动电流极化方法，从电势/电流控制波形不难看出，这些方法就是典型的线性扫描伏安、循环伏安、电流阶跃、电流扫描等技术方法及其组合。这些方法应用于电化学腐蚀测量时，仪器系统的应用软件通常会提供相关的数据处理方法来计算相应的参数，如腐蚀速率、极化电阻、腐蚀电流密度等。

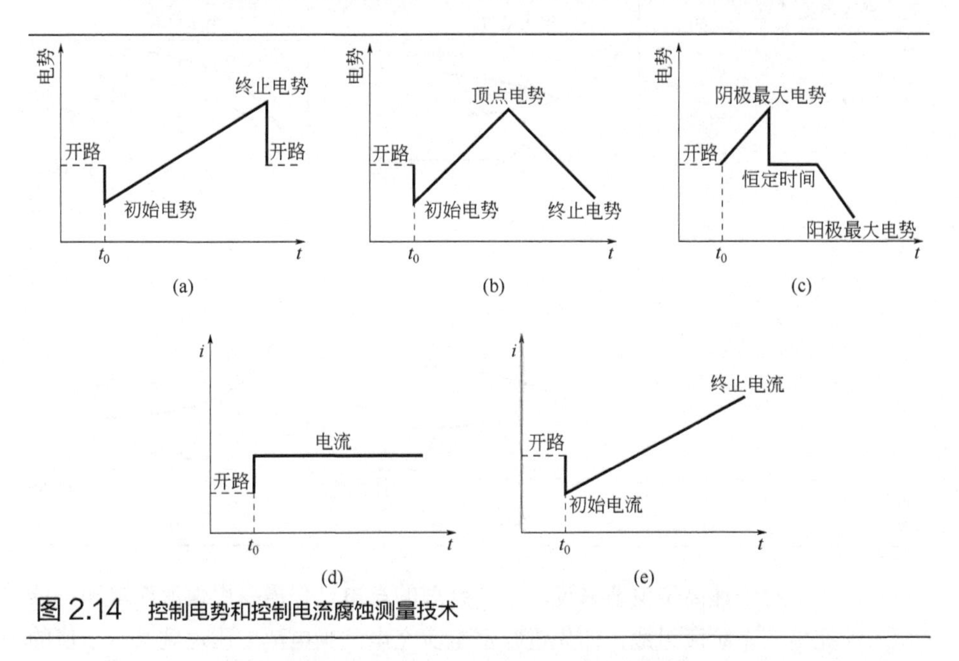

图 2.14　控制电势和控制电流腐蚀测量技术

近年来，随着智能电子设备和可穿戴设备的兴起，带动了对储能器件的需求，越来越多的研究者把注意力转向锂离子电池和超级电容器等研究领域，因此，除了专用的充放电测试系统之外，一些综合性的电化学分析仪器系统也将相关的充放电测试技术方法集成进来。这些针对储能器件充放电测试的技术方法，在电势/电流控制方法上与典型电化学测试技术相似，更多的是增加对测试数据的实时判断以及实验步骤的序列化。

恒电势/恒电流充放电技术是最基础的储能测试功能，有些仪器系统在基础的恒定电势/恒定电流技术方法的基础上，增加了对充放电电荷的实时测量与记录，如图 2.15（a）和（b）所示。这两种测试方法可用于将储能器件缓慢地充电/放电至设定的电流/电势或容量。

图 2.15（c）和（d）所示为恒功率充放电方法和恒电阻充放电方法，这两种方法都属于动态电流控制方法，即在控制电流充电/放电的过程中，实时测量电势并调整充电/放电电流的大小，保持实验过程中的充放电功率或器件电阻为恒定值，直到储能器件的电势或者电流到达某一限定值。这两种方法通常用于器件的放电测试。

图 2.15
基本充放电测试方法

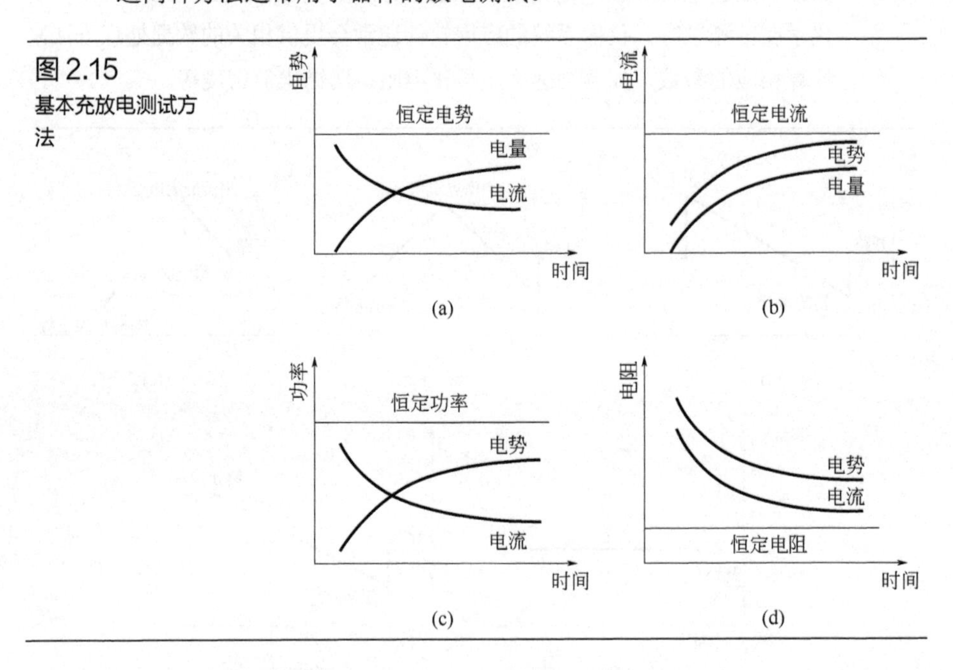

对于锂离子电池来说，一个合理的充电过程需要由恒流充电和恒压充电两个阶段组成，即先进行恒电流充电，当电池电压达到某一个值的

时候，切换为恒电势充电直到实验结束。有的仪器系统将这个测试过程集成，称为恒流-恒压方法。用户可以设置恒流过程的充电电流、限制电势、电势测量的时间间隔以及恒压过程的充电电压、电流采样间隔，实验的结束条件可以是充电电流达到某一个限制值、总的充电电荷量达到某一个限制值或者总的充电时间达到某一个限制值。

更进一步的，在恒流-恒压充电过程之后，紧接着进行一个恒定电流的放电过程，则构成了一个完整的锂离子充电-放电循环，这个循环可以连续进行多次，实现长时间的容量测试或者老化实验。与前面所述的恒流充电-恒压充电-恒流放电过程类似，现代仪器系统也集成了其他的充放电测试过程，如恒功率充放电循环、恒电阻充放电循环、带有电位限制的循环充放电等。这些方法本质上是图 2.15 所示的四种基本充放电方法的组合使用，通过实验序列功能，用户也可以自行组合出更为灵活的测试过程。

参考文献

[1] Bard A J, Faulkner L R, Leddy J, et al. Electrochemical methods: Fundamentals and applications[M]. New York: Wiley, 1980.

[2] Christie J H, Lingane P J. Theory of staircase voltammetry[J]. Journal of Electroanalytical Chemistry, 1965, 10(3): 176-182.

[3] Aoki K, Osteryoung J, Osteryoung R A. Differential normal pulse voltammetry-theory[J]. Journal of Electroanalytical Chemistry and Interfacial Electrochemistry, 1980, 110(1-3): 1-18.

[4] LovrićM, Osteryoung J. Theory of differential normal pulse voltammetry[J]. Electrochimica Acta, 1982, 27(7): 963-968.

[5] Bertocci U, Huet F. Noise analysis applied to electrochemical systems [J]. Corrosion, 1995, 51（2）: 131-144.

[6] Legat A, Zevnik C. The electrochemical noise of mild and stainless steel in various water solutions[J]. Corrosion Science, 1993, 35(5-8): 1661-1666.

[7] Tan Y J, Bailey S, Kinsella B. The monitoring of the formation and destruction of corrosion inhibitor films using electrochemical noise analysis(ENA)[J]. Corrosion Science, 1996, 38(10): 1681-1695.

[8] Mansfeld F, Sun Z, Hsu C H, et al. Concerning trend removal in electrochemical noise measurements[J]. Corrosion Science, 2001, 43(2): 341-352.

[9] Bertocci U, Huet F, Nogueira R, et al. Drift removal procedures in the analysis of electrochemical noise [J]. Corrosion, 2002, 58(4): 337-347.

[10] Huang J Y, Qiu Y B, Guo X P. Comparison of polynomial fitting and wavelet transform to remove drift in electrochemical noise analysis[J]. Corrosion Engineering, Science and Technology, 2010, 45(4): 288-294.

[11] Gabrielli C, Keddam M. Review of applications of impedance and noise analysis to uniform and localized corrosion[J]. Corrosion, 1992, 48(10): 794-811.

[12] Lacoss R T . Data adaptive spectral analysis methods[J]. Geophysics, 1971, 36(4): 661-675.

[13] Burg J P. The relationship between maximum entropy spectra and maximum likelihood spectra[J]. Geophysics, 1972, 37(2): 375-376.

[14] Aballe A, Bethencourt M, Botana F J, et al. Wavelet transform-based analysis for electrochemical noise[J]. Electrochemistry Communications, 1999, 1(7): 266-270.

[15] Cheng Y F, Luo J L. Passivity and pitting of carbon steel in chromate solutions[J]. Electrochimica Acta, 1999, 44(26): 4795-4804.

[16] Puget Y, Trethewey K, Wood R J K. Electrochemical noise analysis of polyurethane-coated steel subjected to erosion–corrosion[J]. Wear, 1999, 233: 552-567.

[17] 张昭，张鉴清，王建明，等. 硫酸钠溶液中铝合金 2024-T3 孔蚀过程的电化学噪声特征[J]. 中国有色金属学报, 2001, 11(2): 284-287.

[18] 张涛，杨延格，邵亚薇，等. 电化学噪声分析方法的研究进展[J]. 中国腐蚀与防护学报, 2014, 34(1): 1-18.

3

电化学分析仪器电路原理及设计方法

电化学仪器一般包含一个电极电势信号的控制部分，如恒电位仪或恒电流仪（用于控制流经电解池的电流），和一个产生所需扰动信号的波形产成电路[通常由数-模转换器（DAC）产生所需信号]，以及收集数据的高速数据采集电路[通常由模-数转换器（ADC）构成]和一个显示电压、电流或时间等的显示系统。电化学仪器一般还包含电位电流信号滤波电路、多级信号增益电路、补偿电路等，一个基本的电化学仪器结构组成如图 3.1 所示。在现代仪器中，信号的产生、放大及滤波等功能的实现通常是由一些运算放大器所构成的模拟电路。在实际电路中，模拟电路通常是由运算放大器结合反馈网络所构成的某种特定功能的模块，其输出信号可以是输入信号的求和、减法、积分或微分等的数学运算。

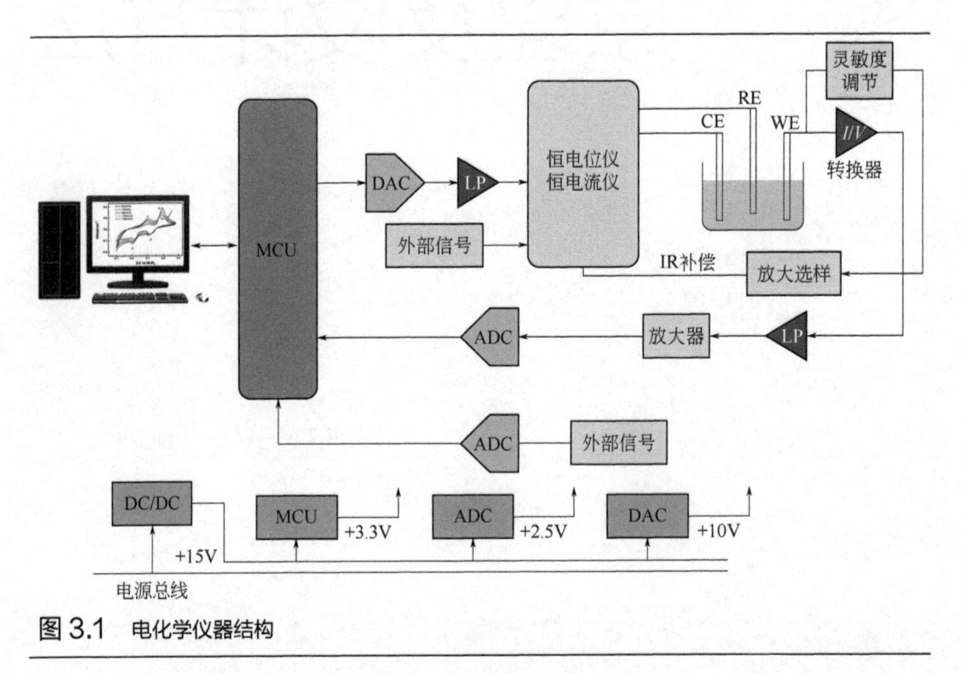

图 3.1 电化学仪器结构

电化学测量所感兴趣的变量主要是模拟量，因此了解模拟信号是如何产生、变换、测量是十分必要的。而这些功能的实现通常又是依赖运算放大器实现的。若要对整个电化学仪器原理有所理解，必须了解运算放大器及其所构成模块的特性。本章的目的是探讨电化学仪器常用的基本电路及设计方法，而不是论述所有的技术。

3.1 运算放大器

3.1.1 理想运放的性质

运算放大器（简称“运放”）是当今应用最为广泛的一种电子器件。采用集成电路工艺制做的运算放大器，除了具有很高的增益和输入阻抗的特点之外，还具有体积小、廉价和使用灵活等优点。在实际电路中，外部接入元件组成不同的输入与反馈网络时[1-3]，可以灵活地构成各种特定函数关系的运算电路。对于运算放大器的原理我们不做深入了解，而是学会如何应用它。

一个基本的运算放大器如图 3.2 所示，通常有五个引脚，同相输入端 v_+、反向输入端 v_-、正负电源 V_{DD}、V_{SS} 和输出端 V_O，它的工作范围可能有两种情况：工作在线性区或非线性区。

图 3.2
运算放大器

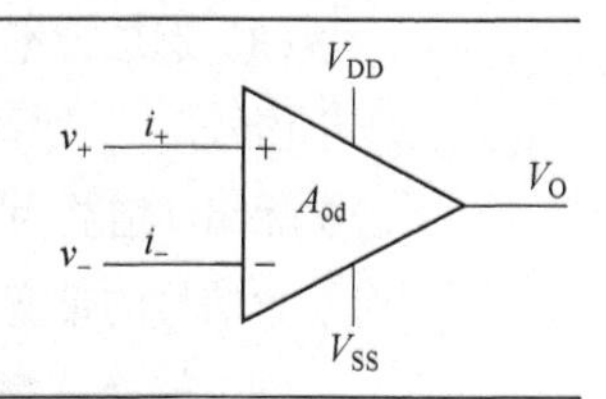

当运放工作在线性区时，运放的输出电压 V_O 与其两个输入端电压之间存在着线性放大关系，即：

$V_O = A_{od}\left(v_+ - v_-\right)$（$A_{od}$ 为开环放大倍数）

而当运放工作在非线性区时，不满足此关系式。

理想运放工作在线性区时的特点：

（1）理想运放的差模输入电压等于零：

$v_+ - v_- = 0$　　即　$v_+ = v_-$（虚短）

（2）理想运放的输入电流等于零：

$i_+ = i_- = 0$　　　　　　（虚断）

理想运放工作在非线性区时，运放输出电压 V_O 的取值只有两种可能：

$V_O = +V_{opp}$，当$v_+ > v_-$

$V_O = -V_{opp}$，当$v_+ < v_-$

此时，不存在虚短现象（V_{opp} 为最大输出电压）。

在实际应用中，运放不可能是理想的。但在分析运放工作原理和输入输出关系时，将运放视为理想情况在工程上是允许的，这有利于抓住事物的本质，忽略次要矛盾，以简化分析过程。然而，在某些情况下，也必须认识到运放非理想特性所带来的问题。

3.1.2 非理想运放的性质

（1）开环差模电压增益　开环差模电压增益（A_{od}）是指运放无外加反馈时的差模电压增益。A_{od}是决定运放精度的重要因素，理想情况下A_{od}为无穷大。实际集成运放A_{od}一般为100dB左右，高质量的集成运放可达140dB 以上。开环增益与频率有着密切关系，高频时增益有所下降，这是运算放大器工作时特别需要注意的一个问题。

（2）输入阻抗　运算放大器的输入阻抗（Zin）等于输入信号加到运放的输入端时，信号电压和流入运放输入端的电流之比。在放大微弱信号或信号源阻抗很高时，放大器的输入阻抗指标有很重要的意义。

（3）运放带宽　运放带宽（BW）是表示运放能处理交流信号的能力，对于小信号，一般用单位增益带宽表示。例如某个运放的增益带宽积为1MHz，若实际闭环增益为10，则理论处理小信号的最大频率为1MHz/10=100kHz。对于大信号的带宽一般用压摆率（或转换速率）来衡量[4]。

（4）转换速率　运放转换速率又称压摆率（SR），其定义为运放接成闭环系统，将一个大信号输入运放的输入端，从运放的输出端测得运放的输出上升速率。转换速率与闭环增益无关，其对于大信号处理是一个很重要的指标。

还有一些关键的指标需要注意，比如运放的偏置电流、失调电压、失调电流等，在此不一一列举。运放的种类繁多，各项特性有时差异很大，这需要设计者根据所要处理信号的特性选择合适的运算放大器，后面我们会讲解如何为所需电路进行运放选型。

3.2 运算放大器基本电路

本节的主要目的是研究由集成运算放大器构成的加减法、比例、积分、微分等基本运算电路的功能特性，以及在实际应用中需要考虑的一些问题。

3.2.1 加法器

如图 3.3 所示的反相加法器电路，信号源 v_1、v_2 和 v_3 通过各自的电阻进行信号的叠加，由 3.1 节运放虚短、虚断特性进行求解。

由虚短可知：$v_- = v_+ = 0$

由虚断可知：$i_- = 0$

从而有：$i_f = i_1 + i_2 + i_3$

进一步有：$\dfrac{V_O}{R_f} = -(\dfrac{v_1}{R_1} + \dfrac{v_2}{R_2} + \dfrac{v_3}{R_3})$

若令：$R_f = R_1 = R_2 = R_3$

则有：$V_O = -(v_1 + v_2 + v_3)$

因此得到的输出结果是各个独立信号源叠加的和。电阻 R' 起平衡作用，也叫平衡电阻[5]，目的是使运放两输入端对地直流电阻相等，运放偏置电流不会产生附加的失调电压。但有些情况是不需要平衡电阻的，如对失调电压要求低的应用，或运放本身偏置电流就很小。关于平衡电阻的作用请读者查阅相关资料，这里不做过多介绍。

图 3.3
反相加法器电路

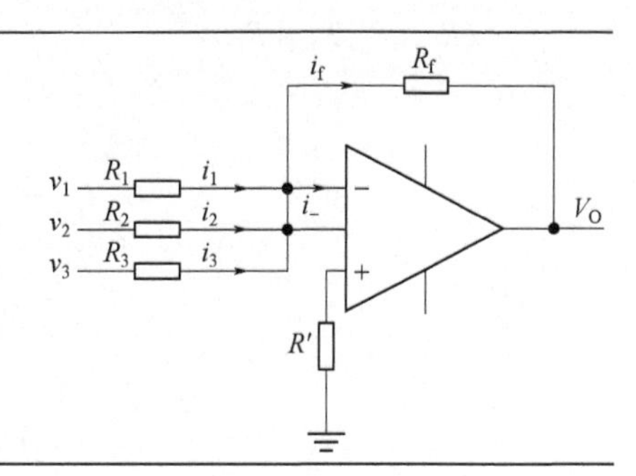

同相加法器电路如图 3.4 所示，信号源 v_1 和 v_2 通过各自的电阻进行信号的叠加。由 3.1 节运放虚短、虚断特性进行求解。

由虚短可知：$v_- = v_+$

由虚断可知：$i_- = 0$

从而有：

$$\frac{V_O - v_-}{R_2} = \frac{v_-}{R_1}, \frac{v_1 - v_+}{R_3} = \frac{v_+ - v_2}{R_4}$$

$$V_O = \left(1 + \frac{R_2}{R_1}\right)\frac{v_1 R_4 + v_2 R_3}{R_3 + R_4}$$

若令 $R_1 = R_2$， $R_3 = R_4$，则有 $V_O = v_1 + v_2$，与反相输入加法器相比，同相加法器的输入阻抗较高，输出阻抗低。而反相输入加法电路，其输入之间不存在干扰问题，也没有共模电压干扰存在，调节方便，因而作为求和（加法）电路通常使用反相输入。

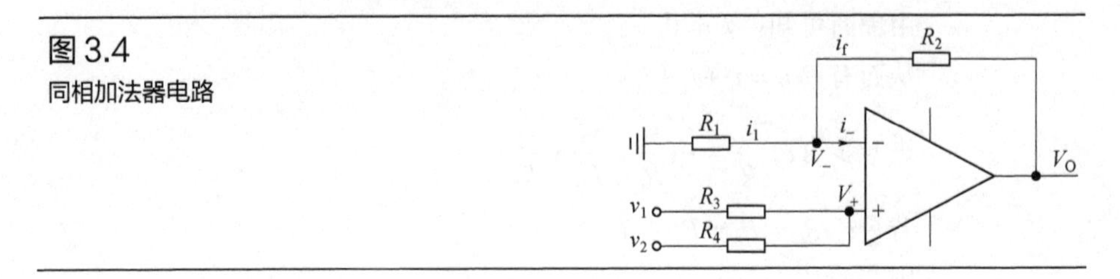

图 3.4
同相加法器电路

3.2.2 减法器

图 3.5 所示为减法器电路，信号源 v_1 和 v_2 通过各自的电阻施加到运放输入端。所谓减法器，是指输出信号为两个输入信号之差的运算电路。同样，根据虚短、虚断特性可得到如下电位、电流关系表达式 $(R_1 = R_2, R_3 = R_f)$。

$$v_A = v_B$$

$$i_1 = \frac{v_1 - v_A}{R_1} = i_f = \frac{v_A - V_O}{R_f}$$

$$v_B = v_2 \frac{R_3}{R_2 + R_3}$$

$$V_O = \frac{R_f}{R_1}(v_2 - v_1)$$

令：$R_1 = R_f$

则有：$V_O = v_2 - v_1$

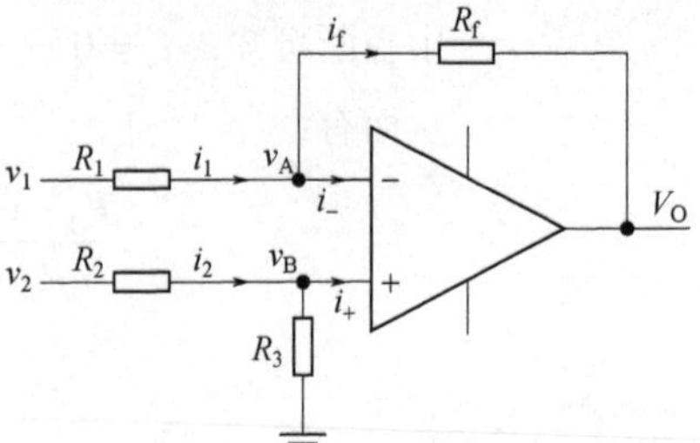

图 3.5
减法器电路

3.2.3 积分器

积分器是指输出信号为输入信号积分后的结果，积分电路主要用于波形变换、放大电路失调电压消除及反馈控制中的积分补偿等场合。

积分运算电路[6]的分析方法与加法器电路类似，反相积分运算电路如图 3.6 所示。根据虚短、虚断特性有：

$$i_1=\frac{v_1}{R_1}\text{，因此 } V_{\mathrm{O}}=-V_{\mathrm{c}}=-\frac{1}{C}\int i_{\mathrm{f}}\mathrm{d}t$$

又 $i_1=i_{\mathrm{f}}$，所以 $V_{\mathrm{O}}=-\frac{1}{R_1C}\int v_1\mathrm{d}t$，由此得出，输出电压为输入电压对时间的积分且在相位上两者相反。阶跃信号与方波信号积分运算过程如图 3.7 所示。

图 3.6
积分电路

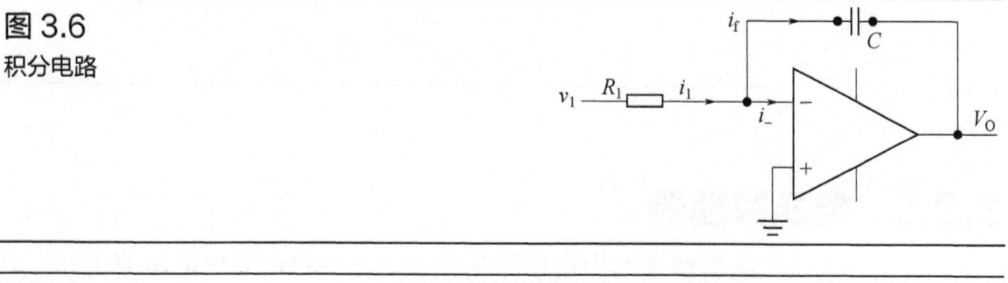

图 3.7
积分运算

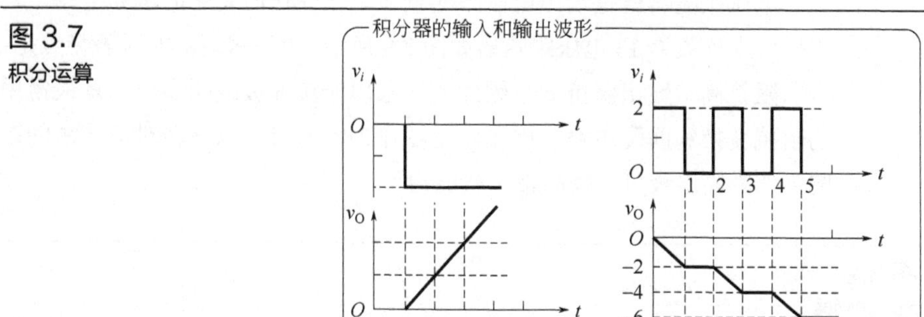

实际应用积分电路时，由于运放的输入失调电压，输入偏置电流和失调电流的影响，会出现积分误差，在设计电路时，应采用失调电压、失调电流和偏置电流较小的运放，并根据实际情况在同相端接入平衡电阻；此外，应选用泄漏电流小的电容，如薄膜电容、聚苯乙烯电容，以减小积分电容漏电流产生的误差。

3.2.4 微分器

微分是积分的反运算，微分器是指输出信号为输入信号微分运算的结果。微分电路主要用于脉冲电路、模拟计算机和测量仪器中。最简单的微分电路由电容器和电阻器构成，如图 3.8 所示。利用电流定理和虚短、虚断的原则，不难得出输入输出关系：

$$V_O = -R_1C\frac{dv_1}{dt}$$

图 3.8
微分电路

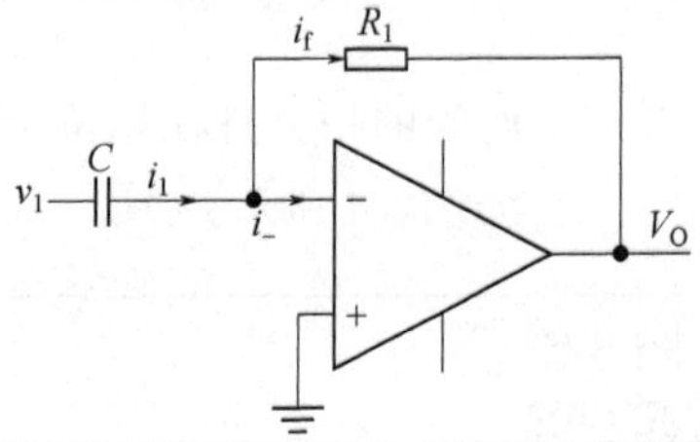

3.2.5 电压跟随器

电压跟随器就是输出电压跟随输入电压变化而变化的运算电路，其电压放大倍数为 1。电压跟随器如图 3.9 所示，电压跟随器的显著特点是，输入阻抗高、输出阻抗低，因此其一般用作缓冲级或隔离级，是最常用的阻抗变换和匹配电路。电压跟随器作为输入级可以减轻对信号源的影响，作为输出级可以提高带负载能力。

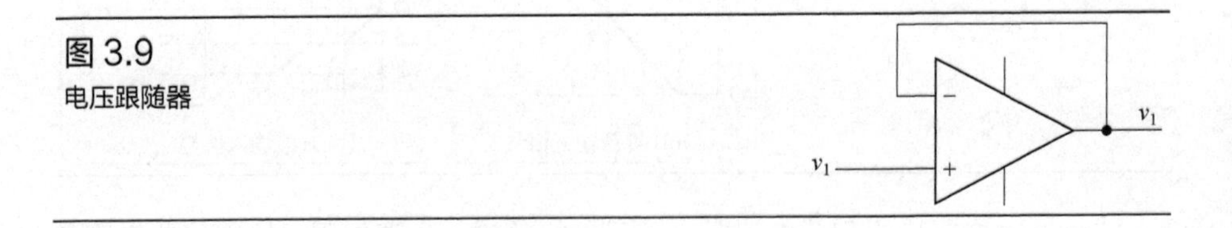

图 3.9
电压跟随器

3.2.6 电流-电压变换器

如图 3.10 所示，电流-电压变换器（*I-V* 转换器）就是将电流信号变换成电压信号，以便信号的后期处理。使用时需要根据转换电流的大小选择好反馈电阻，如要进行转换的电流在几毫安时，反馈电阻一般选择1kΩ。其工作原理是，电流合成点 A 是虚地的，只要运放正常工作，此点就能保持地电位。因为运放反向输入端电流很小，所以流入反馈电阻的电流和输入电流相差很小，可视为相等，因此输出电压就是输入电流与该反馈电阻的乘积。需要注意的是，当进行微电流转换时[7]，输入偏置电流 I_b 是很重要的参数，必须选择偏置电流小的。输出电压与转换电流的关系如下：

$$V_O = -i_{in}R_f$$

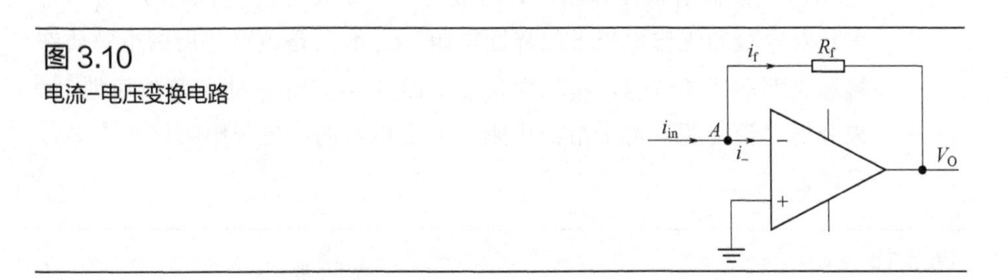

图 3.10
电流-电压变换电路

3.3 恒电位仪

3.3.1 基本原理

电化学体系一般分为二电极体系和三电极体系，以三电极体系应用居多。一个三电极电解池一般可用图 3.11 表示，相应的三电极为工作电极（WE）、参比电极（RE）和辅助电极（CE，也叫对电极），三电极体系含两个回路，一个回路由工作电极和参比电极组成，用来测试工作电极的电化学反应过程，另一个回路由工作电极和辅助电极组成，起传输电子形成回路的作用。恒电位仪就是用来维持工作电极与参比电极间电位差恒定的电子设备，一个最简单的恒电位仪如图 3.12 所示。

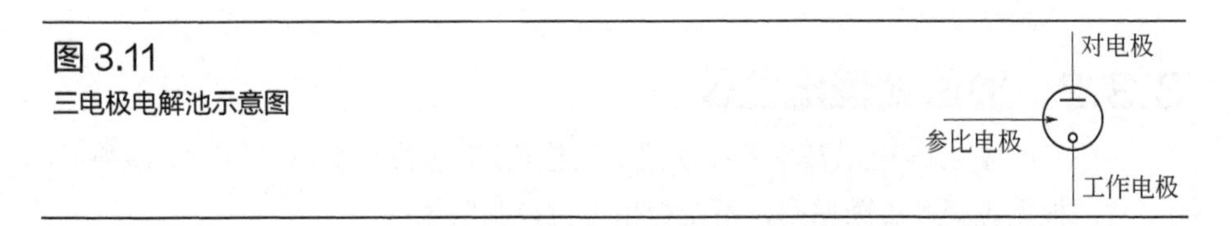

图 3.11
三电极电解池示意图

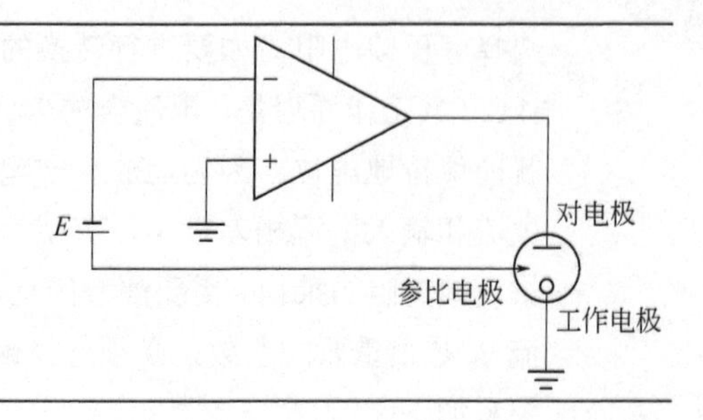

图 3.12
基本恒电位仪

从电子学的角度来看，一个三电极电化学电解池是可以等效成图 3.13 所示阻容电路模型的，溶液电阻分成 R_Ω 和 R_μ 两部分，R_A和R_w表示对电极和工作电极上的界面电阻，C_A和C_w是电极与周围电解质在接触表面产生的电容。实际中常使用图 3.14 所示简化的等效模型[8-10]来分析讨论问题，对于溶液电阻，界面电容的产生与影响这里不做过多讨论。

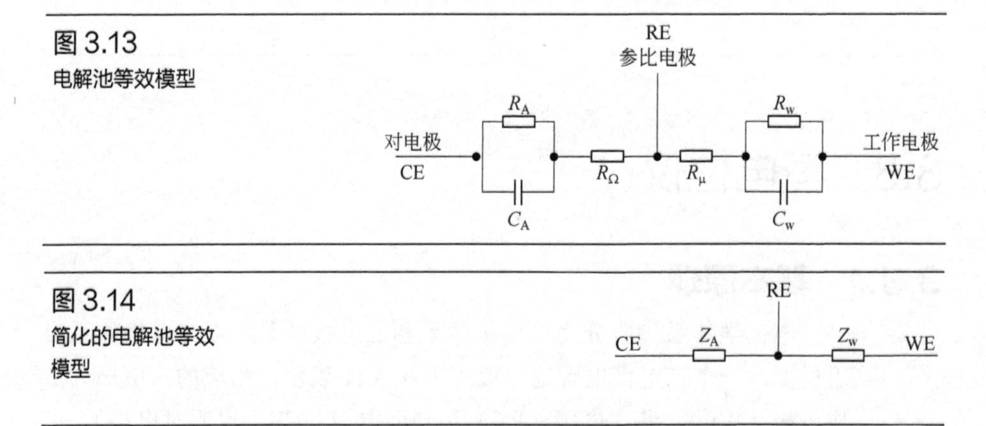

图 3.13
电解池等效模型

图 3.14
简化的电解池等效模型

使用图 3.14 所示的简化等效模型来分析图 3.12 所示电路的工作原理将变得简单易懂，根据虚短和虚断原则，运放反向输入端将虚地，此时参比电极的电势将为 E，由于工作电极端已接地，因此参比电极与工作电极间的电压就为 E 了，而与 Z_A和Z_w 变化无关，辅助电极的作用是通过反馈作用使工作电极与参比电极间的电压保持恒定。

3.3.2 加法式恒电位仪

图 3.15 所示基本的加法式恒电位仪，其电位控制原理与加法器类似，根据虚短、虚断原则，不难得出电位控制关系：

$$V_{ref} = -\left(v_1 \frac{R_{ref}}{R_1} + v_2 \frac{R_{ref}}{R_2} + v_3 \frac{R_{ref}}{R_3} \right)$$

若令 $R_{ref} = R_1 = R_2 = R_3$，则有：

$$V_{ref} = -(v_1 + v_2 + v_3)$$

相比于图 3.12 所示的基本恒电位仪，该加法式恒电位仪的优点是，每一个输入信号都是独立的，通过信号的叠加可以实现复杂的波形控制。但该电路也有其明显的缺点，首先由于流过 R_{ref} 的电流是各独立源产生电流的和，因此参比电极的电流可能会较大。其次，提供给整个电解池的电流仅仅由一般的运算放大器提供可能是不够的。最后，虽然可以控制参比电极与工作电极间的电势，但却缺少测量电解池流过电流大小的电路。

图 3.15
基本加法式恒电位仪

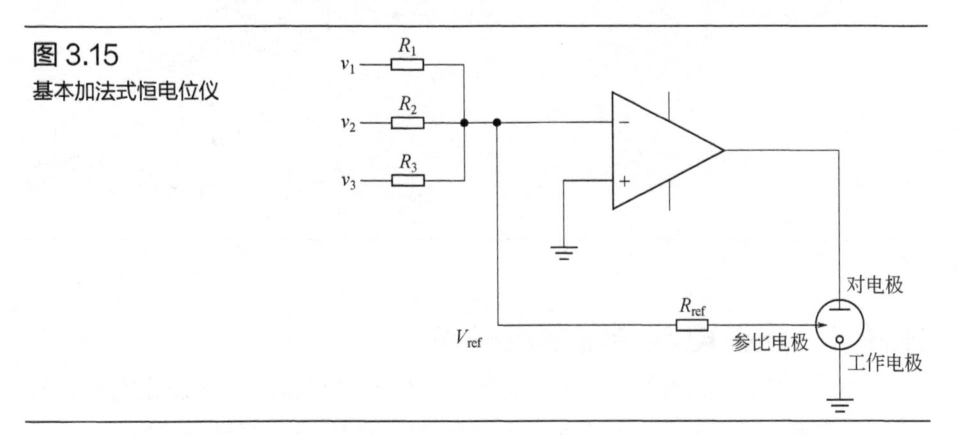

3.3.3 改进的加法式恒电位仪

针对图 3.12 所示基本加法式恒电位仪电路的诸多缺点，改进后的电路结构如图 3.16 所示。虚线框内的电路其实就是加法器，因此 $v_s = -(v_1 + v_2 + v_3)$。参比电极接入的是一个电压跟随器，因此 $v'_{ref} = v_{ref}$。根据虚短、虚断原则，运放 A_2 的同向输入电压 v_s 等于反向输入电压 v'_{ref}。因此可得出 $v_{ref} = v_s = -(v_1 + v_2 + v_3)$，同时由于工作电极是虚地的，所以就可认为参比电极与工作电极间的电压差为输入控制电压的反向叠加和，从而达到了恒电位控制的目的，以上就是改进的加法式恒电位仪基本工作原理。

相比于图 3.15 所示的基本加法式恒电位仪，改进的加法式恒电位仪增加了运放 A_2、A_3、A_4。引入的运放 A_3 形成的是电压跟随器电路，利用电压跟随器输入阻抗高、输出阻抗低的特点使得参比电极不再因为较大电流而承载。运放 A_2 是类型为双端输入、高电压大电流输出运算放大器，可视其为一种功率扩增器，以为电解池可能的高功率应用提供足够的功率。运放 A_4 与 A_5 形成的是电流-电压转换电路，A_5 是一个同相放大器，起到功率扩增的作用，通过测量到的电压 V_O 将其转换为电流即可得知流过电解池的电流 i_{wk}，运放 A_4 一般要选择精密、极低输入偏置电流、宽带宽型运算放大器[9-13]。

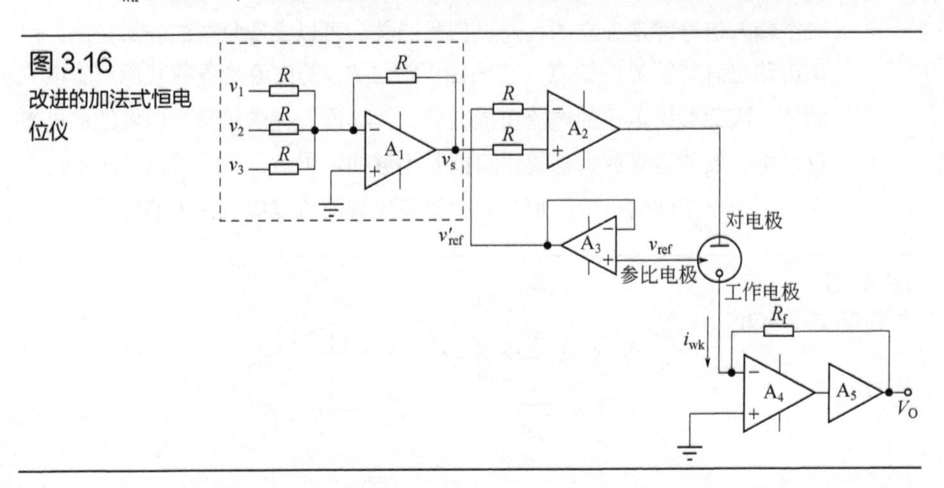

图 3.16
改进的加法式恒电位仪

3.3.4 压控电流源型恒电位仪

压控电流源型恒电位仪如图 3.17 所示，控制信号通过差分放大器 A_1 的同相输入端输入，反相输入端与参比电极连接，通过电位的比较，用其输出电压 V_O 控制压控电流源进行反馈调节，使参比电极与工作电极间电位保持恒定。

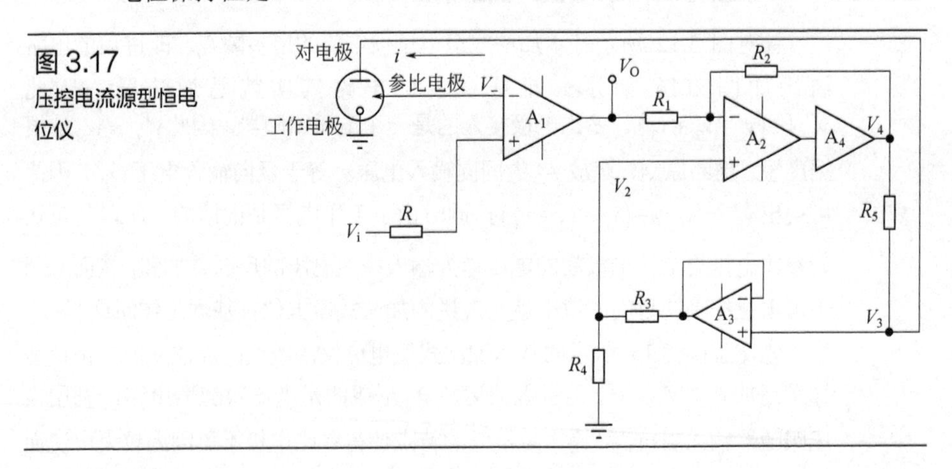

图 3.17
压控电流源型恒电位仪

具体工作原理为，在运放 A_1 正常工作情况下，由虚短、虚断特性可知输入控制电压 $V_i = V_-$，由于工作电极直接接地，所以工作电极与参比电极间的电压就为 V_-，即可通过 V_i 来控制参比电极与工作电极间的电位差，同时 V_O 与流过工作电极电流成正比，因此测量 V_O 就可得到电解池所施加电位与流过电流的关系。具体推导过程如下（设 $R_4 = 2R_3$，$R_1 = 2R_2$）：

$$\frac{V_O - V_2}{R_1} = \frac{V_2 - V_4}{R_2}$$

$$V_2 = V_3 \frac{R_4}{R_3 + R_4}$$

$$i = \frac{V_4 - V_3}{R_5}$$

联立上式可得 $i = \dfrac{V_O}{2R_5}$

从最后电解池流过电流 i 与测量信号 V_O 的关系式可知，该恒电位仪的电流灵敏度由 R_5 确定。与传统的虚地型恒电位仪相比，工作电极直接接地消除了虚地的频偏问题，可以防止寄生信号的干扰，系统稳定性加强[14-16]，信噪比也得到了提升，另外接地型恒电位仪要比虚地型结构更简单，可减少设计成本。

3.3.5 全差分型恒电位仪

全差分型恒电位仪如图 3.18 所示，与虚地型恒电位仪和直接接地型恒电位仪不同的是，这是一种浮地型设计，全差分型恒电位仪能动态控制辅助电极和工作电极间的电位[17]。参比电极和工作电极通过缓存运放 A_1，A_2 施加到差分放大器 A_3 的正负输入端，A_3 的正负输出端形成两路回路使工作电极与参比电极电位差维持恒定。具体分析过程如下（由运放虚短可知 $V_+ = V_-$）：

$$V_i = V_{i_+} - V_{i_-} = 2V_+ - V_{WE} - \left(2V_- - V_{RE}\right)$$

$$= V_{RE} - V_{WE}$$

流过电解池的电流 $i = \dfrac{V_O}{R_2}$

与虚地型恒电位仪和直接接地型恒电位仪不同的是，这是一种浮地式设计，通过输入控制电压V_{i+}与V_{i-}的电位差来控制参比电极与工作电极间的电位差，与虚地型恒电位仪和直接接地型恒电位仪相比，浮地式设计在相同供电电源时能取得更宽的信号摆幅，提高了仪器的检测范围，同时能抑制共模噪声。其缺点是信号的产生复杂一些，另外检测电位V_O需要差分测量，浮地式设计结构要复杂一些。

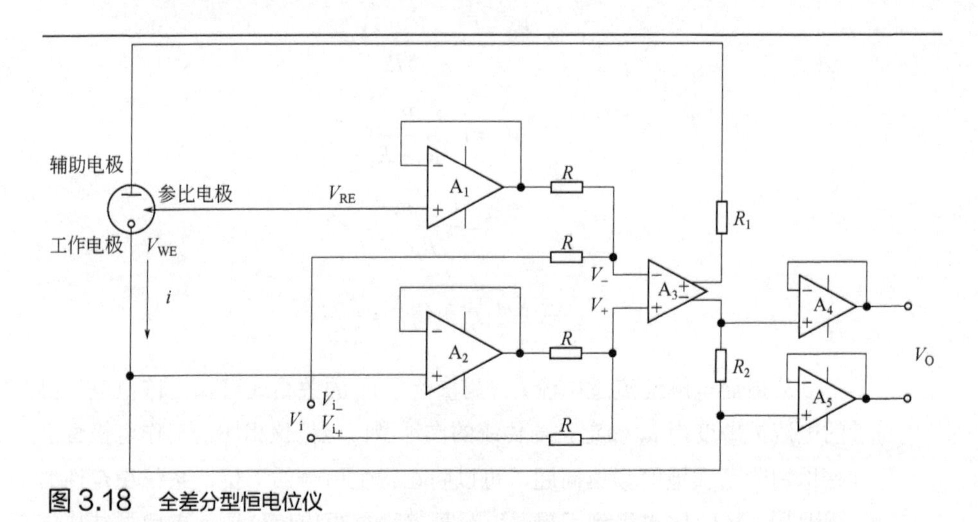

图 3.18 全差分型恒电位仪

3.3.6 双恒电位仪

双恒电位仪主要与旋转环盘电极配套用于研究氧化还原反应的机理和动力学，亦可作为单恒电位仪应用于普通的两电极或三电极系统。例如，在用于旋转环盘电极的测试时，有两个工作电极，一个工作电极接盘电极，另一个工作电极接环电极，以此检测圆盘电极上产生的反应中间物。

基本的双恒电位仪原理如图 3.19 所示，工作电极 1 的工作原理和前述基本加法式恒电位仪中的原理相同，工作电极 2 与工作电极 1 稍有不同，工作电极 1 的同相输入端直接接地使反相输入端形成虚地，而工作电极 2 的同相输入端由求差电路的输出所激励，$V_O = V_{RE} - V_4$，V_4是根据需要提供的电势（相对于参比）。这个电路的作用是把工作电极 1 作为工作电极 2 的参考点，因此工作电极 2 相对于工作电极 1 的电势差就是V_O。

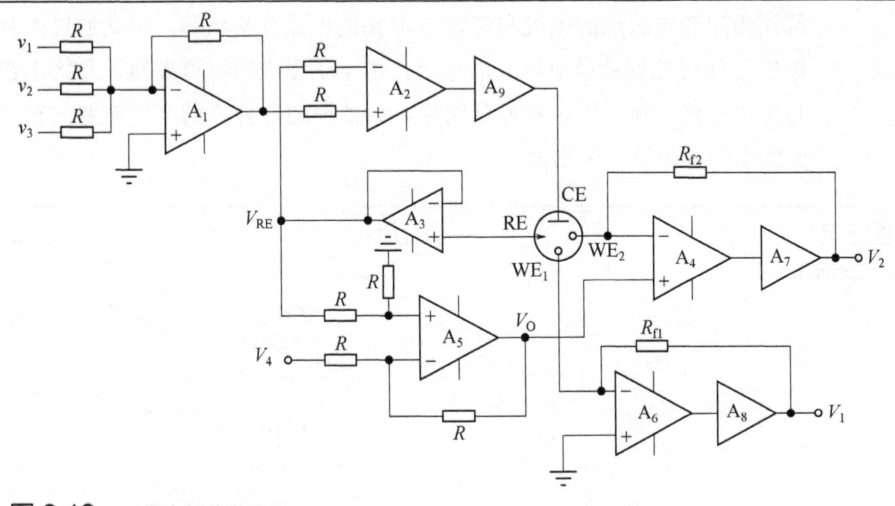

图 3.19　双恒电位仪原理

3.4　恒电流仪

恒电流仪就是控制流经电解池的电流恒定，而对工作电极与参比电极间电势进行观测的一种电路结构。一种简单的恒电流仪如图 3.20 所示，与运放形成的比例电路相似，只是电解池替代作了反馈电阻，由运放虚短、虚断可知工作电极是虚地的，运放 A_1 反向输入端电流可视为零，因此控制信号 v_1、v_2、v_3 产生的电流将以加和的方式通过电解池，对于大电流体系可能会产生问题。通过电压跟随器 A_2 得到参比电极的电势即是我们所关心的测量量，但该值包含了未补偿电阻的影响。

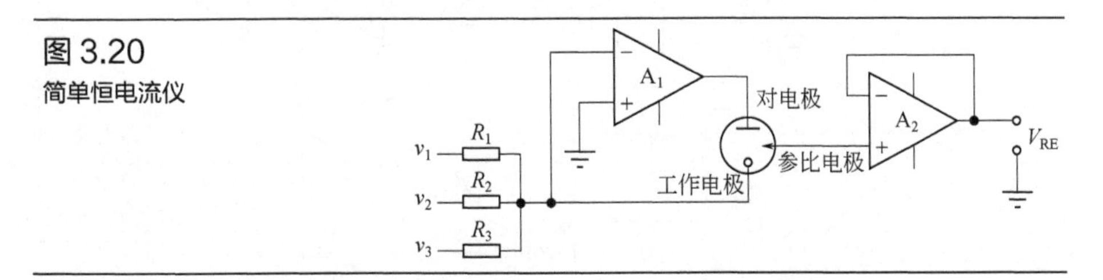

图 3.20
简单恒电流仪

一种改进的恒电流仪如图 3.21 所示，这种设计方法的控制原理为：工作电极不再接地而是通过一个电阻再接地，在工作电极上施加的电位为 E，这样流过电阻 R 的电流 $i = E/R$，由于运放 A_1 反相输入端虚断，可认为流经电解池的电流与流过电阻 R 的电流几乎相等，因此通过控制电位 E 便可控制流经电解池的电流。由于工作电极不再虚地，参比电极与工作电极的电位差需要差分测量，另外控制电势 E 的产生需要具有差分输出的发生器，应用困难。

图 3.21

改进的恒电流仪

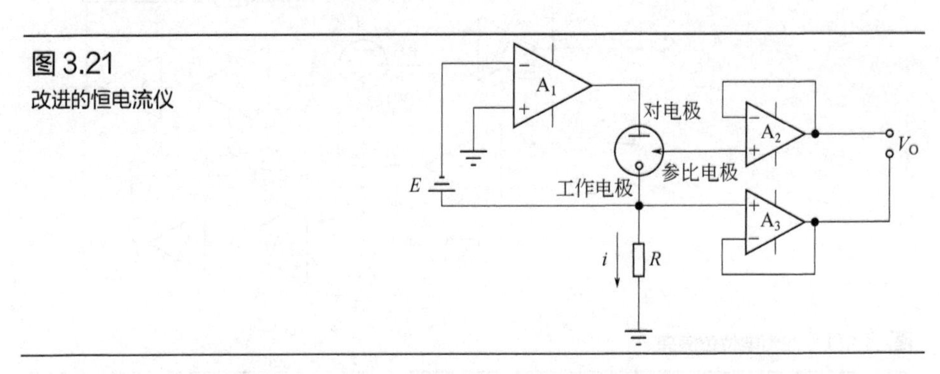

图 3.22 提出了一种更实用的恒电流仪的电路结构，其工作原理与加法式恒电位仪很相似，流经电解池的电流 $i_{wk}=v_{wk}/R_w$，由运放 A_2 虚短可知 $v_{wk}=v_s=-(v_1+v_2+v_3)$，因此通过控制信号源 v_1、v_2与v_3 的叠加和就可控制流经电解池的电流 i_{wk}，v_1、v_2与v_3 是相互独立的信号源，与图 3.21 所示的恒电流仪相比该设计更容易产生需要的波形。对于工作电极与参比电极间电位差的测量采用的是减法器电路，参比电极与工作电极的电压分别通过电压跟随器输出再作为减法器的两个输入，因此可得到关系式：

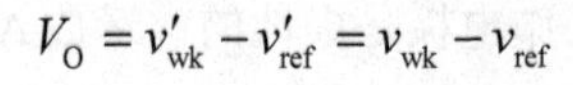

$$V_O=v'_{wk}-v'_{ref}=v_{wk}-v_{ref}$$

图 3.22

基于加法器的恒电流仪

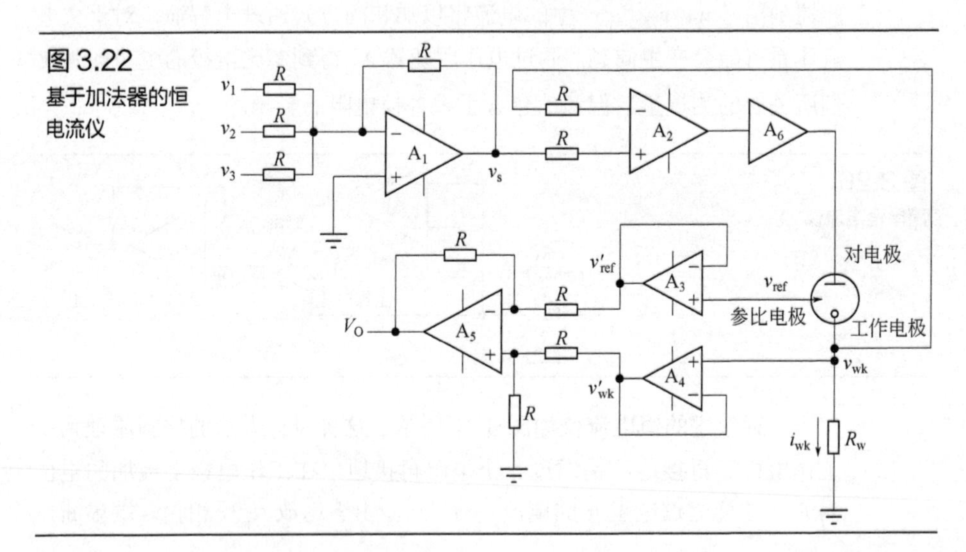

3.5 波形控制与数据采集

如第 2 章所述，在电化学分析中，有很多的电化学实验方法，比如循环伏安法、计时安培法、交流阻抗法、差分脉冲伏安法等等。根据具体的实验方法，所要产生的波形也会有差异，因此如何进行波形控制是本节所要讲述的主要内容，此外将观测量采集并变换为数字信号以便后期处理也是本节要讲述的主要内容。

3.5.1 波形控制

3.5.1.1 数模转换器

数模转换器，又称 D/A 转换器，简称 DAC，是一种把离散的数字量转换为连续变化的模拟量的器件（如图 3.23 所示）。DAC 数字模拟转换器基本上是以集成电路的形式制造。数字模拟转换器有多重架构，它们各自都有各自的优缺点。一般按输出是电流型还是电压型、能否做乘法运算等进行分类。

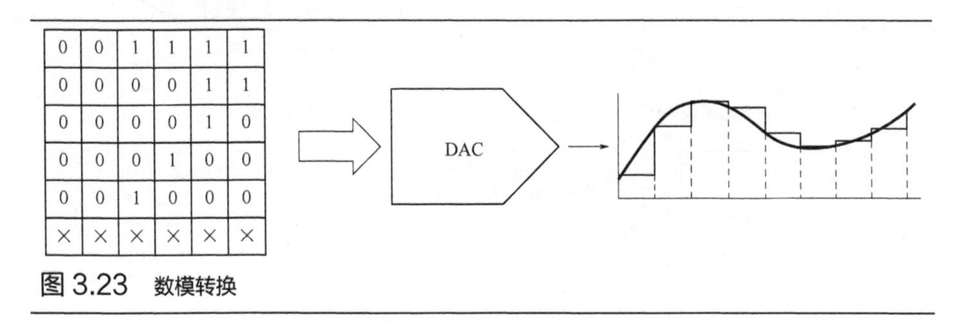

图 3.23　数模转换

D/A 转换器的架构主要有[18-20]：

（1）电阻串型 DAC 结构　如图 3.24（a）所示，其是一个以串联形式放置的一串电阻构建一个电阻串。由于电阻串这种特定的设计，使得其传递函数是单调的，模拟输出电压随数字输入增加保持递增状态，在一些要求严格的闭环精密控制系统中，必须满足这样的特性。

（2）R-2R 型 DAC 结构　如图 3.24（b）所示，主要是由形成一个电阻梯形的并联电阻组成，各个电阻之间差值小，工艺上易实现。R-2R 型

DAC 相比电阻串型 DAC 更为精确，R-2R 类型 DAC 的优势就在于只依赖于 R 及 2R 电阻段匹配的状况，而与电阻的绝对阻值无关，从而允许采用微调技术对 INL 及 DNL 进行调整。

（3）Δ-∑型 DAC 结构　如图 3.24（c）所示，结构包括控制寄存器、调制器、通信接口、开关电容滤波器以及用于调制器和滤波器的时钟等。Δ-∑型 DAC 转换精度高，但建立时间较长，一般在对时间要求不高的场合使用，是工业控制、高分辨率测量、测试仪器、自动控制系统等的理想选择。

（4）电流引导型 DAC 结构　如图 3.24（d）所示，为了达到更高的刷新率和分辨率，采用了一种带分段电流源的电流引导型架构。这种设计降低了电路的复杂程度和杂散脉冲能量，从整体上改善了 DAC 的线性度及交流性能。

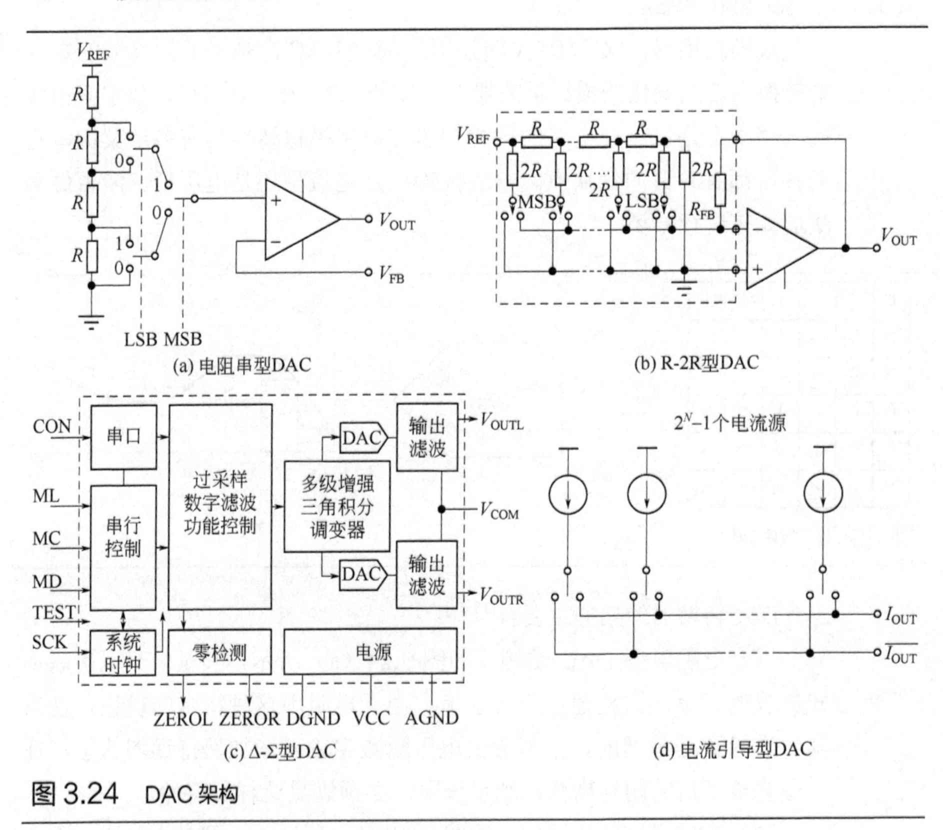

图 3.24　DAC 架构

D/A 转换器的主要技术指标有：

（1）分辨率　指数字量变化 1 个最小量时模拟信号的变化量，它反映了输出模拟量的最小变化值，分辨率可用输入数字量的位数来表示，如 8 位、12 位、16 位等等。具体要用多少位的DAC 需要根据仪器的设计指标来确定，如对电位扫描最小增量要求高的应用必须选择分辨率高的DAC 。例如，一个满量程为 10V 的 DAC，8 位 DAC 的分辨率为 $10\text{V}\times\frac{1}{2^8}=39\text{mV}$，而 16 位 DAC 的分辨率则可以达到 153μV。

（2）建立时间　是将一个数字量转换为稳定的模拟信号所需的时间，是描述 D/A 性能的一个动态指标。若 D/A 转换器的建立和保持时间满足不了要求，则时钟到达后被锁存的数据将是不确定的，因而会增加 D/A 转换器的输出噪声。

（3）线性度　是指 D/A 的实际转换特性曲线与理想直线之间的最大偏差。通常，线性度不应超过±1/2LSB。

D/A 转换器其他指标还有:积分非线性、微分非线性、相对精度、总谐波失真等等，对于某些具体应用，还需读者仔细研究其性能指标，这里不做过多讲述。

3.5.1.2　波形生成

一个完整的波形控制电路是由 D/A 转换器及其外围电路共同构建的，如图 3.25 所示。相比于固定参考电压的应用，该设计灵活性更高，所用的主 D/A 转换器 U_1 是一款精密 16 位、电流输出、四象限输出乘法数模转换器 AD5546，内置的四象限电阻有利于电阻匹配和温度跟踪，此外反馈电阻 R_{FB} 也可简化通过外部缓冲实现电流-电压转换的操作。所用的辅 D/A 转换器 U_2 是一种 16 位、4 通道、电流输出、串行输入数模转换器，满量程输出电流由外部基准输入电压 v_{REF} 决定，其中 U_2 的一个输出通道用作主 D/A 转换器，U_1 作为四象限乘法模式时的参考输入，其他三个输出通道可另作它用，U_2 的参考电压可由 ADR 系列高精度、高稳定性基准电压源提供。对于运放 A_0、A_1、A_2 的选择可采用高精密、低噪声、低输入偏置电流的运算放大器。电压 $V_{OUT}=\left(\frac{D}{32768}-1\right)\times V_{REF}$，其中 V_{REF} 由辅 D/A 转换器 U_2 决定。

该设计与一般波形生成电路最大的区别在于参考电压的提供是非固定的，通常 D/A 转换器的参考电压是由精密基准电压源提供的，但这样的结果会使 D/A 转换器的最小电压步进将是固定的，例如某个实验电位扫描可能从−8V 到 8V 或−3V 到 3V，但为了满足所有可能的电位要求，参考电压的选择要较大一些，这里可选 10V，因此最小步进量v_{step}为：

$$v_{step} = \frac{10V}{2^{15}} = 0.3052mV$$

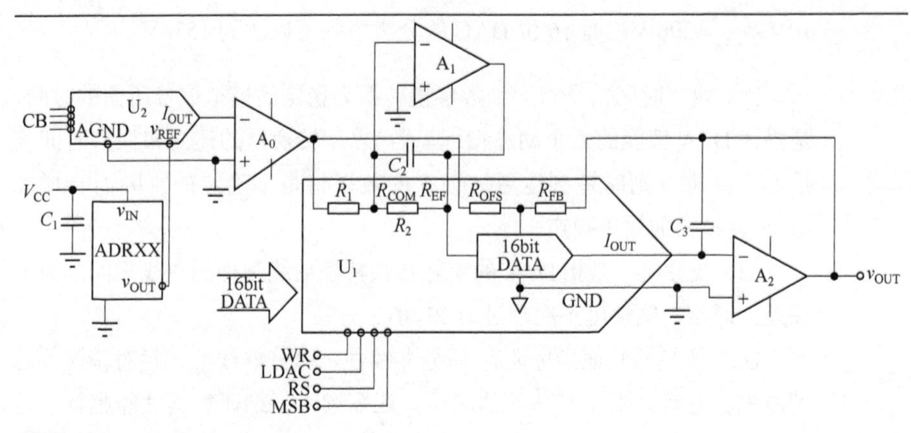

图 3.25　波形生成电路

因为这里组成的电路是双极性 D/A 转换器，因此最大数字量是$2^{15} = 32768$，而当扫描电位从 −3V到3V 时v_{step}仍是 0.3052mV，但图 3.25 所示电路可动态调整该参考电压，例如当扫描电位从 −3V到3V 时可通过U_2设定U_1的参考电位为 3.2768V，这时v_{step}为:

$$v_{step} = \frac{3.2768V}{2^{15}} = 0.1mV$$

由此可见，根据电位扫描范围动态调整参考电压可实现更精细的波形控制，因此图 3.25 所示电路是一种灵活的设计方案。

3.5.2　数据采集

3.5.2.1　模数转换器

模数转换器，又称 A/D 转换器，简称 ADC，是一种把模拟信号转换为数字信号的器件，模拟量可以是电压、电流等电信号，也可以是压力、温度、湿度、位移等非电信号。转换过程如图 3.26 所示，这种转换的意义在于方便信号的存储或后期处理。A/D 转换器按基本原理一般可分为积分型、逐次逼近型、并行比较型、∑-Δ型等等。

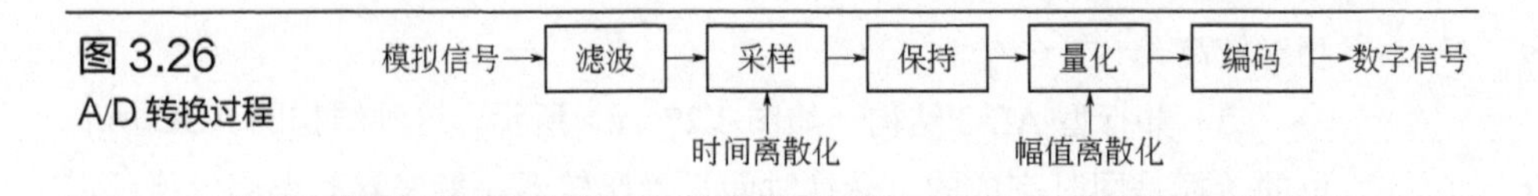

图 3.26
A/D 转换过程

A/D 转换器的架构主要有[21]：

（1）SAR 型 ADC 结构　如图 3.27（a）所示，从其结构原理来看，这种 ADC 需要一位一位比较，因此该种 ADC 速度会受到限制，对于转换速率适中，需要低功耗和高精度的信号处理应用，SAR 型 ADC 结构是最佳解决方案。

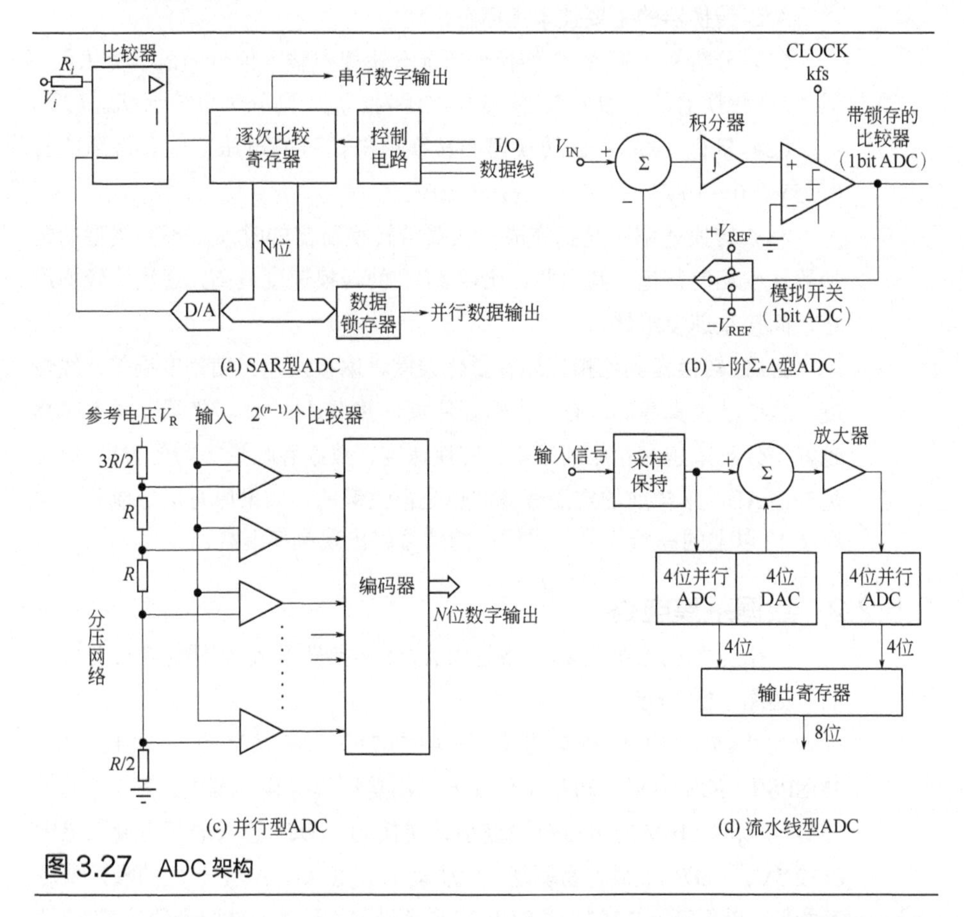

图 3.27　ADC 架构

（2）∑-Δ 型 ADC 结构　如图 3.27（b）所示，它是一类利用过采样原理来扩展分辨率的模数转换器，利用非常低分辨率的 ADC（一般 1bit）通过高速过采样，得到码流后量化得到数字量。由于采用过采样、噪声整形和数字滤波来满足高精度，其速度会受到一定的限制，而分辨率则相对较高。

（3）并行型 ADC 结构　如图 3.27（c）所示，这种结构的 ADC 所有位的转换是同时完成的，转换时间只受比较器、触发器和编码电路延迟限制，因此转换速度极快，其精度取决于分压网络和比较电路，其位数越多，电路越复杂，因此制成分辨率较高的 ADC 比较困难。

（4）流水线型 ADC 结构　如图 3.27（d）所示，流水线型 ADC 是对并行转换器进行改进而设计出的一种结构。它在一定程度上既具有并行转换速度快的优点，又克服了制造困难的问题。

A/D 转换器的主要技术指标有：

（1）分辨率　指 A/D 转换器所能分辨模拟输入信号的最小变化量。设 A/D 转换器的位数为 N，满量程电压为 U_{REF}，则分辨率等于 $U_{\mathrm{REF}}/2^N$。

（2）量程　指 A/D 转换器能转换模拟信号的电压范围。常用的有 0～5V、0～10V、−5～5V、−10～10V。

（3）转换速率　是指完成一次模数转换所需的时间。不同类型的转换器速度相差甚远，其中并行比较 ADC 的转换速度最高，逐次比较型次之，间接型速度最慢。

A/D 转换器其他指标还有量化误差、偏移误差、满刻度误差、线性度、总谐波失真等等。有一点需要注意，并不是 A/D 转换器分辨率越高越好，分辨率越高相应的成本、转换速度、数据吞吐量等的要求也越高。另外，ADC 采样前的抗混叠滤波也是很关键的，如果原有信号成分中含有 $f_s/2$ 以上的高频成分，采样后的信号将出现频率混叠。

3.5.2.2　数据采集电路

一个完整的数据采集电路是由 A/D 转换器及其外围电路共同构建的，如图 3.28 所示。

这里选用的 A/D 转换器是 AD7671，AD7671 是一款 16 位、1MSPS?CMOS?ADC，可以工作在 6 种满量程模拟输入范围。其中，通道 IND 可以将 ±10V 的电压范围缩小并转换到 ADC 输入端共用输入范围 0～2.5V。AD7671 很容易驱动，但驱动放大器 A_1、A_2 所产生的噪声要尽可能低，以保证 AD7671 的 SNR 和转换噪声性能，另外驱动器的 THD 性能最好超过该 ADC，最后对于大振幅阶跃，驱动器还应具有高增益带宽，关于 AD7671 的更多细节请参见 ADI 官方手册。其实，目前已有很多成熟的设计方案供我们参考，我们要多关注各大半导体公司的动态，不断更新学习是一个良好的习惯。

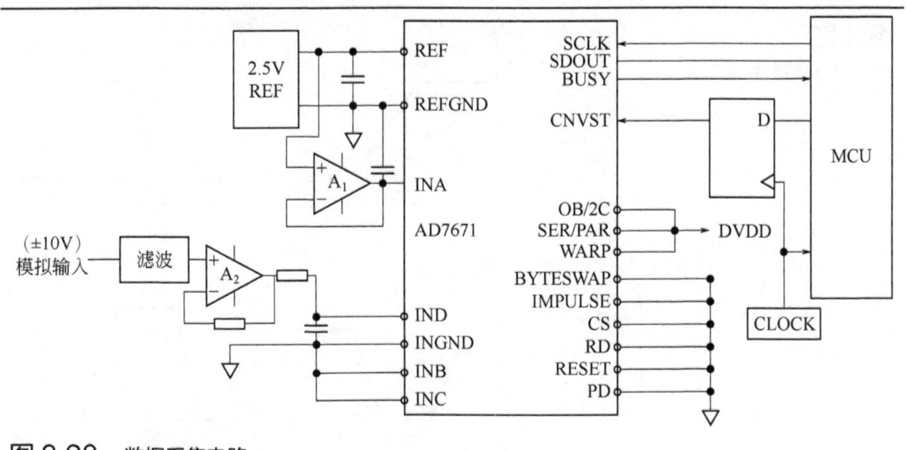

图 3.28 数据采集电路

3.6 滤波器设计

电化学仪器中滤波的作用简单来说就是滤除无用信号，减小无用信号对有用信号的干扰。无论在波形生成电路还是数据采集电路，滤波器都是必需的。从原理上来讲，任何一个满足一定条件的信号，都可以被看成是由无限个不同频率的正弦波叠加的，而可以让一定频率范围内的信号成分通过，但阻止另一部分频率成分通过的电路，就叫滤波器或滤波电路。常用的滤波电路有无源滤波和有源滤波两大类。常见的按照滤波的通频带可分为低通（LPF）、高通（HPF）、带阻（BEF）、带通滤波器（BPF），滤波特性如图 3.29 所示。本节所述内容属于模拟滤波范围。

理想滤波器是指能使通带内信号的幅值和相位都不失真，阻带内的频率成分都完全衰减的滤波器，其通带和阻带之间有明显的划分。也就是说，理想滤波器在通频带内的幅频特性应为常数，相频特性的斜率为常值，在通带之外的幅频特性应为零。

在实际的滤波器幅频特性中，通带和阻带之间没有严格的界限。在通带和阻带之间存在一个过渡带。在过渡带内的频率成分不会被完全抑制，而是会受到不同程度的衰减。当然，希望过渡带越窄越好，也就是希望对通带外的频率成分衰减得越快、越大越好。因此，在设计实际滤波器时，总是通过各种方法使其尽量接近理想滤波器。

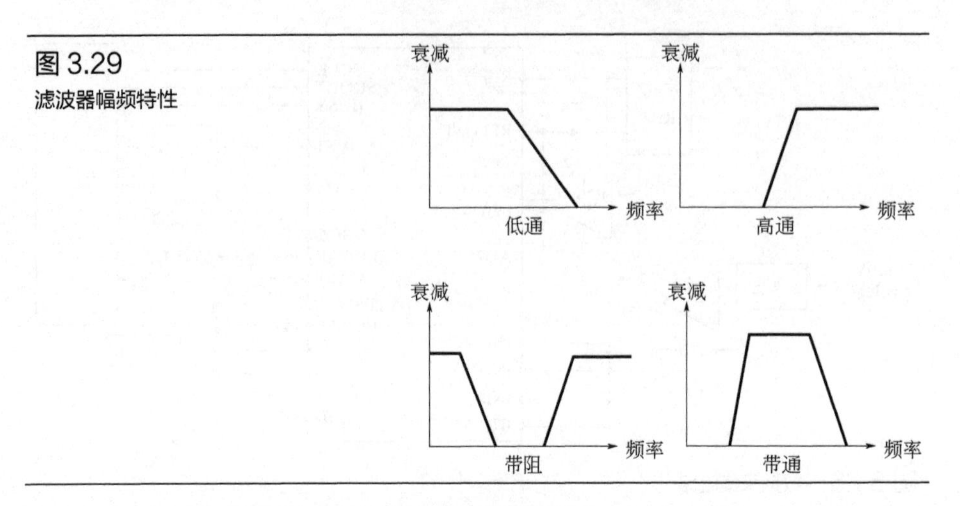

图 3.29
滤波器幅频特性

本节所讲述的滤波器以有源低通滤波器为主，关于其他类型滤波器的分析不做过多描述。按照通带滤波特性，低通滤波器还可分为巴特沃斯型、切比雪夫型或贝塞尔型等，同时按照电路结构还可分为无限增益多路反馈型、压控电压源型、回转器型等等。具体采用哪种类型的滤波器需由设计指标来确定。需要注意的是，当有源滤波器输入小信号时会受到运放带宽的限制，输入大信号时会受到压摆率的限制。

3.6.1 低通滤波器主要技术指标

（1）通带增益　指滤波器在通带内的电压放大倍数，如图 3.30 所示，对低通滤波器来说通带增益一般指 $f=0$ 时的增益。

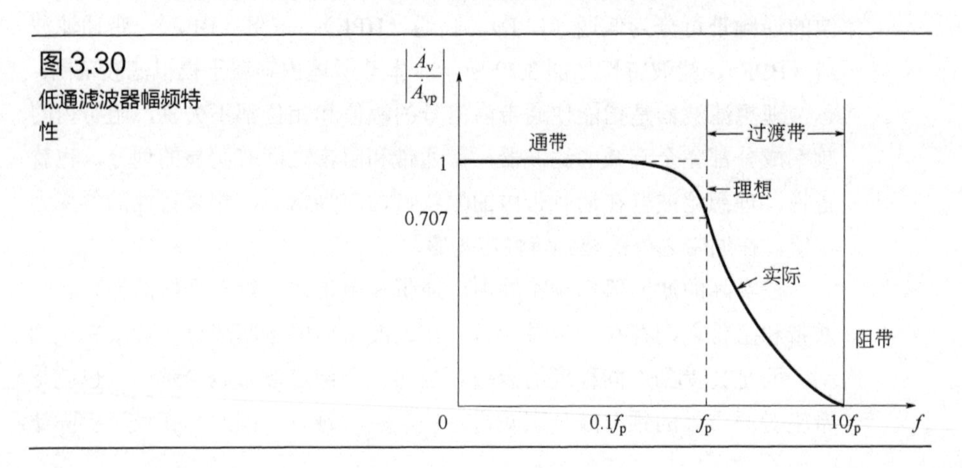

图 3.30
低通滤波器幅频特性

（2）带宽　对于低通滤波器指其通频带的宽度，带宽决定着滤波器分离信号中相邻频率成分的能力。

（3）截止频率 f_p　当增益下降到直流增益的 0.707 倍时所对应的频率，若以信号的幅值平方表示信号功率，则所对应的点正好是半功率点。

（4）过渡带　通带与阻带之间的频带称为过渡带，过渡带越窄，说明滤波器的选择性越好。

3.6.2 有源低通滤波器设计

3.6.2.1 简单一阶有源低通滤波器

简单一阶有源低通滤波电路及其幅频特性曲线如图 3.31 所示，当 $f=0$ 时，求得通带内增益为 $A_{vp}=1+\frac{R_2}{R_1}$，一阶有源低通滤波器的传递函数如下：

$$A(s)=\frac{v_O(s)}{v_i(s)}=\frac{A_{vp}}{1+sRC}，其中截止频率\ f_p=\frac{1}{2\pi RC}$$

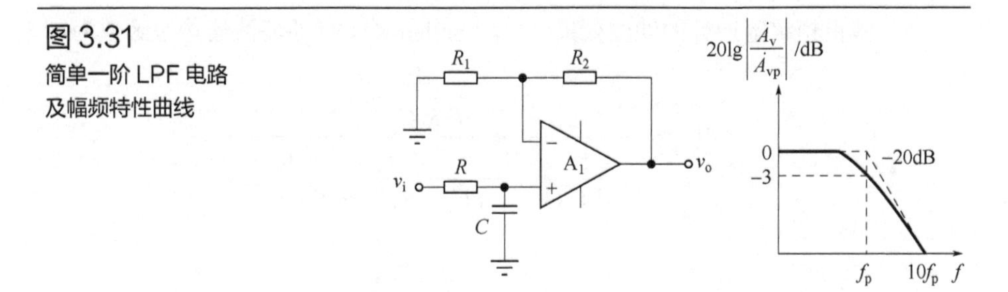

图 3.31
简单一阶 LPF 电路及幅频特性曲线

一阶有源低通滤波器采用 RC 网络和运算放大器组成，RC 网络实现滤波作用，运算放大器可对信号进行放大和隔离负载，提高增益和带负载能力。虽然一阶电路结构简单，但其阻带衰减太慢（−20dB），选择性较差。

3.6.2.2 简单二阶有源低通滤波器

简单二阶有源低通滤波电路与幅频特性曲线如图 3.32 所示，与简单一阶电路相比，二阶电路有更快的衰减速度（−40dB），它比一阶低通滤波器的滤波效果更好。简单二阶有源低通滤波器的传递函数为：

$$A(s)=\frac{v_O(s)}{v_i(s)}=\frac{1+\dfrac{R_2}{R_1}}{1+3sCR+(sCR)^2}$$

虽然与一阶电路相比，二阶电路有更好的滤波效果，但与理想滤波特性相差还是很大，因此应该改善电路以进一步向理想特性逼近。

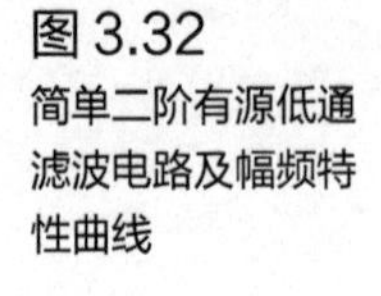

图 3.32
简单二阶有源低通滤波电路及幅频特性曲线

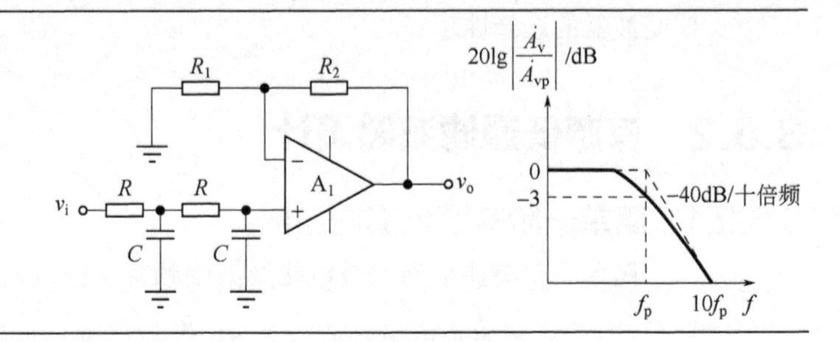

3.6.2.3 Sallen-Key 型二阶有源低通滤波器

将图 3.32 所示电路中第一级电容直接连到运放输出端就构成了 Sallen-Key 型二阶低通滤波器，如图 3.33 所示（工程上应用最广泛的滤波器之一），该设计可使在截止频率 f_p 附近形成一定的正反馈，从而改善截止频率附近处的滤波效果。二阶 Sallen-Key 低通滤波器传递函数为：

$$A(s)=\frac{\dfrac{A_{vp}}{R_1R_2C_1C_2}}{\dfrac{1}{R_1R_2C_1C_2}+\left(\dfrac{1}{R_1C_1}+\dfrac{1}{R_2C_1}+\dfrac{1-A_{vp}}{R_2C_2}\right)s+s^2}$$

$$其中\ A_{vp}=1+\frac{R_4}{R_3}$$

图 3.33
二阶 Sallen-Key 低通滤波器及其幅频特性曲线

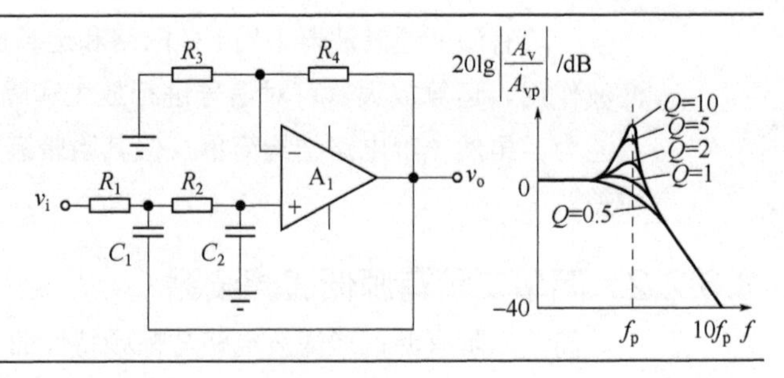

为简化分析，使 $R_1=R_2$，$C_1=C_2$，电路的品质因数 $Q\,|_{f=f_p}=\dfrac{|\dot{A}_v|}{A_{vp}}=\dfrac{1}{3-A_{vp}}$，

从该式可知，当$2 < A_{vp} < 3$时，$Q > 1$，$f = f_p$处电压增益大于A_{vp}，幅度增益在$f = f_p$处增加。当$3 \leqslant A_{vp}$时，滤波器将出现自激，系统将会不稳定。并且由于反馈电容C_1导致的高频馈通现象，在高频时放大倍数有所提高，可能引起自激，解决这个问题通常有几种方法，比如运放输出再接一级 RC 低通环节，或是增大R_1减小C_1。

选择 Sallen-Key 型低通滤波器的主要原因是：电路结构简单，滤波器性能对运放要求小，电路中最大电阻（电容）和最小电阻（电容）的比值都较小，易于实现。当运算放大器为单位增益时（即R_3断路、R_4短路），Sallen-Key 结构具有优秀的增益精度，并且在想取得高Q值、高频率滤波器时，Sallen-Key 结构也是可选的。

3.6.2.4 无限增益多路反馈型二阶低通滤波器

无限增益多路反馈型二阶低通滤波器（MFB）如图 3.34 所示，该类型滤波器也是一种流行的滤波器结构，它具有稳定性好、输出阻抗低等优点，易于与其他类型滤波器电路级联构成高阶滤波器，需要注意的是该滤波器会使信号发生反转。MFB 型二阶低通滤波器通带内增益为：

$$A_{vp} = \frac{1}{\frac{R_1}{R_3}\left(1+\frac{C_1}{C_2}\right)}$$

$$\text{传递函数} A(s) = \frac{A_{vp} / Q w_o}{\frac{s^2}{w_o} + \frac{s}{2w_o} + 1}$$

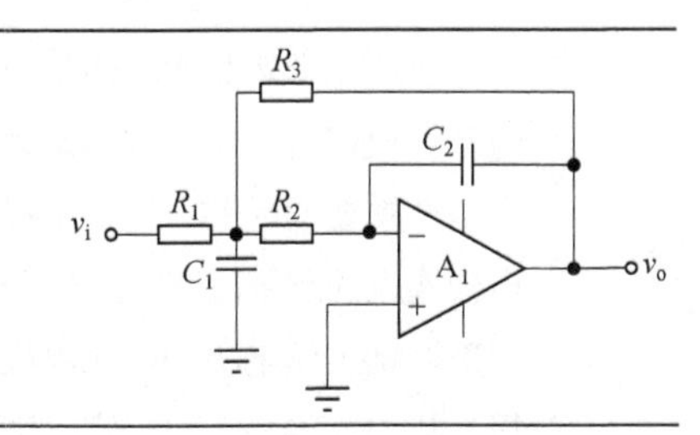

图 3.34
无限增益多路反馈型二阶低通滤波器

$$\text{其中特征角频率} w_o = \sqrt{\frac{1}{C_1 C_2 R_3}\left(\frac{1}{R_1}+\frac{1}{R_2}\right)}, \text{品质因数} Q = \frac{\sqrt{R_3\left(\frac{1}{R_1}+\frac{1}{R_2}\right)}}{\frac{C_1+C_2}{\sqrt{C_1 C_2}}},$$

MFB 型二阶低通滤波器与 Sallen-Key 结构相比多了一个电阻，它在高频区衰减特性更好，大信号输入时失真也小，而且元件灵敏度（元件值改变时，滤波器性能受到的影响）也低，但在电路设计时，电路中最大电阻（电容）和最小电阻（电容）的比值都比较大，不易选择。

3.6.3 滤波器设计步骤

① 根据实际应用场合确定滤波电路的电路拓扑及阶数。

② 根据设计指标、截止频率、品质因数等参数，利用滤波器设计软件（FilterPro、WEBENCH 等）得到电阻、电容值。需要注意的是，滤波器设计软件得到的电容、电阻值理论上可能是正确的但在实际电路中可能会有问题，比如电阻过大引入的热噪声也大，过小的电容易受寄生电容的影响，特别是频率较高时。

③ 选择合适的运放，要求不高时可选择通用运算放大器。除了注意运放的频带之外，还需注意压摆率的选择，以确保滤波器不会产生信号失真。当滤波器输入信号很小时，要选择低偏置、低漂移的运放。若滤波器工作频率很低，则电阻可能达到兆欧级，这时要选择低漂移高输入阻抗的运放。

④ 通过仿真软件（Multisim、SPICE 等）检验电路性能是否满足要求，进行电路的调整与优化。

⑤ 制作实际电路，焊接元件，测试。

3.7 IR 补偿

在电化学实验中，通常由恒电位仪对工作电极和辅助电极间的外施加电势进行反馈调节，使其满足程序设定的电势要求。三电极系统恒电位仪内含有两个重要的回路：工作电极和辅助电极构成的控制回路及工作电极和参比电极构成的测量回路。恒电位仪就是通过控制回路和测量回路间的反馈结合，准确控制工作电极和参比电极间的设定电势。由于参比电极（相对标准氢电极）热力学电势相对恒定，因此控制工作电极与参比电极间的电势基本等同于控制工作电极与溶液之间的界面电势差，简称电极电势。因此，可以通过调节恒电位仪的电势控制电极电势，进而调控其相应的界面电化学步骤。

在电化学发展历程中，许多电化学机理信息的获得强烈依赖于电极电势的精确控制，而存在于工作电极和参比电极间的未补偿溶液电阻给电极电势的精确控制带来很大困难。在一些实际的极化曲线测量中，通常需要考虑未补偿溶液电阻的影响[22]。尤其值得注意的是，在一些高阻抗的研究体系中，例如低介电常数的有机相[23]和低电导率的离子液体相[24-26]及低支持电解质的水相中，该影响尤为突出。此外，还有一些工作电流很大的测量体系，如电池充放电研究和金属腐蚀科学研究等。在这些研究中，通常采用一些传统的方法减小溶液未补偿电阻的影响，如增加支持电解质浓度、降低溶液黏度、减小工作电极与参比电极之间的距离或者减小工作电流等手段。这些措施虽取得了一些进步，但是其显著的局限性限制了其应用：首先，这些方法只能减弱而不能完全消除溶液电阻的影响；其次，有机相支持电解质价格昂贵，而且也不完全电离；再次，一些特殊的研究体系必须满足低支持电解质条件，如水环境中的生物检测和低离子浓度检测[27]以及低支持电解质下的电化学理论研究[28]等。因此，发展既能符合研究需要又能完全补偿溶液未补偿电阻 IR 降的现代技术方法尤为重要。本节所述的为一种典型的正反馈补偿 IR 补偿电路，配合动态溶液电阻测量方法，具有优良的溶液电阻补偿性能。

3.7.1 电路原理

恒电位仪电路原理如图 3.35 所示。工作电极处于虚地状态，I/V 转换器的输出电压 V_O 与流过工作电极的电流 i 成正比。V_O 经过 16 位数字-模拟转换器 DAC 分压后正反馈回恒电位仪的电位控制端。假设溶液电阻为 R_u，由溶液电阻引起的工作电极与溶液界面电位控制误差为 iR_u，则当反馈电压 $V_C = KiR_f = iR_u$ 时，即 $KR_f = R_u$ 时，可以实现溶液电阻的完全补偿。

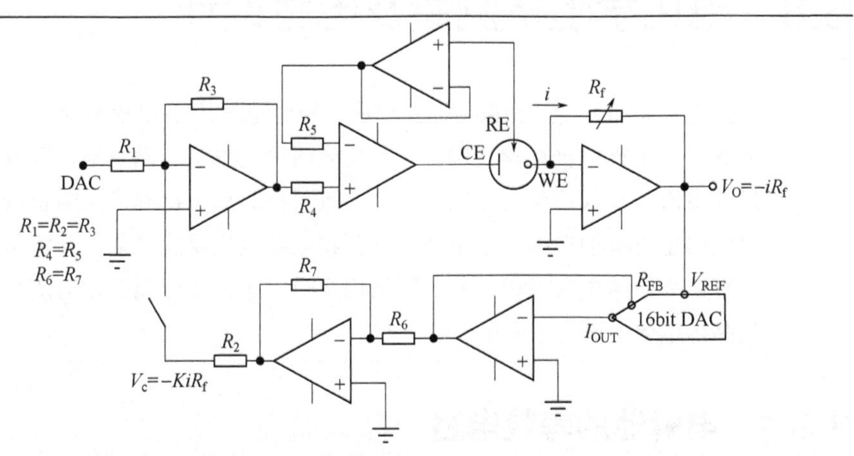

图 3.35 带有 IR 补偿电路的恒电位仪原理

3.7.2 电阻自动测量测试

对溶液电阻进行电子补偿的前提是溶液电阻 R_u 已知，因此需要对 R_u 进行测量。当无法拉第反应发生时，电解池可以等效为图 3.36（a）所示的模型。在开路电位附近施加如图 3.36（b）所示的小幅度电势阶跃，其电流响应如图 3.36（c）所示。通过对电流数据进行自动分析，即可计算出 R_u。采用容量为 0.8μF 的独石电容与不同阻值的电阻串联组成如图 3.36（a）所示的模拟电解池，电阻范围为 30～1.0×10^{8}Ω。

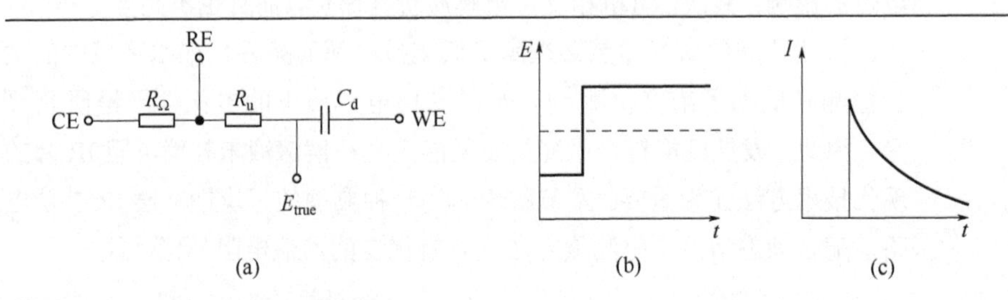

图 3.36 等效电路及电压电流波形

在开路电位附近施加小幅度电势阶跃信号，通过分段算法分析电流响应数据，可以在较大的范围内测量溶液电阻，测量准确度较高。以 16 位 DAC 器件为分压器，构成正反馈补偿回路。此电路可以较精确地控制补偿比例，稳定性好，可明显消除溶液电阻引起的电位控制误差。

3.8 电化学阻抗测量及电路设计

电极阻抗测量-交流阻抗法[29]是一种对电极用小振幅交流电压或电流扰动，进行电极化学反应、表面反应研究的方法。测量被测对象的电压或电流与输入信号的差别，获得交流阻抗数据，得到交流阻抗谱，还可以得出电极的模拟等效电路，计算相应的电极反应参数。交流阻抗法适合研究快速电极过程、双电层结构及吸附等，在金属腐蚀与防护和电结晶等电化学研究中应用广泛。

3.8.1 电解池的等效电路

采用交流阻抗法得到阻抗谱响应特征，建立电化学过程和等效电路之间的相关性以推断电化学过程机理和结构。所谓的等效电路就是由电阻和电容等电学元件串并联组成的电路，其与电化学过程有着相同的阻抗谱响应，两者都遵循相同的电学基本规律，对于一些复杂或特殊的体系，还需引入感抗、常相位元件等电化学元件，如图 3.37 所示。必须注意的是，等效电路与阻抗谱响应之间并非一一对应，具体选择哪种等效电路，要考虑等效电路在被测体系中是否有明确的物理意义，能否合理解释物理化学过程。图 3.38 所示是不同镀层的钢材的腐蚀情况电化学阻抗谱等效电路模型。

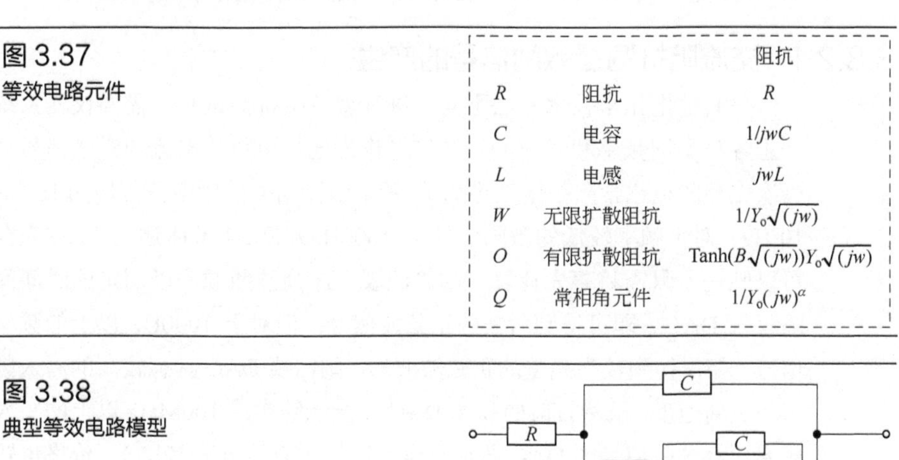

图 3.37
等效电路元件

		阻抗
R	阻抗	R
C	电容	$1/jwC$
L	电感	jwL
W	无限扩散阻抗	$1/Y_0\sqrt{(jw)}$
O	有限扩散阻抗	$\mathrm{Tanh}(B\sqrt{(jw)})Y_0\sqrt{(jw)}$
Q	常相角元件	$1/Y_0(jw)^{\alpha}$

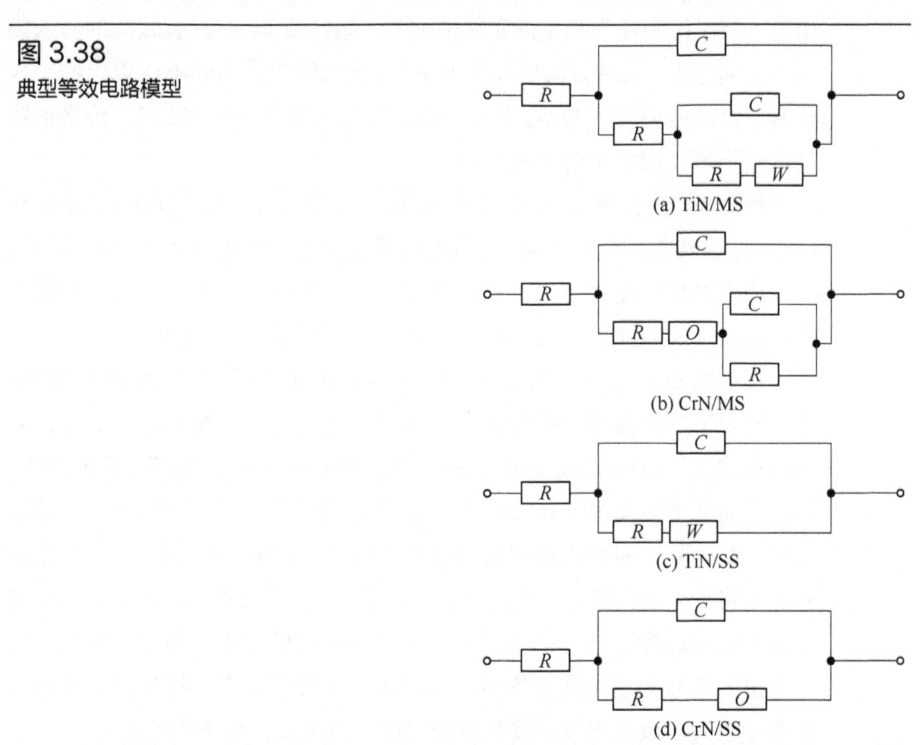

(a) TiN/MS

(b) CrN/MS

(c) TiN/SS

(d) CrN/SS

图 3.38
典型等效电路模型

3.8.2 交流阻抗测量方法

设系统的激励信号为 V_i，经过电解池后得到的响应信号为 V_o，若系统内部是线性稳定结构，则响应信号就是激励信号的线性函数，如果激励信号 V_i 是角频率为 ω 的正弦波信号，则响应信号 V_o 是角频率也为 ω 的正弦波信号，通过测量激励信号与响应信号的值进行相关运算从而可求得系统模值与相位角，通过采用不同的激励信号频率得出多组数据，然后将这些量绘制成各种形式的曲线，从而取得电化学阻抗谱[30]。

3.8.2.1 交流阻抗测量激励信号的产生

与其他电化学技术方法不同，进行交流阻抗测试时，需要仪器系统产生各种不同频率和幅值的正弦信号作为电极电势或电流的激励信号。一次完整的电化学阻抗谱扫描测试，所需激励信号的频率范围约为 10^{-6}～10^{6}Hz。对于频率较低的激励信号（<1000Hz），3.5.1 节所述的 DAC 完全可以胜任，只需将事先计算好的“波表”序列按照顺序以固定的时间间隔写入 DAC，即可得到所需的正弦波信号；但对于 1000Hz 以上的频率信号，如需得到较为完整的正弦波波形，则需要 DAC 具有较高的写入频率和更新速度。虽然目前的高速 DAC 完全能够实现 100MHz 以上的写入频率，但这些型号的 DAC 芯片分辨率较低（通常小于 12bit），价格也较高，并不适合应用于这个场合。

另一种产生频率信号的方式为采用数字式直接频率合成器件（DDS）。与传统的使用 DAC 生成波形相比，DDS 以其高分辨、快速转换、频率切换时相位连续等优点被广泛应用[31]。DDS 不仅可以产生不同频率的正弦波，而且能控制波形的初始相位，更可以产生任意的波形。

典型的 DDS 芯片，如 ADI 公司的 AD9854，采用先进的 DDS 技术，片内整合了两路高速、高性能正交 DAC，通过数字化编程可以输出 I、Q 两路合成信号。在高稳定度时钟驱动下，AD9854 将产生一高稳定的频率、相位、幅度可编程的正余弦信号。AD9854 允许产生最高频率达 150MHz 同步正交信号，而数字调制输出频率可达 100MHz。采用 DDS 芯片使得外围电路设计变得简单，噪声低，且便于操作，但 DDS 所产生的正弦波含有丰富的高频谐波，杂散较大，可采用高阶椭圆滤波器进行抑制，另外输出的信号幅度可能不满足测量要求，通常需要用一级集成运算放大器进行放大，该级运放需要具有低噪声、高精度、高速的特性。

3.8.2.2 直接AD采样法交流阻抗测量

直接AD采样法如图3.39所示，就是通过高速ADC对要测量信号进行直接采样，通过数据处理得到信号的电压值，继而通过相关运算求得系统阻抗与相位。当测定频率较高时，要保证足够的精度，采样间隔要尽可能短，这对AD转换器的采样速率和系统处理速度要求很高。

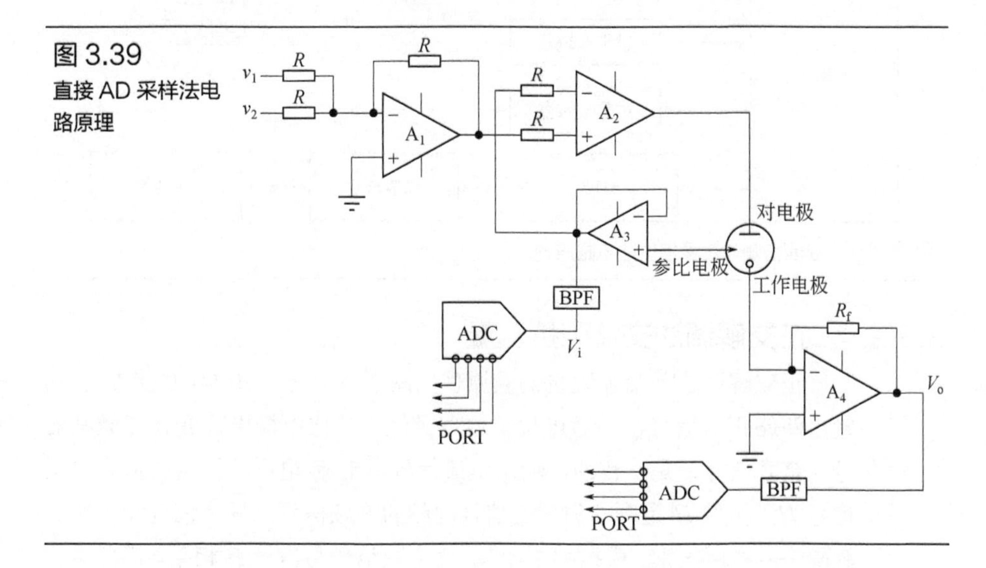

图3.39 直接AD采样法电路原理

测量信号 V_i 是从参比电极电压跟随器采集到的，设参比电极与工作电极间的阻抗为 Z，则测量信号 $V_o = V_i R_f / |Z|$，信号进入ADC之前用带通滤波器滤除无用信号分量，基于矢量伏安法进行相关运算便可求得阻抗 Z 及相位差。在高频应用时需要注意的是，由恒电位仪引起的幅值和相位的误差，对于电压跟随器及电流-电压转换运放的选择要谨慎，必要时需要增加相应的补偿电路。

3.8.2.3 峰值检测与过零相位法交流阻抗测量

另一种交流阻抗测试方法不需要对电极电势和电流进行高速测量，而是通过对这两个信号直接进行峰值检测和相位检测。如图3.40所示，激励信号经过电解池后由 I-V 电路转换为电压。若采用3.8.2.2节的AD直接采样法，对AD转换器的采样速率和系统速度要求较高，比较繁杂。峰值检波法采用真有效值/直流转换器将正弦交流信号转换为与其有效值相等的直流电平，再通过AD转换器进行采样，即可得被测正弦交流信号的幅值，幅值等于 $\sqrt{2}$ 倍有效值，这种方法降低了对系统处理速度及AD采样速度的要求。关于相位差的求法是将激励信号和被测信号经过过零比较器整形为方波，通过FPGA进行异或运算，对得到的矩形脉冲信号进行分析而得到相位角，该法电路设计简单，精度高、速度快，是较理想的相位测量方法。

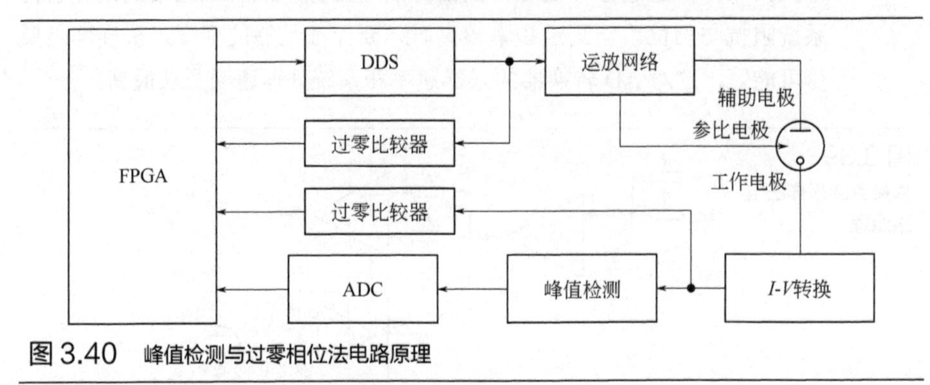

图3.40　峰值检测与过零相位法电路原理

3.8.2.4　正交解调法交流阻抗测量

正交解调法[32]交流阻抗测量原理如图3.41所示，由MCU控制DDS输出两路正交信号，与恒电位仪原理类似，参比电极电位变化与激励信号（余弦信号）是一致的，输出电流信号由电流-电压转换器转换为电压信号 H，信号 H 是频率与正交信号同频的响应信号，只是幅度和相移与激励信号有所区别。模拟乘法器 M_1 将余弦信号与信号 H 相乘，模拟乘法器 M_2 将正弦信号与信号 H 相乘。经过模拟乘法器后的信号是二倍频信号与和相移相关的直流分量，将这两路信号进行低通滤波滤除高频分量得到I、Q两路输出电压信号，根据该值就可求得阻抗与相位。频率较低时，直接用过采样就可以求得阻抗特性。

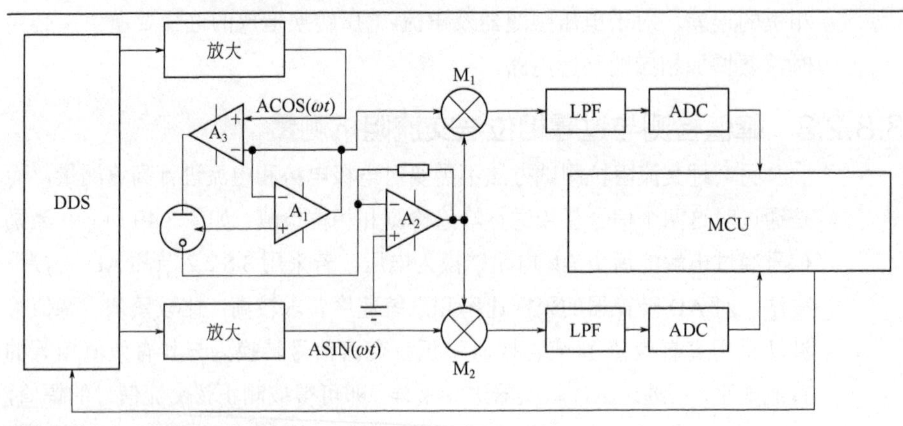

图3.41　正交解调法交流阻抗测试电路原理

参考文献

[1] Horowitz P, Hill W. The art of electronics[M]. Cambridge：Cambridge University. Press, 1989.

[2] Graeme J G, Tobey G E, Huelsman L P. Operational amplifiers. Design and applications[M]. New York: McGraw-Hill, Burr-Brown Research Corporation, 1971.

[3] Simpson R E. Introductory electronics for scientists and engineers[M]. Boston, MA: Allyn and Bacon, 1974.

[4] 胡国栋. 德州仪器高性能模拟器件高校应用指南-信号链与电源[J]. 德州仪器, 2013, 8: 409-462.

[5] 马敬敏. 基于电阻平衡条件的同相求和运算电路设计[J]. 辽宁师大大学学报，2011, 34(1): 51-53.

[6] 曹秀爽. 积分电路实验积分条件分析研究[J]. 实验室科学, 2013, 16(5): 15-18.

[7] 王俊. 电化学分析系统中pA～μA微电流测量[J]. 电子测量与仪器学报, 2011, 25(11): 972-977.

[8] Fidler J C, Penrose W R, Bobis J P. A potentiostat based on a voltage-controlled current source for use with amperometric gas sensors[C]//1991 Conference Record. IEEE Instrumentation and Measurement Technology Conference. IEEE, 1991: 456-459.

[9] Blanco J R, Ferrero F J, Campo J C, et al. Design of a low-cost portable potentiostat for amperometric biosensors[C]//2006 IEEE Instrumentation and Measurement Technology Conference Proceedings. IEEE, 2006: 690-694.

[10] 李瑞. 三电极电化学传感器等效电路模型的研究[D]. 大连：大连理工大学, 2010.

[11] Napp D T, Johnson D C, Bruckenstein S. Simultaneous and independent potentiostatic control of two indicator electrodes. Application to the copper(Ⅱ)/copper(Ⅰ)/copper system in 0.5M potassium chloride at the rotating ring-disk electrode[J]. Analytical Chemistry, 1967, 39(4): 481-485.

[12] Miller B. The rotating split ring - disk electrode and applications to alloy corrosion[J]. Journal of The Electrochemical Society, 1969, 116(8): 1117-1123.

[13] 高天光. ADI产品技术指南[M]. 北京：科学出版社，1997.

[14] 王学纪. 功率运算放大器在压控电流源中的应用[J]. 国外电子元器件, 1998(9):19-21.

[15] 韩静霖，李国峰，刘轶轶，等. 基于运算放大器的压控电流源设计[J]. 电子设计应用, 2008(11):98-99.

[16] 李素芬，刘钟阳，许东卫. 控制电位型水中臭氧电化学传感器的试验研究[J]. 传感器与微系统, 2006, 25（1）:58-60.

[17] 毛瑞卿，马西良，陆兴华，等. 电化学传感器的全差分恒电位仪研究[J]. 自动化与仪器仪表, 2015(7):167-169.

[18] Wightman R M, Wipf D O. Voltammetry at ultramicroelectrodes[J]. Electroanalytical chemistry, 1989, 15: 267-353.

[19] Zverev A I.Handbook of filter sysnthesis[M]. New York:John Wiley and Sons,1967.

[20] 欧阳文伟. ADC和DAC工作原理比较和发展现状[J]. 湖北教育学院学报, 2005, 22(2):67-69.

[21] 包宇，袁福宇，张玺，等. 电化学测试中溶液电阻的自动测量与补偿[J]. 分析化学, 2011, 39(6):939-942.

[22] He P , Faulkner L R . Intelligent, automatic compensation of solution resistance[J]. Analytical

Chemistry, 1986, 58(3):517-523.

[23] Hong S H, Kraiya C, Lehmann M W, et al. Evaluation of uncompensated solution resistance for electrodes with spherical-cap geometry[J]. Analytical Chemistry, 2000, 72(3):454-458.

[24] Burrell G, Torriero A A J, Separovic F, et al. Electrochemistry of room temperature protic ionic liquids[J]. Journal of Physical Chemistry B, 2008, 112(23):6923-6936.

[25] Torriero A A J , Siriwardana A I , Bond A M , et al. Physical and electrochemical properties of thioether-functionalized ionic liquids[J]. The Journal of Physical Chemistry B, 2009, 113(32): 11222-11231.

[26] Shiddiky M J A, Torriero A A J, Zhao C, et al Nonadditivity of faradaic currents and modification of capacitance currents in the voltammetry of mixtures of ferrocene and the cobaltocenium cation in protic and aprotic ionic liquids.Journal of the American Chemical Society,2009,131(23) : 7976-7989.

[27] Zdeněk Samec, Eva Samcová, Girault H H . Ion amperometry at the interface between two immiscible electrolyte solutions in view of realizing the amperometric ion-selective electrode[J]. Talanta, 2004, 63(1):1-32.

[28] Streeter I,Compton R G. Numerical simulation of potential step chronoamperometry at low concentrations of supporting electrolyte[J]. The Journal of Physical Chemistry C,2008,112(35) : 13716-13728.

[29] 扈显琦，梁成浩. 交流阻抗技术的发展与应用[J]. 腐蚀与防护, 2004, 25(2):57-60.

[30] 崔晓莉，江志裕. 交流阻抗谱的表示及应用[J]. 上海师范大学学报：自然科学版，2001, 30(4):53-61.

[31] 高泽溪，高成. 直接数字频率合成器（DDS）及其性能分析[J]. 北京航空航天大学学报, 1998(5):615-618.

[32] 周俊鹏，包宇，林青，等. 新型宽频自适应石英晶体微天平测量方法[J]. 分析化学, 2014, 42(5): 773-778.

4

电化学分析仪器应用软件设计

4.1 电化学分析仪器应用软件的发展

自 20 世纪 70 年代以来，得益于物理学与电子学的蓬勃发展，使得计算机的存储、计算处理力能力不断提高，电子元件的制造成本降低、占用体积明显减小，从而大大拓展了计算机在科学仪器中的应用范畴[1]，尤其以小型计算机的出现作为标志，在这一时期计算机开始初步应用于自然学科。随后在基础理论及测试手段不断完善的基础上，科研人员借助计算机的计算、存储能力开启了一个电化学仪器的自动化时代[2]，使得分析化学可以高效、快速完成对各种待测物质的组成、结构等信息的测量分析，尤其是在这一期间将电化学测试系统与电化学分析系统相结合，研发了一系列不同功能的电化学分析仪器。20 世纪 90 年代起个人电脑逐渐开始普及，电化学仪器的单一功能难以满足科研工作者的需求[3]，人们开始逐渐追求更多的复杂智能化功能[4-8]，对分析仪器中的软件部分不再是单一的数据存储与绘制。进入 21 世纪后，由于软件对数据的处理更加灵活，进一步将信号分析处理技术引入，常见的有数据平滑、求导、通过快速傅里叶变换、小波变换等信号变化方法，同时在其他应用上，将多元分析、模式识别等技术引入，使得仪器的智能化程度更高。如今主流的分析仪器为了更好地发挥仪器性能、拓展仪器的功能，通常将分析仪器分为上位机、下位机两个组成部分。上位机主要将用户操作的图形界面指令进行逻辑处理，将操作转换为相关协议序列下行发送给下位机，以控制下位机的操作行为并将下位机的上行数据进行解析、分析处理最后以图形化的形式进行展现。下位机主要基于电子学以嵌入式系统实现，通过获取的下行协议产生激励信号，通过电、光等其他直接、间接影响化学反应条件，并将响应信号转换为数字信号上行给上位机进行处理。上、下位机体系系统是目前常见的分析仪器系统中最为常见的解决方案，该方案通过计算机弥补了下位机在图形化及复杂逻辑处理能力，以及后期的功能拓展，在确保下位机测量方法正确的前提下，可通过对上位机软件的维护进行持续的版本更新。

虚拟仪器是 20 世纪 90 年代以来随着计算机技术的进步而逐渐发展起来的一种全新的仪器概念，自 1986 年问世以来，世界各国的工程师和科学家们都已将 NI 的 LabVIEW（laboratory virtual instrumentation engineering workbench，实验室虚拟仪器工程平台）图形化开发工具用于产品设计周期的各个环节，从而改善了产品质量、缩短了产品投放市场的时间，并提高了产品开发和生产效率[9]。虚拟仪器是一种整合计算机硬件资源、仪器设备和试验系统硬件资源的仪器，其实质是利用计算机强大的软件功能实现信号数据的运算、分析和处理；利用 I/O 接口设备完成数据和信号的设置、测量和采集。使用者通过交互设备（鼠标、键盘、手柄、触摸屏等）操作虚拟面板，如同操作一台专用的实验设备一样。虚拟仪器的出现，使得实验仪器与计算机之间的界限模糊了，无论是传统仪器还是虚拟仪器，所有测量仪器和设备的功能均由数据采集、数据分析、结果显示三部分构成，其中数据分析和结果显示均可由计算机软件程序完成。因此，只需提供数据采集的硬件设备，即可构成由计算机组成的测量仪器。虚拟仪器和传统仪器的根本区别在于，传统仪器的三大功能都是以硬件为基础实现的，而虚拟仪器则通过计算机软件来操作硬件设备，其功能和性能主要取决于软件的定义及其质量的优劣。

虚拟仪器技术从本质上说是一个集成的软硬件概念，是利用计算机的硬件资源、标准数字电路以及计算机软件资源，经过有针对性的开发测试，使之成为使用者自己设计的智能仪器[10]。同其他技术相比，虚拟仪器技术具有智能化程度高、拓展性强、开发周期短等优点。虚拟仪器技术完全继承了以现成即用的 PC 技术为主导的最新商业技术的优点，包括功能超卓的处理器和文件 I/O，让使用者在数据高速导入磁盘的同时就能实时进行复杂的分析；扩展性强，NI 的软硬件工具使得我们不再受限于当前的技术中，这得益于 NI 软件的灵活性，只需更新计算机或测量硬件，就能以最少的硬件投资和极少的、甚至无需软件上的升级即可改进整个系统；开发时间少，在驱动和应用两个层面上，NI 高效的软件构架能与计算机、仪器仪表和通信方面的最新技术结合在一起。NI 设计这一软件构架的初衷就是为了方便用户的操作，同时还提供了灵活性和强大的功能，使我们轻松地配置、创建、发布、维护和修改高性能、低成本的测量和控制解决方案。

目前虚拟仪器软件的开发有多种设计方案，如 LabVIEW、面向对象程序设计等方法。采用 LabVIEW 开发的虚拟仪器软件包括三个部分：前面板、框图程序和图标/接线端口，LabVIEW 能够将虚拟仪器分成若干基本功能的功能模块，但是模块必须运行在 LabVIEW 的平台上，降低了软件的灵活性，并且随着集成功能的增加，LibVIEW 对与复杂的业务处理逻辑能力较弱，随着产品的不断迭代，落后的软件生产力方式无法满足快速增长的计算机软件需求，从而导致了软件开发与过程中产生了一系列的严重问题[11]，对于商用仪器而言，为解决软件危机通常选用现代工程的概念，而面向对象程序设计采用建模的思想与面向对象的方法对程序进行抽象，高度的抽象可以更为客观地反映事物具有的特征[12]，在编写维护复杂程序时，领域专家可以更好地简化复杂的业务逻辑，将精力投入单一的模块编写，即使程序达到复杂的规模时也可以轻松对程序进行控制。相比与 LabVIEW 的面向数据流设计，采用面向程序设计可以更好地设计、维护程序，尤其对于需要长期更新维护的商用软件，而 LabVIEW 更适合与业务较为单一、逻辑简单或作为开发过程中的模块测试进行使用；采用面向对象设计需要对设计的仪器具有较为全面的需求分析与领域知识，对整体进行抽象设计，详细的开发文档与计划性的单元测试虽然开发初期时间较长，通过工程化的管理方式可以避免软件长期维护而产生一系列危机[13]。

分析类仪器作为交叉学科总是伴随着各学科间的进步发展而共同发展，但其本质的需求总是被使用者的需求所推进，软件作为硬件的“大脑”在分析类仪器中作为输入与输出的接口供操作者使用，其本质在于处理复杂的逻辑以满足用户的需求，对于未来分析仪器的发展方向主流趋势在于综合化的多种仪器联用进原位分析系统、对于特定场景检测的微型智能化模块化，应该在原有的系统中提供给用户详细开发文档或采用开源的方式以便于使用者可以自身对仪器进行一定程度的改造拓展，在原有软件的框架下具有更有效的开发模式，可以更有效地对原码进行双重审查以提高代码质量，对于研发者可以更有效地减小人力成本与投入开支。

4.2 电化学分析仪器的需求分析与功能设计

电化学分析仪为计算机控制的电化学测量系统，在仪器设计的初期首先需要对仪器的需求进行详细的需求调研，只有清楚了解到需求方的需要才能明确仪器功能与评估项目进程，往往需求的不确定会导致项目的延期甚至失败。在需求分析阶段首先要与真正的需求方进行需求了解与分析，在获取需求时也需要具有一定的相关领域知识以便于帮助对方梳理真正的逻辑关系与隐含需求，在这一阶段主要问题需要明确“做什么”需求与需求背后的动机即“为什么”，而具体的实施方案不用进行深入计划，在这一阶段需要对需求进行详细的记录与分析，再与对方协商具体的环境需求与系统边界[14]。

在需求分析阶段主要确定仪器具有的特性功能，对功能的分析可通过有序的协议序列构建出不同的功能场景，从而确定了仪器所具有的功能，通常采用带泳道的活动图来描述仪器功能的使用场景，如图 4.1 所示，

图 4.1
电化学工作站部分功能场景描述

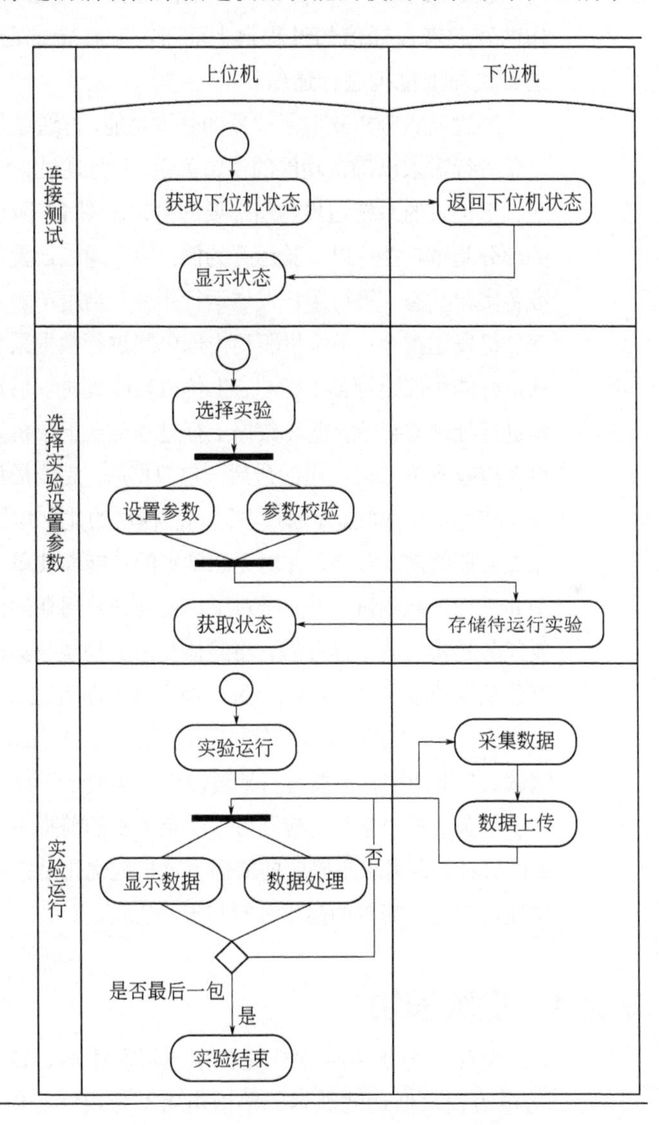

通过泳道区分了上、下位机的系统边界，而活动图描述了该场景下动作的发起者与发生的事件，两者的组合可以清晰地描述仪器在各个场景中所完成的功能。在带泳道的活动图中跨越泳道的动作需要建立协议以完成上、下位机间的通信，通常将协议的类型分为上行协议、下行协议两种。下行协议指从上位机向下位机发送的协议，下行协议主要触发仪器状态的迁移；上行协议指从下位机向上位机发送的协议，上行协议主要为下位机接收到下行协议后返回的数据；在通常条件下，上位机作为动作的发起者，通信的过程自上而下，除在特定场景下下位机不会主动发送协议与上位机进行通信。

通过需求分析获取了仪器的基本功能，再通过带泳道的活动图描述具体场景进行需求以确认功能的逻辑关系，并且通过带泳道的活动图也可以确立上、下位机的系统边界与所需要的协议。图 4.1 所示描述了三种场景下仪器的部分基本功能，以实验运行为例，用户通过设置参数后，系统状态切换到准备实验状态，等待用户发送运行指令，当用户触发运行指令后，上位机向下位机发送指令；下位机驱动内部电路进行数据采集并将数据进行编码，由规定好的协议上行至上位机；上位机接收到协议后进行解码，将接收到的数据进行处理与显示；循环数据上行过程直至下位机发送最后一包数据，上位机在接收到下位机发送的最后一包数据后，完成最后一次数据显示，并切换系统状态至完成状态。通过不同功能模块的建立与相关的需求文档编写即可完成初期的需求收集，并对无法确定的功能需要单独进行分析，建立技术原型并进行单独测试，以便于对工作量与开发周期的估量。在需求分析阶段主要任务是将仪器整体分解，将整体复杂的功能收集，并对其进行拆分，直至拆分至颗粒度足够小以确保投入极小精力即可完成，将相关子任务的集合可以称为模块，在编码阶段可以根据功能设计初时的动机进行各个单元模块的测试。在设计初时不要盲目地过渡设计与复杂设计，这样只会尽早地让项目过于复杂而难以掌控，应及时在满足需求的前提下尽快采用成熟、快速、简单的设计，在需求不确定的前提下过早地优化是错误的，本小节以电化学工作站为例进行简单的需求分析与设计思路。

4.2.1 实验模块

电化学分析主要由快速数字波形发生器、高速数据采集电路、恒电位/电流仪、低通滤波器、溶液电阻补偿电路等组成，通过驱动不同的电子元件以产生不同的激励信号对待测物质进行激励并采集响应信号，目前常见的实验方法包括：循环伏安法、线性伏安法、阶梯波伏安法、塔菲尔曲线法、计时电流法、计时电量法、开路电位法、电流-时间曲线、控制电位电解库仑法、多电势阶跃法、差分脉冲伏安法、常规脉冲伏安法、方波伏安法、差分常规脉冲伏安法、差分脉冲电流法、双差分脉冲电流法、三脉冲电流法、计时电位法、电流扫描计时电位法、交流伏安法、交流阻抗法、交流阻抗-时间法、交流阻抗-电位法等[15]，每种实验方法具有不同的参数与数据坐标，在测量过程中可以根据数据进行实时绘图，在实验前后可对电位-电流、时间-电流等曲线进行相应数据处理，如实验前对测量信号进行数字滤波或测试溶液的电阻补偿[16]，或对测量的数据进行如求导、积分等变换以及保存等实验后处理。可以通过类图的方式对实验进行抽象，如图 4.2 所示，将不同实验的功能合集抽象为实验类，每种实验具有相近的操作流程可抽象为实验预处理、实验参数、实验数据、实验后处理，每种实验的控制方法具有开始、继续、停止、暂停，而具体的实验方法则是实验类的一个实例，每个子类都是实验类派生出的子类并继承父类接口，在子类内部实现具体功能。当然不同的实验也具有其他不同的属性可再进一步抽象以便于在数据绘制坐标轴时使用，比如将以时间为横坐标的实验如线性伏安法、计时电流法，或通过施加电位获取电流的实验等，这种进一步的抽象总体而言为了更好地抽取各种电化学实验中共有的属性，便于在继承类中实现，从而做到高内聚、低耦合、多聚合、少继承[17]，在理清程序的逻辑关系下也便于降低后期对项目的维护难度。

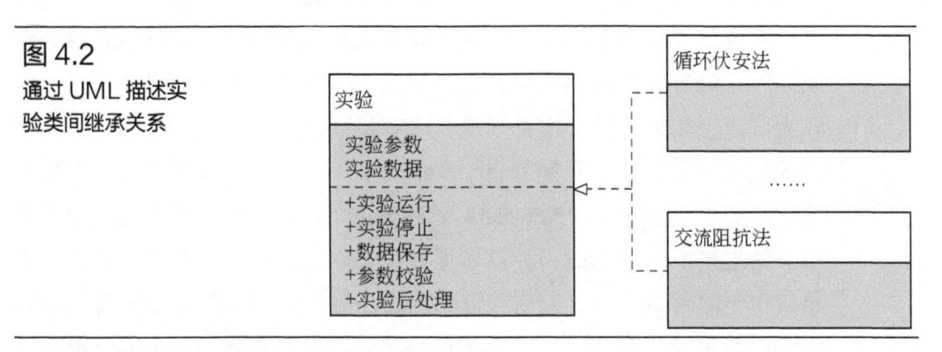

图 4.2
通过 UML 描述实验类间继承关系

4.2.2 数据存储

自然科学的实验必须保证实验在相同条件下，结果是一致的，这不仅是自然科学实验的基础，同时也是电化学分析仪设计所必须需要保证的。电化学分析仪应支持用户保存当前实验的参数到配置文件，或读取配置文件上的实验参数，进行数据的显示或重新开展实验。此时需要保存的数据有，实验当前的电压、电流、电路电位、IR 补偿等。为了便于对原始实验数据的保护，将实验数据保存为二进制文件与文本文件。二进制文件与文本文件，主要区别在于编码格式的不同，这就导致使用者无法直接读懂二进制文件，而文本文件可以通过记事本等文本处理软件打开直接阅读。对于仪器设计者而言，从文件内容上二进制文件可以记录更多关于仪器版本、实验参数等信息内容，而这些内容是用户所不关心的，需要对用户隐藏，而对操作软件读取实验信息相关。而文本文件主要便于用户采用其他科学绘图、数据分析软件如 Origin、Matlab 等对数据的分析使用，所以常规操作软件都采用文本文件与二进制文件进行数据的存储。

4.2.3 数据后处理

待分析物质在电信号的激励后，经过分析仪器采集响应信号后，通过 A/D 进行数字信号转换，并传输给上位机处理后获取所需要的化学信息，通常这部分信号存在一定的噪声。而对于化学领域专家而言，能够提取出描述对象化学性质的信号是“有用信号”，其他信号可以认为是噪声信号。一般而言，有用信号与噪声信号两者的频率、形状不同，噪声信号频率一般高于有用信号。为了更好提取谱图中有用信号，人们提出了多种信号处理技术，如最小二乘法滤波、数字滤波、傅里叶变换滤波等。而电化学仪器支持对于实验数据进行进一步处理，包括平滑、积分、求导、寻峰等。平滑的主要目的是通过去除噪声以提高信噪比，是一种较为广泛使用的方法，常见平滑算法有移动窗口平均法[18]、移动窗口多项式最小二乘法[19]、粗糙惩罚平滑法[20]。积分算法普遍在时域上进行差分法，如中心差分法、Newmark、Houbolt[21]，通常积分在电化学中主要用于通过电流对时间的积分以求得电量。求导也是一种重要的方法，主要应用于除背景信号、判断频谱峰位拐点等[22]，常见的求导法有直接差分法、傅里叶变换法[23]、多项式最小二乘法拟合求导法、小波分析求导法等。寻峰是数据后处理中一种十分重要的算法，通过“峰”可以检测出待测物某种物理或化学上的特性差异，这种特性差异往往通过“峰”

的不同特征表现出来的。通过寻峰算法可以更有效地定位峰数据，如峰的起点、终点、峰高与峰面积等，从而对物质进行定性或定量的测量。

4.2.3.1 数据的平滑和插值

插值是确定某个函数在两个采样值之间的数值运算，插值的本质是以基函数的加权和平移的离散形式来表达一个连续的函数。在电化学实验数据的后处理中，插值通常可以应用于数据采样的细化和预测。目前常用的插值方法主要有最邻近插值、线性插值、三次样条插值等。其中最邻近点插值是一种非常简单的空间插值，而线性插值和三次样条插值属于多项式插值。

最临近点插值主要使用的是几何方法对待插值点进行插值，待插值点会对周围的样本点进行搜索，寻找最近的样本点，二维或者高维情形的最邻近插值与被插值点最邻近的节点函数值即为所求。

线性插值在数据计算机和化学等领域中有非常广泛的应用。线性插值属于拉格朗日多项式插值的一类特殊应用。在一般情况下，随着多项式的次数越多，需要的数据就越多，得到预测结果也就越准确，然而在有的情况下，并非使用多节点就能获得更好的插值效果。需要根据数据的特性和经验进行不断尝试来确定最优多项式的次数。

样条的本意是指富有弹性的细长木条。不难理解，样条曲线是指工程师们在绘图的时候，用压铁将样条压在样点上，让它们以一定的弧度自由弯曲所得到的长曲线。而在数学上，光滑程度的定量描述是：函数的 K 阶导数存在并且连续，则可以说该曲线是 K 阶光滑的。光滑性的阶次越高，则越光滑。三次样条插值是运用在较低次的情况下分段多项式达到较高阶光滑性的一种插值方法。

样条函数的真正数学含义是由一段段的按照某种光滑性条件分段拼接起来的多项式函数。最常用的三次样条函数是将一些三次多项式拼接在一起，使所得到的样条函数在三次连续且可导。样条函数是灵活曲线规的数学等式，为分段函数，一次插值只有少数数据点配准，同时由于样条的特性，能够保证样条间的曲线段连接处为平滑连续曲线。因此这就要求样条函数可以达到修改曲线的某一段而没有必要重新计算整条曲线，这种情况下插值速度既要快，又要可以保证一些细小的特征达到视觉上的光滑连续的效果。

在电化学数据处理中，由于电化学数据具有缓慢变化、无剧烈变化的特征，是以样条插值和线性插值都能得到良好的应用。

4.2.3.2 数据寻峰、积分与求导

积分方程式是研究数学和其他学科和各种物理问题的一个重要数学工作。它在弹性介质理论和流体力学中应用很广，也常见于电磁场理论物理中。积分是微积分学与数学分析里的一个核心概念。通常分为定积分和不定积分两种。直观地说，对于一个给定的正实函数，在一个实数区间上的定积分可以理解为在坐标平面上，由曲线、直线以及轴围成的曲边梯形的面积值（如图 4.3 所示，一种确定的实数值）。积分可以分为定积分和不定积分。目前积分方程的快速算法是基于快速傅里叶变换的方法。这些方法大多数是利用格林函数的拓扑利兹特性，在傅里叶谱空间中完成矩矢相乘，降低计算的复杂度和内存需求。

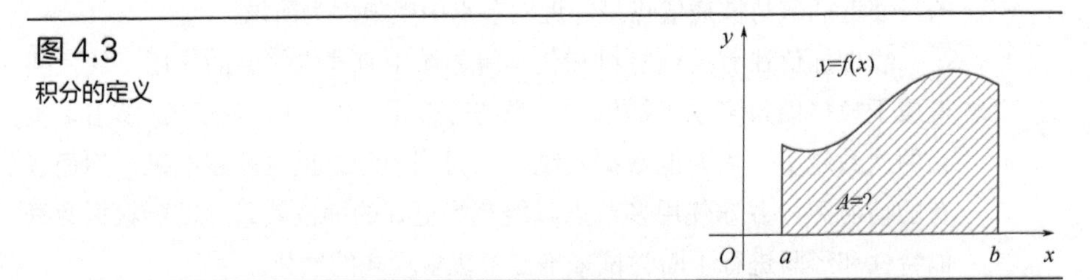

图 4.3
积分的定义

自适应积分方法（adaptive integral method，AIM）和预修正快速傅里叶变换方法（precorrected fast fourier transform，P-FFT）正克服了这一缺点。两种方法均基于等效源近似，即建立起不均匀网格上的源和均匀网格上等效源的映射关系。为了满足等效关系，两组源所产生的场在指定的地方必须相等。

积分方程方法因其具有很高的计算精度，在实际工程中具有很广泛的应用。积分方程按照待求未知量在积分方程中的位置可以分为未知量位于积分内部的第一类积分方程和未知量位于积分方程内部和外部的第二类积分方程。积分方程又可以按照未知量所处区域分为表面积分方程和体积分方程。对于电化学实验数据，积分方法能够帮助用户更好地判断实验反应的总趋势，以及反应变化的速度和幅度。

在科学研究和生产实践中，为了深入了解自然规律，常常需要寻求与问题有关的表示客观事物的变量间的函数关系。在大量实际问题中，往往不能直接得到所求的函数关系，但我们可以利用已有的数学知识和基本科学原理，构建出含有未知函数及其变化率之间的关系式，即所谓

的微分方程，然后再从中解出所求函数。因此，微分方程是描述客观事物的数量关系的一种重要数学模型。通常我们定义：含有未知函数的导数或微分的方程，称为微分方程。未知函数是一元函数的微分方程，称为常微分方程。未知函数是多元函数的微分方程，称为偏微分方程。微分方程中未知函数的导数的最高阶数，称为微分方程的阶。如果微分方程的解中含有任意常数，且任意常数的个数与方程的阶数相同时，这样的解称为微分方程的通解。在电化学实验数据的后处理中，微分方程通常可以应用于求解反应速率、反应浓度变化等方面。

4.2.3.3 数据拟合

在电化学实验数据的处理中，数据拟合是一种重要的数据处理方法，其中最常用的就是多项式曲线拟合。图 4.4 展示了曲线拟合原理，曲线拟合是用连续曲线近似地刻画或比拟平面上离散点组所表示的坐标之间的函数关系的一种数据处理方法。在数值分析中，曲线拟合就是用解析表达式逼近离散数据，即离散数据的公式化。实践中，数据往往是各种电化学问题的多次实验值，它们是零散的，不仅不便于处理，而且通常不能确切和充分地体现出其固有的规律。这种缺陷可由适当的解析表达式来弥补。曲线拟合问题常用的方法有很多，总体上可以分为两大类：一类是有理论模型的曲线拟合，也就是由与数据的背景资料规律相适应的解析表达式约束的曲线拟合；另一类是无理论模型的曲线拟合，也就是由几何方法或神经网络的拓扑结构确定数据关系的曲线拟合。在电化学的数据处理中，常用的几种拟合方法有：最小二乘法、Levenberg-Marquardt 算法、牛顿迭代法等。

最小二乘法（又称最小平方法）是一种数学优化技术。它通过最小化误差的平方和寻找数据的最佳函数匹配。利用最小二乘法可以简便地求得未知的数据，并使这些求得的数据与实际数据之间误差的平方和为最小。是以可以将最小二乘法用于曲线拟合。最小二乘法拟合分为线性最小二乘法和非线性最小二乘法，其中线性最小二乘法用于线性关系的函数，而非线性最小二乘法用于拟合非线性函数，如抛物线双曲线等。

Levenberg-Marquardt 法简称 LM 算法，是一种介于牛顿法和梯度下降法之间的一种非线性的优化方法，由于 LM 算法对于过参数化问题不敏感，所以能有效地防止代价函数陷入局部最小值，获得最佳的优化的结果。

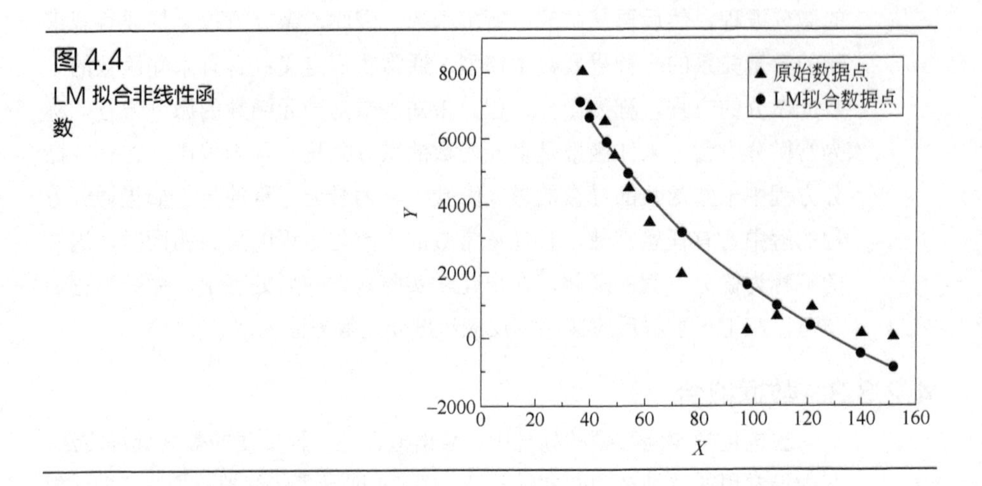

图 4.4
LM 拟合非线性函数

4.2.3.4 傅里叶分析

电化学系统中测量的电流与电势之间由于动力学规律，其本质上是线性的，交流伏安法、电化学阻抗谱多采用小振幅的交流信号作为激励源，进而测量反应体系，并通过等效电路对实验体系进行分析，从而对反应机理进行研究；但也有采用大振幅周期信号进行激励，其主要目的是增强高次谐波强度，并将其响应电流的谐波组成进行定量分析[24]，通过对谐波组成分析可以达到去除表面活性物、电极表面氧化剂等问题的干扰，从而减小对测量结果的影响，提高测量的灵敏度与选择性[25]，这就需要通过傅里叶变换对采集的时域电流进行转换，以获取频域信号，从频域频率图中可以反映出电化学体系特征[26]。其中傅里叶变换在这一个过程起到了关解性的作用。傅里叶变换主要原理是将一维信号分解若干个正弦波，如图 4.5 所示。从数学角度看，傅里叶变换是将一个信号转

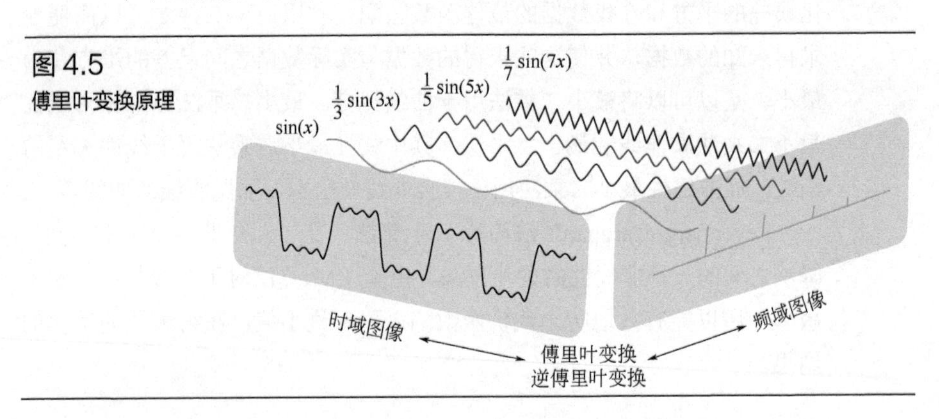

图 4.5
傅里叶变换原理

换为一系列周期信号的加权和，但傅里叶变换也存在一定的缺陷，它只能获取部分信号总体上包含哪些频率的成分，但是对各成分出现的时刻并无所知，于是发展出短时傅里叶变换与小波变换进行局部信号转换。

4.2.4 显示与绘图

电化学实验的真实数据是一系列的电压电流值，单独离散的值是不具有意义的，只有一系列连续的电压电流值以及所形成的峰、谷才是实验者最为关心的。对于实验数据的分析处理、分析图形绘制实时曲线不仅是电化学实验的基本要求，也是扫描电化学系统软件的基本功能之一，数据的实时显示可以帮助操作者实时获取实验反应过程，尤其是在与其他设备进行联用时，但实时绘制也需要考虑到数据量的大小，在采样速率大时，即单位时间内采样点多，映射到屏幕中时许多实际采样点重合，会无形之中增大系统开销。针对这种问题可以借鉴图像重采样算法对二维数据进行抽样显示，需要注意的是抽样算法不是单纯的以固定时间间隔显示数据，需要在保留图像特征的前提下尽可能压缩数据大小，以在不同分辨率下观察数据。上位机图形用户界面也应支持以图形、图像的方式进行曲线显示，并支持用户选择、移动、放大、缩小某个区域或者显示某个位点的数值，除此之外系统也应支持用户对于实验数据图像、图形做更高级别的操作，如进行实验叠加绘图、添加数据等。

4.3 电化学分析仪器应用软件的结构和设计方式

4.3.1 上位机与下位机通信方案

对于常规电化学分析仪器而言，普遍采用上、下位机结构，在下位机确保仪器性能前提下，尽量图形化操作与数据显示、处理分配给上位机，以更好地发挥各自性能。采用上、下位机结构需要通过协议建立上、下位机的通信，借鉴 TCP/IP 模型的分层模型，通过分层模型模块与接口转换特点设计的电化学工作软件的架构如图 4.6 所示，上位机主要由界面层、业务逻辑层与协议转换层组成，其中界面层主要为使用者提供图形化的操作界面，在不同操作场景下通过业务逻辑层对使用者的界面操作进行解析，最终获取一系列的指令序列，通过在协议转换层对指令序列翻译转换为下位机可以解析的协议，最终通过驱动层将协议下发至下位机。驱动层主要指的是对不同通信方法的驱动，常见的通信方式：有线通信方式，如USB总线、RJ-45、与RS-232接口（串口）；以及无线通信方式，如蓝牙、Wi-Fi等。下位机主要通过应用层对获取的协议进行解包翻译，再调用硬件驱动层提供的接口进行组合，从而完成不同实验的测量需求，在测量完成后将数据再次以协议的方式上行，上位机根据相关的上行协议与当前场景对数据进行存储与显示。通过多分层模型可以解决仪器在可扩展性、安全性、容错性及可维护性方面的问题，并且也便于独立进行单元开发与测试，尤其在后期产品进行升级过程中如仅需硬件升级时只需对硬件抽象层与硬件层进行修改即可，而在不修改硬件的前提下，通过在界面层与业务逻辑层中添加逻辑关系即可，而在需要添加或修改通信方式时，协议与通信层无关的，只需添加修改相关的驱动代码即可，大大提高了仪器的后期可维护性。

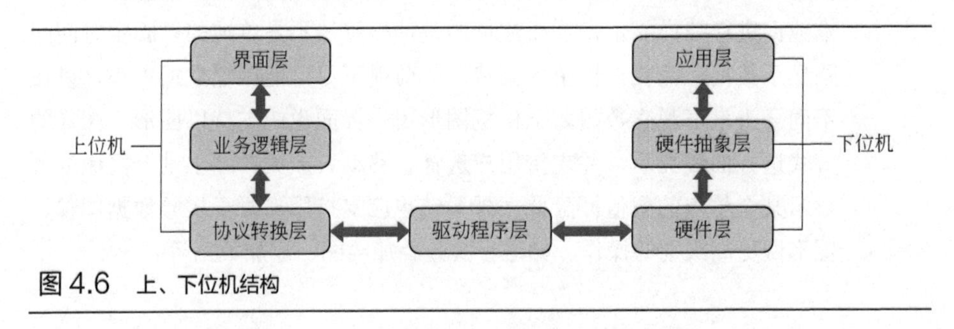

图 4.6　上、下位机结构

4.3.2　数据流——管道结构设计

管道技术是一种简单的进程间通信机制，可以在同一台计算机的不同进程之间或位于同一网络的不同计算机的不同进程间，实施可靠的、单向或双向的数据通信。

管道技术是一种被广泛应用于计算机进程间通信的方法，管道技术有简单快捷等优点。管道分为命名管道和匿名管道。管道的技术特点为先进先出，数据模式也遵从先进先出方式，即先进入管道的数据先被读取，后进管道的数据后被读取。采用管道模式进行开发可以很好地拆分开发模块，将每一个独立的功能模块化，有易于修改、易于编译等优点。并且对程序员的要求相对较低。

管道（pipe）是进程用来通信的共享内存区域[27]。一个进程往管道中写入信息，而其他的进程可以从管道中读出信息。管道是进程间数据交流的通道。邮路（mailslots）的功能与管道类似，也是进程间通信（interprocess communications，IPC）的媒介，只不过其具体实现方式与管道有些差别。一个基于 Win32 的应用程序可以在邮路中储存消息，这些消息通常通过网络发往一个指定的计算机或某域名（域是共享一个组名的一组工作站或服务器）下的所有计算机。你也可以使用命名管道代替邮路来进行进程间通信。命名管道最适合用来完成两个进程间的消息传递，邮路则更适合一个进程向多个进程广播消息。邮路具有一个重要的特点，它使用数据包广播消息。广播（broadcast）是网络传输中使用的术语，它意味着接收方收到数据后不发送确认消息通知发送方。而管道则不同，它更类似于打电话，你只对一个当事人说话，但是你却非常清楚你的话都被对方听到。邮路和管道一样，也是一个虚拟文件，它保存在内存中，但是你却必须使用普通的 Win32 文件函数访问它，比如 Create File、Read File、Write File 等。邮路中储存的数据可以是任何形式的，唯一的要求是不得超过 64K。与磁盘文件不同的是，邮路是一个临时的对象，当某个邮路所有的句柄都关闭的时候，该邮路及其中的数据就被删除。

管道的类型有两种：匿名管道和命名管道。匿名管道是没有命名的管道，它最初用于在本地系统中父进程及其启动的子进程之间的通信。命名管道更高级，它由一个名字来标识，以使客户端和服务端应用程序可以通过它进行彼此通信[28]。而且 Win32 命名管道甚至可以在不同系统的进程间使用，这使它成为许多客户/服务器应用程序的理想之选。就像水管连接两个地方并输送水一样，软件的管道连接两个进程并输送数据。不同管道一旦被建立，它就可以像文件一样被访问，并且可以使用许多与文件操作同样的函数。可以使用 Create File 函数获取一个已打开的管道的句柄，或者由另一个进程提供一个句柄。使用 Write File 函数向管道写入数据，之后这些数据可以被另外的进程用 Read File 函数读取。管道是系统对象，因此管道的句柄在不需要时必须使用 Close Handle 函数关闭。

匿名管道只能单向传送数据，而命名管道可以双向传送。管道可以以比特流形式传送任意数量的数据。命名管道还可以将数据集合到称为消息的数据块中。命名管道甚至具有通过网络连接多进程的能力。Windows9X 不支持创建命名管道，它只能在 Windows NT 内核系列（如 Windows NT、Windows 2000、Windows XP 至最新的 Windows 10）的操作系统上创建。当讨论管道时，通常涉及两个进程：客户进程和服务进程。

服务进程负责创建管道；客户进程连接到管道。服务进程可以创建一个管道的多个实例，以此支持多个客户进程[29]。

使用数据流架构能够实现上下位机间数据的通信，相比其他开发方式，数据流架构有低耦合、易扩充、对运行平台要求不高、降低模块复杂度从而降低对各模块开发程序员编码能力要求等优点。适合于快速低成本的复杂虚拟设备开发。

4.3.3 面向对象结构设计与设计模式

上一节中，我们讨论数据流-管道过滤器的结构设计，计算机的程序设计分为面向过程和面向对象两种设计方式，其中面向过程的程序设计方法是把一个问题分成为一个主模块和若干个子模块。在面向过程的程序设计中，程序设计人员在设计时，必须从代码的第一行一直编到最后一行。在执行时，控制流程从第一行代码开始，顺序向下执行，直到最后一行代码结束。这种方法的时间顺序性强，但增大了程序工作量，增加了编程中的麻烦和琐碎的工作，并且降低了程序的运行效率。同时由于割裂了数据和代码这两个要素，导致可维护性和重用性很差。

面向对象是把客观世界中的事物看成一个个互相联系的对象，每个对象都有其静态属性和相关的操作。作为一个整体，这些对象对外不必公开这些属性与操作。这种看问题的方法和人们认识客观世界的过程是一致的。面向对象的程序设计相反于传统的结构化语言都是按面向过程的思路来进行程序设计的。因此人们提出了面向对象程序设计方法，以求问题空间和求解空间在结构上尽可能一致[30]。

在面向对象的程序设计中，程序设计人员主要考虑如何创建现实世界中可能存在的对象，依此构造出相应的数据模型，展示对象间的相互关系，并编写相应的程序。对象包含数据和作用于数据的操作，对象可以自行执行，也可以被来自其他对象的消息激活。

在面向对象的程序设计中，所谓对象是指一个属性（数据）集及操作行为的封装体。作为计算机模拟真实世界的抽象，一个对象就是一个问题域、一个物理的实体或者逻辑的实体。在计算机中可以将对象视为一个基本程序模块，一个对象包含了数据和数据的操作功能。

类是对象的抽象和描述，是具有共同属性和操作的多个对象的相似特性的统一描述。类也是对象，是一种集合对象，称为对象类。类由方法和数据组成，它是对对象性质的描述，包括外部特性和内部实现两个方面。类通过描述消息模式及其相应的处理能力来定义对象的外部特性，通过描述内部状态的表现形式及固有处理能力的实现来定义对象的内部实现。一个类实际上定义的是一种对象类型，它描述了属于该类型的所有对象的性质。

在面向对象系统中实现对象间的通信和请求任务的操作需要用到消息。消息传递是系统构成的基本元素，是程序运行的基本处理活动。一个对象所能接受的消息及其所带的参数，构成该对象的外部接口。对象接受它能识别的消息，并按照自己的方式来解释和执行。一个对象可以同时向多个对象发送消息，也可以接受多个对象发来的消息。对象间传送的消息一般由三部分组成，即接受对象名、调用操作名和必要的参数。消息用来请求对象执行的处理或回答某些信息的要求，消息统一了数据流和控制流，程序的执行是靠在对象间传递消息来完成的。发送消息的对象称为发送者，接受消息的对象称为接受者。消息中只包含发送者的要求，消息完全由接受者解释，接受者独立决定采用什么方式完成所需的处理。一个对象能接受不同形式不同内容的多个消息，相同形式的消息可以送往不同的对象，不同的对象对于形式相同的消息可以有不同的解释，能够做出不同的反映。

面向对象的程序设计具有的三个共同特性：封装性、继承性、多态性[31]。

封装性是一种信息隐蔽技术，用户只能见到对象封装界面上的信息，对象内部对用户是隐蔽的。封装的目的在于将对象的使用者和对象的设计者分开，使用者不必知道行为实现的细节，只需用设计者提供的消息来访问该对象。封装性是面向对象具有的一个基本特性，其目的是有效地实现信息隐藏原则。这是软件设计模块化、软件复用和软件维护的一个基础。封装是一种机制，它将某些代码和数据链接起来，形成一个自包含的黑盒子（即产生一个对象）。一般地讲，封装的定义为：一个清晰的边界，所有的对象的内部软件的范围被限定在这个边界内。封装的基本单位是对象；一个接口，这个接口描述该对象与其他对象之间的相互作用；受保护的内部实现，提供对象的相应软件功能细节，且实现细节不能在定义该对象的类之外。面向对象概念的重要意义在于，它提供了令人较为满意的软件构造的封装和组织方法：以类/对象为中心，既满足了用户要求的模块原则和标准，又满足代码复用要求。客观世界的问题论域及具体成分，在面向对象系统中，最终只表现为一系列的类或对象。

继承性是面向对象技术中的另一个重要概念和特性，它体现了现实中对象之间的独特关系。既然类是对具体对象的抽象，那么就可以有不同级别的抽象，就会形成类的层次关系。若用结点表示类对象，用连接两结点的无向边来表示其概括关系，就可用树形图表示类的对象的层次关系。继承关系可分为以下几种：一代或多代继承、单继承和多继承。子类仅对单个父类的继承叫单继承。子类对多于一个的父类的继承叫多继承。

多态性原意是指一种具有多种形态的事物，这里是指同一消息为不同的对象所接受时，可导致不同的行为。多态性支持“同一接口，多种方法”，使高层代码（算法）只写一次而在低层可多次复用，面向对象的多种多态性方法的使用，如动态绑定（dynamic binding）、重载（overload）等，提高了程序设计的灵活性和效率。

在实际应用中，设计面向对象软件比较困难，而设计可复用的面向对象软件就更加困难。而在电化学及其相关的软件开发中，由于软件的功能多数十分相近，所有开发和设计的可复用性就十分必要。因此在电化学软件的开发中我们需要用到设计模式。

设计模式是一套被反复使用、多数人知晓的、经过分类编目的、代码设计经验的总结。使用设计模式是为了可重用代码、让代码更容易被他人理解、保证代码可靠性。设计模式使代码编制真正工程化，设计模式是软件工程的基石，如同大厦的一块块砖石。项目中合理地运用设计模式可以完美解决很多问题，每种模式都有相应的原理与之对应，每一个模式描述了一个在我们周围不断重复发生的问题，以及该问题的核心解决方案，这也是它能被广泛应用的原因。每一个模式都具有四个要素：

（1）模式名称　即一个助记名用一两个词来描述模式的问题、解决方案和效果。

（2）问题　用于描述应该在何时使用模式。

（3）解决方案　描述了设计的组成部分，以及它们之间的相互关系和各自的职责和协作方式。因为模式就像一个模板，可应用于多种不同的场合，所以解决方案并不描述一个特定或者具体的设计或者实现，而是提供设计问题的抽象描述和怎样用一个具有一般意义的元素组合来解决这个问题。

（4）效果　描述了模式应用的效果及使用模式应权衡的问题。设计模式根据其使用目的的不同可以分成三大模式：创建型模式、结构型模式、行为型模式。

在电化学软件的开发中，经常使用的设计模式如下：

（1）State 模式　在电化学仪器控制程序的设计中，界面和仪器状态的管理是关键问题，既要求正确处理不同状态下对同一事件的不同响应，又要同时保证状态转换是原子的。这由电化学仪器本身的特点和软件工程的要求决定。在电化学仪器的设计中，界面和控制面板都由程序实现。

① 用户需求的变化和接口设备设计的变化导致仪器状态和用户界面状态在开发中不能早绑定，需要与程序本身的逻辑解耦；

② 在不同用户界面状态下，同一用户动作可能调用不同的底层功能；

③ 在不同用户界面状态下，用户界面控件的enable与disable状态不同；

④ 不同状态下，对设备发出相同的指令，可能调用不同的功能，因此需要软件部分针对调用的功能做出相应的响应或处理。

状态转换的处理在软件工程中，通常使用 switch-case 或表驱动的状态机处理。这些方案产生的代码，程序逻辑与显示部分交织在一起，维护和扩展都很困难，同时状态转换非常复杂，非原子的状态切换极有可能在代码中出现状态不一致的情况。而 State 模式（图 4.7）则可以十分方便地用于处理状态转换的复杂性和原子性。

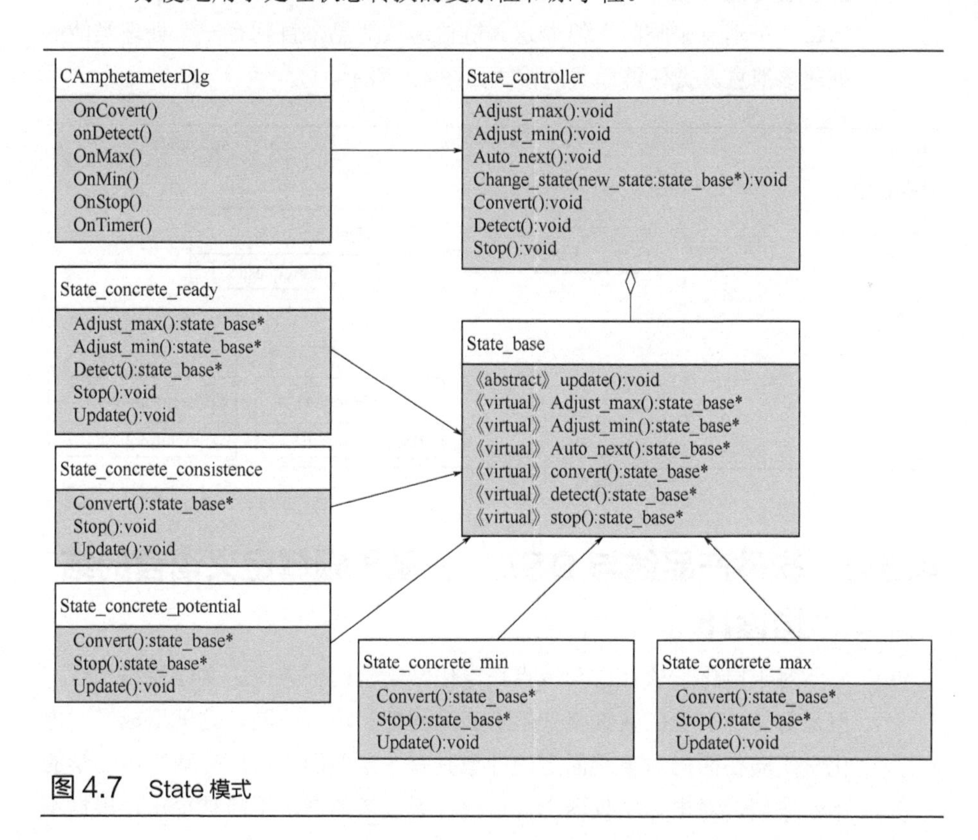

图 4.7 State 模式

（2）责任链模式　责任链模式是一种对象的行为模式，在责任链模式里，很多对象由每一个对象对其下家的引用而连接起来形成一条链。请求在这个链上传递，直到链上的某一个对象决定处理此请求。发出这个请求的客户端并不知道链上的哪一个对象最终处理这个请求，这使得系统可以在不影响客户端的情况下动态地重新组织链和分配责任。

在电化学软件的开发中，能够采用责任链模式解决电化学实验流程的控制问题，通常电化学实验的流程为：实验开始、实验暂停、实验继续、实验停止、实验等待等动作。采用责任链模式能够解除界面层与逻辑层的耦合、能够快速且清晰规定好行为执行的顺序，保证了程序执行过程中的正确性和准确性，同时提高了代码的可读性和维护性、应变系统需求的变更和不确定性。

以循环伏安-CV 实验为例，采用责任链模式可以将 GUI 层的 CV 实验开始、暂停等一系列实验相关的消息作为一个消息请求，同时将这些消息响应的处理方法封装成逻辑处理类，将这些逻辑类封装成一条链，当每一个消息来临时，沿着这条链传递该消息，直到有一个处理类能够处理该消息。责任链模式的模式如图 4.8 所示。

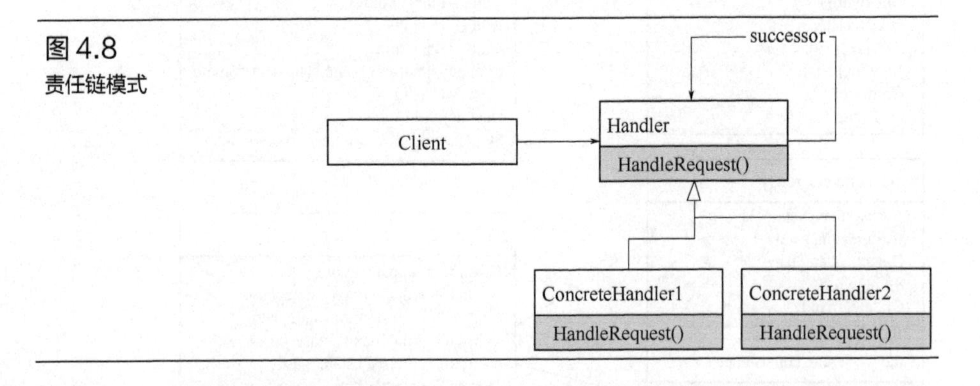

图 4.8
责任链模式

4.3.4 软件产品线与 DSL——基于领域定义语言的结构设计

对于电化学软件，其特点是电化学实验的种类多、实验流程相似，但是每一种实验的数据格式解析和流程却又略有不同，这就造成了对电化学实验在面向对象层面上的抽象具有一定的困难。同时随着电化学的不断发展，对电化学仪器上位机软件系统新的需求不断被提出，根据不同客户的需求，我们不仅要开发在实验中只有一个电极的电化学仪器，和带有两个电极的双电位电化学仪器，还要开发带有探针移动的扫描电化学显微镜实验仪器等。由于现有的电化学仪器用户与软件开发者之间沟通并不能达到完全一致，在软件初步需求确定后，软件开发者希望快速准确地开发软件，并得到用户反馈，或在用户更改需求后，能对用户提出的新需求做出迅速响应，以达到用户满意的效果。这就不仅要求软件的开发和生产质量非常高，还要求软件上市的时间必须压缩，这也带来了较高的开发成本和对软件开发者的较高要求。一个能适应多个平台，快速开发多种实验方法，并能对用户的新需求做出快速响应的电化学仪器上位机软件系统，已成为各大高校和科研机构的迫切需求。

传统的面向对象软件开发技术，以及纯手工式的软件开发方法，都是面向每一个用户，独立的开发和维护软件产品，需进行大量重复性的需求分析、设计、编码、测试及维护工作。纯手工式的软件开发生产周期长、结构僵化、成本高、效率低下，无法适应现有的企业需求。通常软件系统刚刚开发完成，还未上线运行，企业的组织结构、业务流程及人员就已经发生了变化，出现“建成即成闲置”的局面，形成软件工程的灾难。所以一组可管理共性的软件密集型系统的集合被迫切需求，这些系统需要满足特定的市场需求或任务需求，并且从预先生产的核心资产的基础上开发而来。借鉴工业界产品线的思路，软件产品线关注于一个软件开发团队如何开发一组具有相似特征的软件产品。

软件产品线是软件工程中软件体系结构与复用技术发展的产品。相比于其他手段，特定领域的软件复用更容易成功，表 4.1 对常见的产品开发技术进行了对比。Will Trace 首先提出了领域特定软件体系结构的方法 DSSA（domain-specific software architecture），此方法强调体系结构的作用，奠定了软件产品线的基础。1994 年，贝尔实验室提出面向家庭的抽象、规约和转化的领域工程方法 FAST（family-oriented abstraction，specification and translation），提出了软件产品家庭的开发流程。德国 Fraunhofer 实验软件工程学院于 1999 年，基于 DSSA 提出产品线软件工程方法 PuLSE（product line software engineering）。基于以上研究成果，卡内基梅隆大学（CMU）的软件工程研究所（SEI）借鉴瑞典 Celsius Tech System 公司的轮船系统的经验提出了“软件产品线”（software product line）概念，其主要思想是维护公共软件资产库，并在软件产品开发中利用这些公共软件资产。同一领域的一系列应用系统构成了软件产品家族（software product line）。

表 4.1 OOP、CBSD、SPL 软件产品开发特点对比

项目	面向对象编程（OOP）	基于构件的软件开发（CBSD）	软件产品线（SPL）
复用对象	类	构件	需求、领域体系结构、构件等软件资产
开发周期划分	无	无	领域工程和应用工程
软件产品开发	面向具体应用开发独立软件产品	面向具体应用开发独立软件产品	面向应用领域开发软件产品家族
复用的系统性	复用仅发生在实现阶段	复用仅发生在实现阶段	贯穿需求分析、设计、实现和测试等所有阶段
市场响应速度	较慢	一般	通过对领域模型进行裁剪迅速响应市场变化
个性化需求定制能力	较弱	一般	通过对领域体系结构进行裁剪快速生产满足应用需求的软件产品

由此可以看出，相比于面向对象编程和基于构件的软件开发，软件产品线在可复用性、市场响应速度、用户个性化需求定制能力上都有一定的优势。

软件产品线的关键问题在于使用何种方法进行可变性管理，并在可变性管理的基础上，实现软件核心资产的复用。在软件产品线实现过程中，可变性建模是可变性管理的关键技术，通过可变性建模，实现对产品家族的可变性和共性的描述。在领域工程和应用工程中，尤其是在产品构建的过程当中，可变性建模都起到了非常重要的作用。现有的可变性建模技术有很多种，而且侧重点不同，大体上可分为如下几个类型：基于面向过程的可变性建模、基于 UML 的可变性建模、多维度可变性建模、基于目标的可变性建模、基于领域特定语言的可变性建模等。

软件产品线（图 4.9）是“共享一组公共受控特征，满足特定市场需求，并且按照预定方式在相关核心资产（如需求、设计、构件等）基础上开发而成的一系列软件系统”。软件产品线是一组有着公共可控特征集的软件产品，软件产品线的核心是开发可复用的框架，以支持软件产品家庭的开发。软件产品线是使用一组共同设计及标准的产品族，从市场的角度来说，是在某市场中的一组相似的软件产品。这些产品具有公共需求集，并且属于同一领域，可以根据特定的用户需求对产品线的结构进行定制。

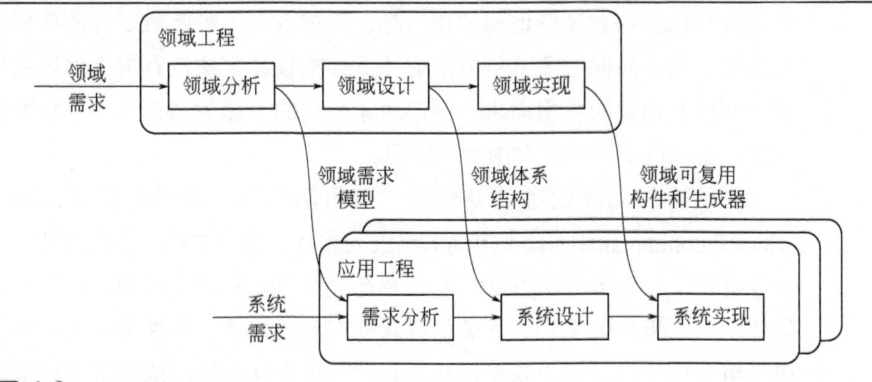

图 4.9　软件产品线流程

软件产品线包括领域工程和应用工程两个阶段。领域工程阶段是产品线核心资产的开发，应用工程是在产品线核心资产的基础上实现应用产品的复用式开发。领域工程的主要任务是识别领域或相似产品的公共结构和特征，开发产品线的公共资产。应用工程是在领域工程开发的公共资产的基础上，开发指定的软件产品。

一组具有相近的软件需求的应用产品所覆盖的功能区域称为领域。领域工程是为一组相近软件产品的应用工程建立基本能力和必备基础的过程，它是软件产品线的核心产品，可用于软件产品线的所有活动。领域工程包括领域分析、领域设计和领域实现三个阶段。

领域分析的主要目标是构建领域模型，以描述领域中系统之间的相同需求，主要包括分析领域中系统的需求、信息源的识别和领域边界的确定等，确定哪些需求是领域中的产品的共性，哪些是具有可变性的，从而建立领域模型。在软硬件协同开发过程中，对于软件系统需求而言，可能会包含若干个子需求。这些子需求中，有一部分是各子需求共有的，例如参数输入、参数范围、参数合法性检查、参数编码等等。对于各个部分共有的需求，可以统一管理。各个子需求不同的部分，例如，实验参数调用、实验数据解析等等，可以分别独立处理。对于这种现象，无论是使用基于面向过程或者面向对象的分析方法，都很难科学地描述。这是因为面向过程是对要解决的问题进行分析，得出解决问题的必要步骤，然后用函数把这些步骤逐一实现，使用时逐一进行调用。面向过程的方法没有考虑到软件系统庞大，函数间相互调用频繁，整个软件系统变量属性多而带来的庞大的复杂且易错的工作。而面向对象是把对象作为程序开发中的基本单元，将程序和数据封装在对象中。它将数据和操作这些数据的函数紧密地封装在一起，保护数据不被函数以外的任何事物改变。基于面向对象分析方法的体系结构设计方法没有考虑领域共性和可变性及相关的复用需求，面向对象分析的方法更适合于单个软件的开发，在领域工程的开发中并不适用。

在软件产品线的领域分析中，使用面向特征领域分析（feature-oriented domain analysis，FODA）已成为领域建模的主流。面向特征的领域分析是一种领域分析方法，它将特征模型引入领域工程中。特征是指软件产品中用户可见的、显著的或软件产品的特色、特性或品质。特征模型用来描述产品线中软件产品的共性和可变性特征，或特征与特征之间关系的需求模型。我们使用树形结构图来表示特征模型，在每个特征分析图中有且仅有一个根节点，根节点表示一个系统，子节点表示特征。特征模型的可变性类型可分为四种：可选（optional）、必选（mandatory）、多选多（or）和多选一（alternative）。因此，基于以上分析，我们使用面向特征的方法。面向特征的领域分析方法处理此问题的好处是：

① 能够充分地显示软件系统的公共性和可变性。

② 使得软件程序开发清晰流畅，便于实际项目流程的展开。

③ 体现了以现象为基础，以实践为目标的严谨的科学研究的思想。

在领域分析的过程中，领域中系统之间的共同需求，称为共性。如系统边界、不同软件产品使用相同的数据流程等。软件产品线的可变性是指对产品线范围内不同应用产品的差异性进行抽象的结果。在领域分析的过程中，软件产品线中不同软件产品间的不同需求即是软件产品线的可变性。在软件设计与实现中，根据不同的需求，选择不同的实现机制，实现的代码也不尽相同。

在领域工程中，使用领域特定语言对特定领域进行建模，是软件产品线核心资产开发的必要步骤。本节简要介绍了领域特定语言的概念、目前已有的领域特定语言和在本项目中将要使用到的领域特定语言。

在领域特定语言一书中，为领域特定语言作了如下定义。

领域特定语言是针对某一特定领域，具有受限表达性的一种计算机程序设计语言。这一定义包含 4 个关键元素：

（1）计算机程序设计语言（computer programming language）：人们使用 DSL 指挥计算机做一些事情。同大多数程序设计语言一样，其结构设计便于人们理解，但它是可以由计算机执行的语言。

（2）语言性（language nature）：DSL 是一种程序设计语言，不管是一个表达式还是多个表达式组合在一起，它必须具备连贯的表达能力。

（3）受限的表达性（limited expressiveness）：通用程序设计语言支持各种数据、控制，以及抽象结构。尽管这些能力非常有用，但也会让语言难以学习和使用。DSL 只支持特定领域所需要的特性的最小集。使用DSL，不能构建一个完整的系统，但可能解决系统某一方面的问题。

（4）针对领域（domain focus）：只有在一个明确的小领域下，DSL才会发挥作用。这个领域才使得这种语言值得使用。

DSL 用来定义一个领域的概念和抽象结果，来反映当前目标领域。通常这种语言模型被定义为域模型或领域模型或元模型（meta-model）。这些元模型描述已知问题域的条款和概念，元模型定义此模型可容许的语言，即受限的表达式和异常现象的处理方法。元模型不包含系统实现中的任何细节，而是对软件系统可变性进行抽象和概括。软件系统实现时，要遵循元模型的设计，否则将不能通过编译。

在领域定义语言中，ANTLR（another tool for language recognition）是DSL 工具的一种，其工作流程如图 4.10 所示。ANTLR 是一种可以嵌入如 Java、C++或 C#等辅助代码段的方法，来构筑出相对该方法的识别器、编译器或翻译器的一种语言工具框架。ANTLR 是一个非常强大的编译器生成工具，它是由 Terence Parr 等人研究开发的，是目前主流的编译器生成工具之一。

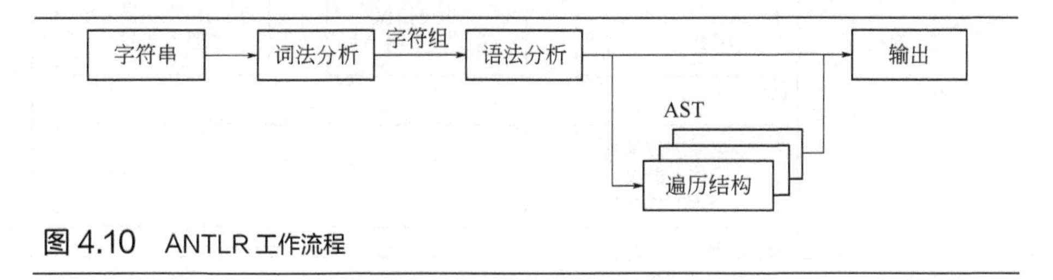

图 4.10 ANTLR 工作流程

用户可以利用 ANTLR 根据自定义的词法分析规则和语法分析规则，生成词法分析器和语法分析器。输入的字符流通过词法分析器将转化为记号流（token streams），再将记号流作为语法分析器的输入，记号流经过语法分析器生成抽象语法树。

StringTemplate（ST）是一个基于 Java 的模板引擎库（目前支持 C#、Python、Ruby 等语言），可以用来生成 C#、Python、Ruby 等语言、Web页面、电子邮件等各种有格式的文本。使用 StringTemplate 可以保证业务逻辑和表现分离，提高了网站或系统开发和维护的效率。

ANTLR 工作流程如图 4.10 所示，输入的字符流，首先进入词法分析器，由词法分析器将字符流解析成离散的字符组（tokens），其中包括关键字、标识符、符号和操作符。将这些字符组作为语法分析器的输入。语法分析器将词法分析器传入的 token 组织起来，转换成为目标语言语法定义的序列。ANTLR 结合了词法分析器和语法分析器，它允许用户定义识别字符流的词法规则和用于解释 token 流的语法规则。它可以将根据用户自定义的词法规则和语法规则自动生成相应的词法分析器和语法分析器。用户可以利用生成的词法分析器和语法分析器，将输入的文本进行编译，最终转换成 AST。

图 4.11 是我们以开发电化学工作站（electrical chemistry，EC）、双恒电位仪（dipotentiostat，DI）、扫描电化学显微镜（scan electrical chemical microscope，SECM）等一系列电化学仪器上位机软件产品为例，来阐述采用软件产品线在电化学软件开发中的优势。通过对这几种仪器的需求分析可以知道，这几种实验仪器都包括上位机软件和下位机硬件两个部分，我们假设上、下位机的通信方式相同，那么可以得到电化学仪器上位机软件的产品线如图 4.11 所示。

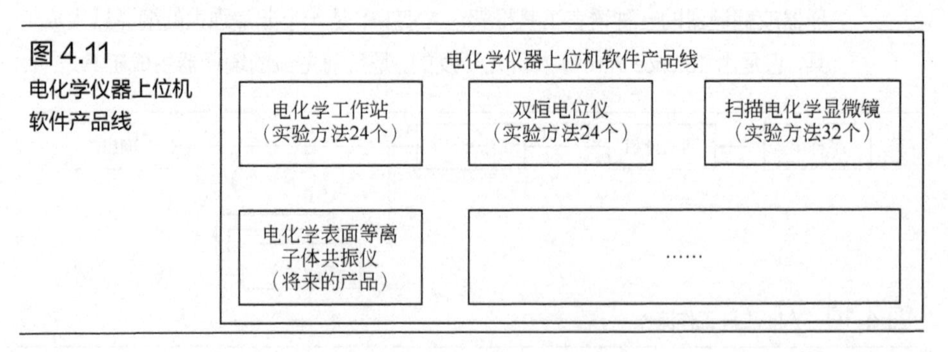

图 4.11 电化学仪器上位机软件产品线

在本次项目所开发的上位机软件产品中，EC 所有的实验方法没有第二电极，只包含电化学方法 24 种。DI 所有的实验方法含有第二电极，包含 24 种电化学实验方法。第二电极可以为关闭、常数值、开路电位、扫描灵敏度、不同扫描灵敏度几个选项之一，用户还可以选择交换第一电极与第二电极。SECM 所有的实验方法既包含电化学实验方法（24 种），也包含 SECM 相关方法（32 种）。所有的实验方法含有第二电极，第二电极的选项与 DI 中的完全一致。每种电化学实验的实验参数由图形用户界面获得，实验完成后，图形用户界面需要以曲线的方式反映实验的剧烈程度。

根据化学领域的用户对上位机软件产品所提出的需求，EC 和 DI 只含有电化学方法，而 SECM 需要有 SECM 相关方法。每种电化学方法都包含实验参数和实验数据两部分，实验参数从图形用户界面（graphical user interface，GUI）获得，EC 全部是不含第二电极的电化学方法，DI 是包含第二电极的电化学方法，在 GUI 界面上，参数以文本（textbox）、下拉列表（combobox）、复选框（checkbox）的形式获取。获取参数后对参数进行验证，检验参数是否在合法范围内，如果参数在合法范围，则将参数按照上、下位机通信协议进行编码，将编码后的参数发送给下位机。

经过对电化学仪器上位软件产品线的项目需求分析，我们知道此次的软件产品线一共要生产三种相似的电化学仪器、上位机 80 种电化学实验方法的软件产品。对于软件系统进行可变性分析，结果如下。

在图形用户界面中：

① 相比于 EC、DI 两种电化学仪器上位机软件产品，SECM 仪器上位机软件在选择实验方法时，需要有 SECMA（scanning electrochemical microscope amperometry）、SECMCC（scanning electrochemical microscope constant current）、SECMP（scanning electrochemical microscope potentiometry）、PAC（probe approach curve）、PSCA（probe scan curve amperometry）、PSCP（probe scan curve potentiometry）、PSCCC（probe scan curve constant current）等 SECM 相关实验方法。

② EC 相比于 DI、SECM 两种电化学仪器上位机软件产品，在图形用户界面中，是没有第二电极的，并且在图形用户界面中，EC 与其他两种软件产品的页面布局是不同的。

③ 每一种电化学实验方法在做完实验后，都可以选择对得到的实验数据进行求导、平滑、求积分等数据处理。

④ 在图形界面中，用户只能单击开始、暂停、停止三个按钮中的一个，来控制实验进行的状态。

⑤ 在 DI 和 SECM 仪器的上位机软件图形界面中包含第二电极的选项。用户可以在此处选择第二电极的状态为关闭、为常数值、为开路电位、扫描灵敏度、不同扫描灵敏度其中之一，或者还可以选择交换第一电极与第二电极。

⑥ 在第一电极参数的填写中，参数的形式可为 textbox，由用户手动

填写数值；也可为 checkbox，由用户选择是否勾选；也可为 combobox 下拉列表的形式，由用户在给定的数值中选择一个数值。

在业务逻辑处理时：

① 如果实验未开始，用户只能单击开始按钮。如果化学实验已经开始，开始按钮将被设置成灰色，用户不可以单击，用户可以单击暂停或停止按钮。如果用户单击了暂停按钮，开始按钮和停止按钮都被设置成灰色，用户不可以单击，只能再次单击暂停按钮而启动实验。如果用户单击了停止按钮，化学实验停止，此时停止按钮和暂停按钮被设置成灰色，用户不可以单击，用户可以单击开始按钮，重新开始实验。

② 如果用户选择了关闭第二电极，则电位值为常量，开路电位等选项将无法使用。如果用户选择了电位值为常量，并填写了电位值的数值，关闭第二电极和开路电位选项将被设置成灰色，在用户单击开始按钮后，将用户填写的常量电位值作为实验参数发送给下位机硬件系统。并在绘图时，在绘图控件的右边栏中显示第二电极电位值。

③ 如果用户选择了交换第一电极与第二电极，则在绘图控件的右边栏中显示第一电极中的参数为用户所填写的第二电极中的参数数值，第二电极中的参数为用户所填写的第一电极中的参数数值。

④ 如果用户所填写的实验参数类型为 textbox，则在业务逻辑处理时，直接获取 textbox 中的参数数值。如果用户所填写的实验参数为 checkbox，则在业务逻辑处理时，获取用户的参数数值为 0（不勾选），1（勾选）。并且在绘图控件右边栏显示时，如果用户勾选了实验参数，则显示实验参数，如果用户未勾选实验参数，则不显示实验参数。如果用户所填写的实验参数为 combobox，则在业务逻辑处理时，获取用户的参数值为 0，1，2 等整型数值。

⑤ 如果当前实验为 EC 实验，则在业务逻辑处理中，不包含对第二电极参数的验证，下发等处理。如果当前实验为 SECM 相关方法，在处理业务逻辑时，需要包含 SECM 相关方法的处理函数。

对 3 种电化学仪器上位机软件进行抽象后，我们发现 3 种电化学仪器上位机软件产品共性有以下几点。

在图形用户界面中：

① 都包含文件、实验方法选择、控制、数据处理几个选项；

② 文件中包含打开、关闭、保存三个选项；

③ 实验方法中都包含电化学实验方法 24 种；

④ 每种实验方法都包含第一电极实验参数；

⑤ 每种实验方法都包含开始、停止、暂停三种状态。

业务逻辑处理时：

① 获取实验参数；

② 实验参数验证；

③ 根据上、下位机协议，对实验参数编码；

④ 下发实验参数；

⑤ 读取实验数据；

⑥ 根据上、下位机协议，解码实验数据；

⑦ 根据实验数据绘制曲线；

⑧ 对已经存储的实验数据进行读取；

⑨ 对实验数据进行保存；

⑩ 每种实验方法都可以对实验数据进行求导、平滑、求积分等数据处理。

基于以上分析，我们使用了面向特征的领域分析方法构建了面向特征分析图，如图 4.12 所示。

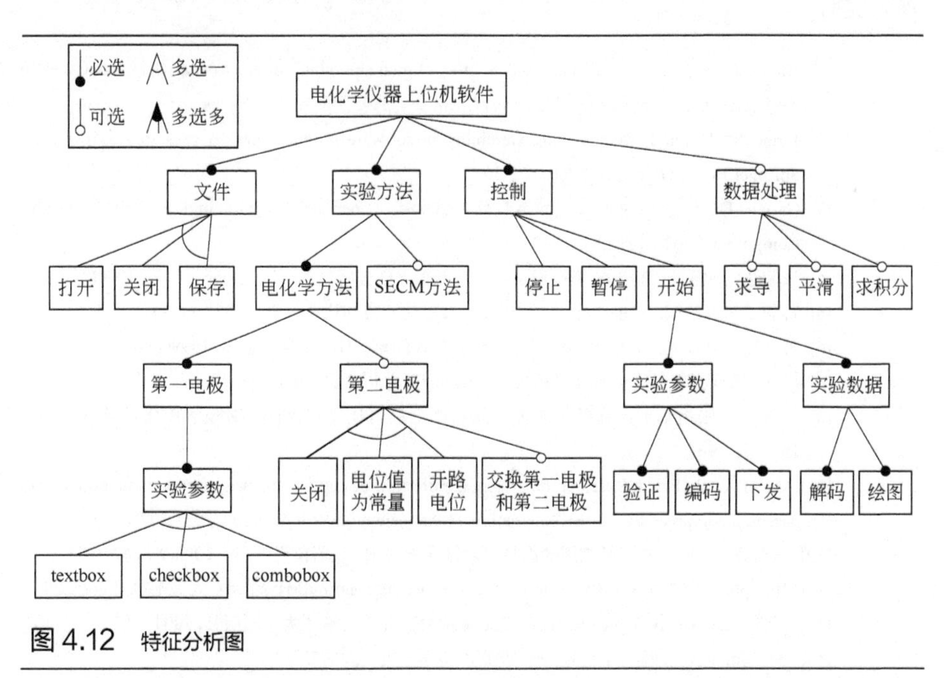

图 4.12 特征分析图

在这个项目所开发的电化学仪器 EC、DI、SECM 三款电化学仪器的上位机软件的分析与设计中，不难发现每种电化学仪器都至少有30多种实验场景，而在每一个实验场景中，实验过程和方法大体相同，都包含获取实验参数、实验参数验证、下发实验参数、接收实验参数、绘制数据曲线等功能，所以30多种电化学实验方法的上位机代码基本相同。30多种实验方法所不同的是实验方法类型不同、实验名不同、实验参数不同、对实验参数的验证不同、对从下位机硬件系统获取来的实验数据的处理方式不同等。在设计与实现电化学仪器上位机软件这一特定领域中，三种电化学仪器上位机软件系统在实验方法类型、实验名、实验参数、实验参数的验证、实验数据的处理等方面具有可变性。

基于软件工程的思想，凡是要重复很多遍的工作，我们都用一种自动化的方法来实现，凡是具有相似特征的事物，我们都对事物进行抽象。

对于以上软件产品线中的三款产品而言，实验场景多、代码大体相同、实验流程相似，非常适合使用DSL对软件系统中的可变性进行建模，抽象出软件系统中的可变性与共性。使用代码生成的方法生成整个软件产品线，可以大大提高整个软件产品线的生产效率与准确性。

参考文献

[1] Hieftje G M, Holder B E, Maddux A S, et al. Digital smoothing of electroanalytical data based on the Fourier transformation[J]. Analytical Chemistry, 1973, 45(2):277-284.

[2] Jaring M, Bosch J. Representing variability in software product lines: A case study[M]. Berlin: Springer Berlin Heidelberg, 2002: 15-36.

[3] Garlan D. Project aura : Toward distraction-free pervasive computing[J]. IEEE Pervasive Computing, 2002, 1(2):22-31.

[4] 许荣达，洪丽娟，陈庆绸，等. 微机化多功能电化学分析仪的研制[J]. 分析仪器, 1990(2):35-39.

[5] 蒋敦斌，付植桐. 智能电化学综合测试仪[J]. 化工自动化及仪表, 1997(3):42-47.

[6] 姜学国，晏双龙. MEC-Ⅱ型微机电化学分析仪的研制[J]. 化学传感器, 1999(1):67-71.

[7] 周红，董献堆. 综合电化学分析系统的研制[J]. 分析仪器, 2000(4):9-13.

[8] 于俊生，张祖训. 计算机化的多功能超微电极电化学仪器[J]. 高等学校化学学报，1992, 13(7):902-905.

[9] Dong T, Li W, Fan J. Research on system architecture of multi-granularity forest simulation system based on component[C]. IEEE International Symposium on Vr Innovation. 2011:207.

[10] 李云飞. 一种面向现场应用的虚拟仪器设计方法[J]. 仪器仪表学报，2009(2): 242-246.

[11] Humphrey W S. Toward a discipline for software engineering[M]. 北京：人民邮电出版社, 2002.

[12] [美] Shalloway A, Trott J R. 设计模式精解[M]. 北京：清华大学出版社, 2004.

[13] 朱三元. 软件工程技术概论[M]. 北京：科学出版社, 2002.

[14] Li X, Liu Z, He J. Formal and use-case driven requirement analysis in UML[C]. International Computer Software & Applications Conference on Invigorating Software Development, 2001,

215-224.

[15] [美] Bard A J. 电化学方法原理及应用[M]. 北京：化学工业出版社, 2005.

[16] 包宇，袁福宇，张玺，等. 电化学测试中溶液电阻的自动测量与补偿[J]. 分析化学, 2011, 39(6): 939-942.

[17] [英] Priestley M. 面向对象设计 UML 实践[M]. 北京：清华大学出版社, 2005.

[18] 张贤达. 现代信号处理[M]. 北京：清华大学出版社，2015.

[19] Savitzky A . Smoothing and differentiation of data by simplified least squares procedures[J]. Analytical Chemistry, 1964, 36(8): 1672-1639.

[20] Green P J, Silverman B W. Nonparametric regression and generalized linear models: A roughness penalty approach[M]. Montana: Chapman and Hall, 1993.

[21] Wang Y C . An analysis of the global structural behaviour of the Cardington steel-framed building during the two BRE fire tests[J]. Engineering Structures, 2000, 22(5):401-412.

[22] Talsky G . Derivative spectrophotometry: Low and higher order[M]. Berlin: Wiley-VCH. 2004.

[23] Horlick G. Digital data handling of spectra utilizing Fourier transformations[J]. Analytical Chemistry, 1972, 44(6):943-947.

[24] Singhal P , Kawagoe K T , Christian C N , et al. Sinusoidal voltammetry for the analysis of carbohydrates at copper electrodes[J]. Analytical Chemistry, 1997, 69(8):1662-1668.

[25] Guo S , Zhang J , Elton D M , et al. Fourier transform large-amplitude alternating current cyclic voltammetry of surface-bound azurin[J]. Analytical Chemistry, 2004, 76(1):166-177.

[26] Lee C Y , Bond A M . A comparison of the higher order harmonic components derived from large-amplitude Fourier transformed ac voltammetry of myoglobin and heme in DDAB films at a pyrolytic graphite electrode[J]. Langmuir, 2010, 26(7):5243-5253.

[27] 钮焱，张颖江. 基于 Named Pipe 网络通信系统设计与实现[J]. 湖北工学院学报. 2002, 17(1): 56-58.

[28] 扶碧波，樊锐. 虚拟仪器软件开发方法的研究[J]. 化工自动化及仪表，2002, 29(3):40-43.

[29] 张世琨，张文娟，常欣，等. 基于软件体系结构的可复用构件制作和组装[J]. 软件学报，2001, 12(9):1351-1359.

[30] [美] Erich Gamma, [美] Richard Helm. 设计模式：可复用面向对象软件的基础[M]. 北京：机械工业出版社，2000.

[31] (美)James R Trott. 设计模式精解[M]. 北京：清华大学出版社，2004.

5

电化学分析仪器的微型化

5.1 电化学分析仪器的微型化趋势

通用的电化学分析仪器是电化学研究和教学常用的测量设备，内含快速数字信号发生器、高速数据采集系统、电位电流信号滤波器、多级信号增益、IR 降补偿电路以及恒电位仪、恒电流仪电路等，可以完成几乎所有电化学测量方法控制信号的施加和响应信号的采集。某些电化学测量方法时间尺度的数量级可达 10 倍，动态范围极为宽广，一些电化学分析仪器甚至没有时间记录的限制，可以同时进行两电极、三电极及四电极的工作方式。这种电化学分析仪器往往需要使用计算机来进行操作，借助于计算机可以实现对采集数据的平滑、寻峰、卷积、扣除基线等数据处理功能。

随着人们对现场、原位、实时检测技术需求的增多，针对现场检测应用的微型电化学检测设备发展得越来越快，这种检测设备一般采用嵌入式系统设计，特点是体积小巧、便于携带，可以脱离计算机工作，无需外接电源。典型的微型电化学检测设备结构如图 5.1 所示，一般包括电化学检测模块、光学激发模块、光学信号检测模块、人机交互模块、样品自动进样模块、无线通信模块和电源管理模块等。这种微型电化学检测设备一般内置一种或几种电化学测量方法，可以完成电化学测量过程中的所有工作，如样品自动进样、电化学控制信号的施加，响应信号的采集、光学激励信号的施加，光学信号的采集、数据的通信、运算、处理和显示，人机交互功能等。由于微型电化学检测设备一般只针对某一项检测任务，所以在设计时可以针对检测对象的特点，对仪器的多个参数进行优化，例如电流/电压量程的选择、滤波参数的选择、功率器件的选择、信号采集速度和分辨率参数的选择、人机交互方式的选择、样品进样方式的选择、数据通信方式的选择等等。参数优化的直接结果就是仪器的体积可以大大缩减[1]。

电化学分析仪器微型化与智能化的必然结果是分析仪器的价格将大幅度降低，同时这种微型电化学检测设备的操作也将变得越来越容易，过去需要研究生才能操作的仪器，今后普通老百姓稍加培训即可使用，“傻瓜式”的仪器将成为主流。因此微型电化学检测设备将会走入寻常百姓家，如手持式血糖仪，已经变成了家庭和个人的“日用品”。随着计算机技术、微制造技术、电化学传感器技术等高新技术的不断发展，电化学分析仪器正沿着台式、移动式、便携式、手持式的方向发展，越来越小型化、微型化和智能化，其应用领域也在不断地增加，因此可以预见，电化学仪器的微型化是未来电化学仪器发展的重要趋势之一[2]。

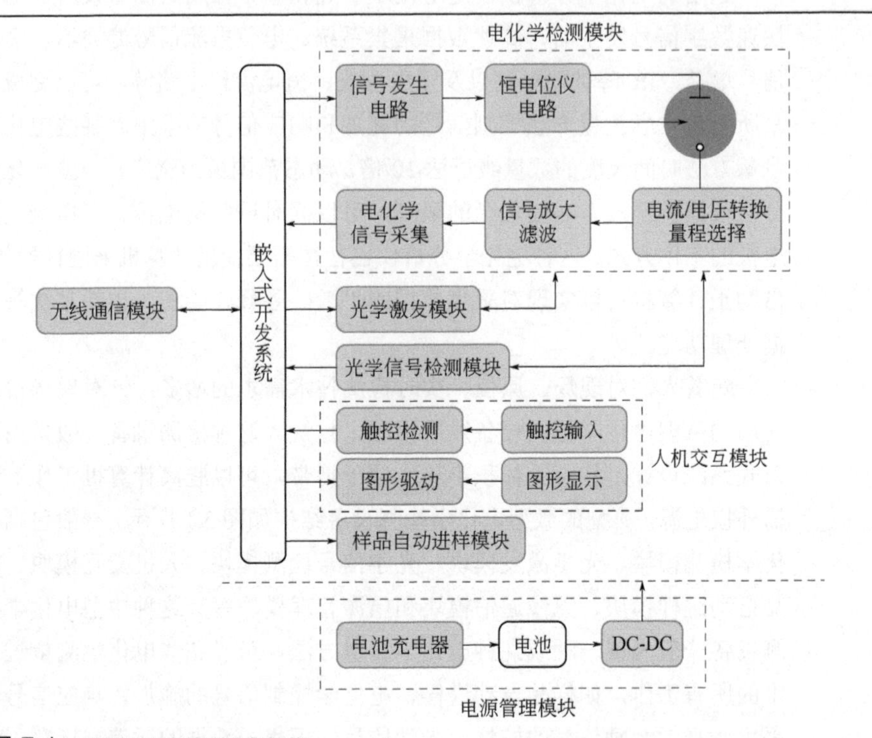

图 5.1 微型电化学检测设备结构

5.2 嵌入式系统简介

5.2.1 嵌入式系统的含义及发展趋势

在当今社会中，嵌入式系统已经全面渗透到了日常生活的每一个角落，每个人都可以拥有各种使用嵌入式技术的电子产品（图 5.2），大到智能家居，车载系统，小到手机、MP3 等电子设备，嵌入式系统表现出了强劲的发展势头。目前各种各样的新型嵌入式系统设备已经在应用数量上远远超过了通用计算机，更有一些专家预计 IT 业将进入一个崭新的、以嵌入式系统为核心的“后PC时代”。

图 5.2
典型的嵌入式系统

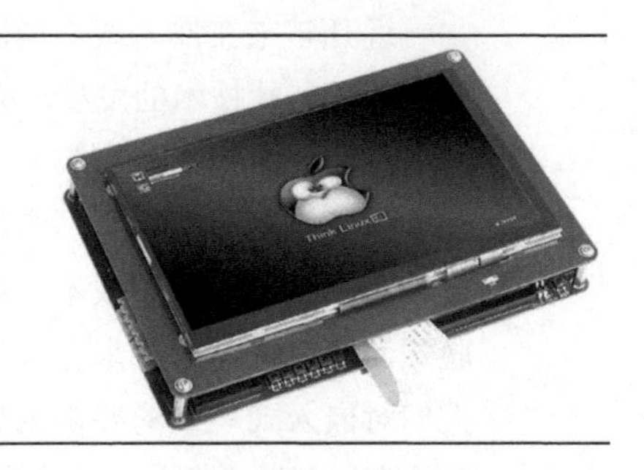

根据国际电机工程师协会IEEE的定义，嵌入式系统是“控制、监视或者辅助装置、机器和设备运行的装置”。这主要是从应用上加以定义的，从中可以看出嵌入式系统是软件和硬件的综合体。不过上述定义并不能充分体现出嵌入式系统的精髓，目前国内一个普遍被认同的定义是：以应用为中心、以计算机技术为基础、软件硬件可裁剪、适应应用系统对功能、可靠性、成本、体积、功耗严格要求的专用计算机系统[3]。

第一款微处理器的出现揭开了嵌入式系统发展的序幕，经过几十年的发展，随着计算机技术、电子技术以及微处理器工艺的不断进步，嵌入式系统也进入了一个高速发展的阶段。纵观这几十年的发展过程，嵌入式系统大致可以分成三个发展阶段[4]。

（1）单片机阶段：这个时期的嵌入式系统主要以功能简单的单片机为核心，来实现一些控制、采集或是监控的功能。这一代的嵌入式系统并没有嵌入式操作系统的支持，开发者只能通过简单的汇编来编程实现对嵌入式系统的控制，系统功能较为单一。

（2）嵌入式CPU和嵌入式操作系统阶段：这个时期已经出现了一些功能强大、价格低廉的嵌入式微处理器和多种嵌入式操作系统。这个阶段的嵌入式系统功能相比第一阶段有了很大的增强，可以支持多种设备，同时因为有了嵌入式系统的支持，嵌入式系统的开发及应用更加方便。这时的嵌入式系统已经广泛应用于国防、工农业、交通等多种场合。

（3）SOC和网络阶段：片上系统SOC是当今微处理器的发展趋势，它将包括CPU及多种外设控制器的专用系统集成在一个芯片上。基于SOC的嵌入式系统在功能更为强大的基础上成本和功耗越来越低，同时面积也越来越小，可以更多地应用于人们的日常生活中。同时随着网络的发展，嵌入式系统已经支持网络功能，更加方便嵌入式系统的开发与应用。

近几年来在嵌入式系统应用方面掀起热潮的原因有以下几个：首先是伴随着芯片技术的发展，单个芯片已经具有了比以前更强的处理能力，从而使得在单个芯片中集成多种接口已经成为可能，这个方面的进步已经吸引了众多芯片生产厂商的注意力；其次就是应用的需要，由于近些年来对产品稳定性、成本、更新换代要求的提高，使得嵌入式系统逐渐脱颖而出，成为近年来令人关注的焦点。随着嵌入式系统的蓬勃发展，人们对嵌入式系统的要求也越来越高。从技术层面上看，未来的嵌入式系统有以下几个新的发展趋势[5]：

（1）进一步的网络支持：在当今社会中，网络已经成为人们生活中必不可少的一部分，因此未来的嵌入式系统必须支持多种标准网络通信接口，以满足多种场合的需要。同时新一代的嵌入式系统还应支持 USB、Bluetooth、CAN、IrDA 等多种通信接口。

（2）小尺寸、微功耗、低成本：这是嵌入式系统发展的趋势，同时也是嵌入式系统的最大优势。为了达到这个目标，首先需要进一步改进嵌入式微处理器，提高微处理器的性能，降低成本和功耗；其次进一步优化嵌入式软件，采用最佳的编程模型和最优的算法。

（3）精美的人机界面：如今的嵌入式系统广泛地应用于手机、PDA 等常用设备上，它们之所以能被人们接受就在于它们精美的人机界面以及方便的操作环境。未来的嵌入式系统需要进一步的优化嵌入式系统的人机交互界面。

（4）“智能”的嵌入式系统：“智能”是指在嵌入式系统中加入一些感知或是计算设备，通过识别语音、手势或是外界环境来判断人的意图，并做出相应的反应。这种嵌入式系统能够有效地提高人们的工作效率及生活质量，是未来嵌入式系统的发展方向。

5.2.2 嵌入式 ARM 微处理器

嵌入式微处理器是整个嵌入式系统的核心，在进行嵌入式系统设计的时候，选择一个能够满足系统需求的嵌入式微处理器至关重要。ARM（advanced RISC machines）系列微处理器是由同名公司 ARM 公司开发，是一种 32 位的 RISC 微处理器。ARM 公司于 1990 年成立于英国剑桥，主要出售 IP 核的授权。作为知识产权提供商，ARM 公司本身并不从事具体的芯片开发，而是通过转让设计许可，将设计的 IP 核提供给世界大型半导体厂商去生产具体的芯片。目前共有 30 多家半导体公司与 ARM 公司签订了技术授权协议，其中包括 Intel、IBM、NEC 等大型的半导体厂商。这些厂商根据自己的需求，在 ARM 公司提供的 ARM 核的基础上添加外围电路，设计出各种不同的 SOC 芯片。经过几十年的发展，ARM 公司已经开发出了一系列的 ARM 处理器核（图 5.3）。目前最新的 ARM 核是 Cortex 系列，早期的 ARM6 以及更早的系列已经不常见了，目前应用较多的是 ARM7 系列、ARM9 系列、ARM9E 系列、ARM11 系列以及 Cortex 系列[6]。

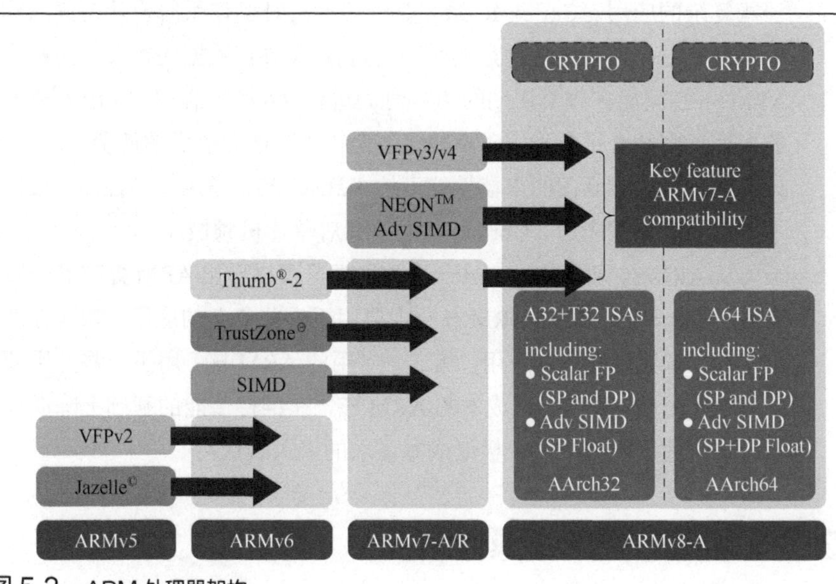

图 5.3　ARM 处理器架构

（1）ARM7 系列：ARM7 家族中主要包括：ARM720T、ARM7TDMI、ARM7EJ-S、ARM7TDMI-S，其中 ARM720T 内置 MMU 和 cache，而 ARM7EJ-S 支持 DSP 运算。这一系列主要应用于个人音频设备和无线手持设备。

（2）ARM9 系列：ARM9 家族主要包括：ARM920T、ARM922 和 ARM940T，这三款 ARM 均内置 MMU 和 cache，主要应用于手机、PDA、视频电视及数字消费产品。

（3）ARM9E 系列：ARM9E 家族主要包括：ARM926EJ-S、ARM946E-S、ARM966E-S、ARM968E-S，与上几代相比这一系列的 ARM 核强化了数

字信号处理功能，可应用于需要 DSP 和微控制器结合使用的情况。

（4）ARM11 系列：ARM11 家族主要包括：ARM1136J-S、ARM1156T2-S、ARM1176JZ-S，这一系列的处理器性能得到了进一步的增强，同时处理器内部集成了 ARM 智能电源管理技术，进一步减小了处理器的能耗，因此更适合开发下一代手机和 PDA 等手持设备。

（5）Cortex 系列：Cortex 系列处理器是 ARM 公司推出的新一代的处理器，主要包括 Cortex-A、Cortex-R、Cortex-M 三个系列。Cortex-A 系列是第一款基于下一代 ARMv7 架构的处理器，支持 ARM、Thumb、Thumb2 指令集，其中 Cortex-A8 处理器主频高达 2000DMIPS，主要用于一些复杂的应用。Cortex-R 系列是专门为实时操作系统设计的嵌入式微处理器，它允许在整个周期的时间内进行 RAM 数据的存取，而相应的 ARM946E 只能在频率周期的 40%时间进行 RAM 的存取。Cortex-M 系列的处理器则结合了多种突破性技术，为芯片制造商提供超低费用的芯片。该处理器仅 33000 门的内核性能可达 1.2DMIPS，适用于高性能、极低成本需求的嵌入式应用。Cortex-M 主要针对单片机领域。

从 ARM 公司推出的 Cortex 系列处理器可以看出 ARM 处理器的发展趋势：第一，高性能的 ARM 核，主要用于一些复杂的应用，如运行多通道视频、音频以及游戏应用；第二，专用的 ARM 核，用于一些专用领域的微处理器核；第三，低成本的 ARM 核，在维持性能的基础上降低处理器成本，适用于高性能、极低成本需求的嵌入式应用[7]。

5.2.3 常见的嵌入式操作系统

嵌入式操作系统（embedded operation system，EOS）是一种用途广泛的系统软件，主要负责嵌入式系统的全部软、硬件资源的分配、任务调度，控制、协调并发活动。EOS 是相对于一般操作系统而言的，它除了具有了一般操作系统最基本的功能，如任务调度、同步机制、中断处理、文件处理等外，还有嵌入式操作系统可裁剪、强实时性、强稳定性、接口简单统一等特点。嵌入式文件系统主要提供文件存储、检索和更新等功能，一般不提供保护和加密等安全机制。它以系统调用和命令方式提供文件的各种操作，主要有：设置、修改对文件和目录的存取权限；建立、修改、改变和删除目录；创建、打开、读写、关闭和撤销文件[8]。

嵌入式操作系统是随着嵌入式系统应用的日趋复杂而出现的，在简单的嵌入式应用环境中是没有操作系统的。嵌入式操作系统为开发人员提供一个软件开发和运行的平台，降低了软件开发的复杂度，缩短了开发周期，增强了系统的稳定性，从而降低了系统开发和维护成本。嵌入式操作系统与一般的操作系统相比具有占用系统资源少、实时性高和可裁剪性等特点。

嵌入式操作系统的种类也很多，有的是针对具体领域的专用系统，有的是相对通用的系统。其中应用地比较广泛而且对 ARM 体系结构支持比较完善的操作系统主要有以下三种：μC/OS-Ⅲ、Linux 和 VxWorks，下面对这三种主流的操作系统进行简单的介绍。

5.2.3.1 μC/OS-Ⅲ系统介绍

μC/OS-Ⅲ是一个可裁剪、可固化、可剥夺型的多任务内核，管理任务的数目不受限制。μC/OS-Ⅲ是第三代内核，可提供现代实时内核所能提供的所有服务，如资源管理器、任务间同步、任务间通信等。然而，μC/OS-Ⅲ还能提供许多其他实时内核所没有的独特功能，如内嵌的实时性能测试、向任务直接发信号量或消息，以及同时等待多个内核对象等。

μC/OS-Ⅲ摒弃了 μC/OS-Ⅱ中很少使用的功能，而增加了一些新的、更有效的功能和服务。如时间片轮转调度，这在 μC/OS-Ⅱ中是不可能做到的，而现在它已成为 μC/OS-Ⅲ的一个新功能。μC/OS-Ⅲ还提供了一些其他的功能，使当今一些新微处理器的能力得到更好的发挥。μC/OS-Ⅲ是针对 32 位处理器开发和设计的，同时依然能很好地支持 16 位和 8 位处理器。μC/OS-Ⅲ的特征如下[9]：

（1）源代码开放。μC/OS-Ⅲ提供符合 ANSI-C 标准的源代码，μC/OS-Ⅲ可能是代码风格最简洁、干净的开源多任务内核，这种代码风格也是 Micrium 公司文化的一部分。很多提供源代码的商业多任务内核，其代码并没有始终遵循严格的编写规范，也没有提供详尽的文档和范例以示范代码是如何工作的。

（2）便捷的应用程序编程接口。μC/OS-Ⅲ非常直观易懂，根据 μC/OS-Ⅲ严格、规范的代码规则，开发者可以很容易推断出所需调用的系统服务函数的名称和参数。例如指向内核对象的指针总是第一个参数，而指向错误返回码的指针总是最后一个参数。

（3）可裁剪。μC/OS-Ⅲ的代码量和变量数可以根据应用的需求调整，μC/OS-Ⅲ还设计了很多运行状态检查功能，例如检查用户是否传递了

NULL 空指针，检查是否从 ISR 中调用了任务级功能函数，参数是否处于允许范围内，指定的选项是否有效等。可以在编译时关闭这些检查功能，以减少代码量和提高整体性能。μC/OS-Ⅲ的可裁剪特性使之可适应于各种不同的应用要求。

（4）任务数目和优先级数目不受限制。μC/OS-Ⅲ自身支持的任务数目是没有限制的，然而从实际应用角度考虑，任务数目会受到微处理器所能使用的存储空间的限制，包括程序代码空间和数据存储空间。每个任务都需要有自己单独的栈空间，μC/OS-Ⅲ能够实现对堆栈使用情况的实时监测。μC/OS-Ⅲ同时支持无限多的任务优先级。

5.2.3.2 嵌入式 Linux 系统介绍

嵌入式平台结构复杂、功能强大，一般需要特定的操作系统对硬件资源进行管理，并提供良好的接口给用户进行应用软件的开发和运行。因为嵌入式系统应用广泛，所以嵌入式操作系统的种类也非常繁多，嵌入式 Linux 是嵌入式操作系统中最受关注、发展速度最快的一种。根据美国 VDC 的统计数据显示，嵌入式 Linux 的市场规模在未来几年将占嵌入式操作系统市场份额的 50%以上。可以说嵌入式 Linux 正是继承和发展了 Linux 系统的诱人之处才走到今天，而 Linux 也正是有了嵌入式 Linux 的广泛应用才使其更加引人瞩目。

Linux 是一个类似于 Unix 的操作系统。它起源于芬兰一个名为 Linus Torvalds 的业余爱好者，现在已经发展成为最为流行的一款开放源代码的操作系统。Linux 系统的主要特点是实时性增强、内核经过精简和裁减、支持多种 CPU 结构。在所有的操作系统中，Linux 是发展得最快、应用得最广的。

嵌入式 Linux 随着嵌入式系统和 Linux 的流行也逐渐得到重视和关注。2000 年，基于嵌入式 Linux 的网络产品逐渐兴起，2001 年，一批专业嵌入式 Linux 解决方案商涌现，2002 年，基于嵌入式 Linux 的 PDA 面世。目前，随着使用嵌入式 Linux 的 Motorola 手机 A760、IBM 智能型手表 Watch Pad 和 Sharp 的 PDA 等代表性产品的出现，嵌入式 Linux 已经得到了众多大公司的肯定。Linux 本身的种种特性使其成为嵌入式开发的首选，它的主要特性如下：

（1）开放的源码，丰富的软件资源。Linux 是自由的操作系统，其开放源码使用户获得了最大的自由度，可以根据自己需求对系统进行定制。

Linux 上的软件资源十分丰富，同时由于有 GPL 的控制，大家开发的东西大多相互兼容。而开源免费的内核和相关开发工具则可以有效降低开发的成本。

（2）多任务和实时性。在多任务性方面，Linux 操作系统本身就是一个优秀的多任务操作系统；而在实时性方面，虽然 Linux 操作系统的实时性与那些专用的实时操作系统相比较差，但是 Linux 进程调度中包括的非实时、实时先进先出和实时基于优先权轮转法等三个策略仍可基本满足一般的实时性要求。

（3）强大的网络、图形和文件系统功能。Linux 自产生之日起就与网络密不可分，网络是 Linux 的强项，系统内置了 TCP/IP 协议包。Linux 支持多种文件系统和图形界面系统（GUI）。文件系统如 Ext2、Fat、Jffs2、Yaffs 等，GUI 如 Micro Windows、MiniGUI、QT/Embedded 等都在嵌入式 Linux 中得到了很好的支持。

（4）功能强大的内核，性能高效、稳定。Linux 的多任务内核非常稳定。它的高效和稳定性已经在各个领域，尤其在网络服务器领域，得到了事实的验证。同时 Linux 内核小巧灵活，易于裁剪，这使得它很适合嵌入式系统的应用。并且支持多种体系结构，如 x86、ARM、MIPS、ALPHA、SPARC 等。目前 Linux 已经被移植到数十种硬件平台上，几乎支持所有流行的 CPU。

从上面几点可以看出，Linux 作为嵌入式操作系统可以满足嵌入式系统的所有需求，同时 Linux 相对于当前典型的嵌入式操作系统还具有一些它们所不具备的优势。正是因为 Linux 具有这些其他嵌入式操作系统所不具备的优势，使得 Linux 在近年来在嵌入式操作系统领域异军突起，市场份额不断上升。如今，业界已经达成共识：Linux 不但可以作为计算机操作系统，而且可以作为主流的嵌入式操作系统。

5.2.3.3 VxWorks 系统介绍

VxWorks 是由美国 Windriver 公司于 1983 年设计开发的一种嵌入式实时操作系统，是 Tornado 嵌入式开发环境的关键组成部分。它有着高性能的内核、卓越的实时性、良好的持续发展能力以及友好的用户开发环境，被广泛地应用于通信、军事、航空航天等高精尖技术及实时性要求较高的领域中。VxWorks 是专门为实时嵌入式系统设计开发的操作系统软件，它为开发人员提供了高效的实时任务调度、中断管理、实时的系统资源以及实时的任务间通信。

多任务内核、任务机制、任务间通信和中断处理机制是 VxWorks 运行环境的核心。一个多任务的环境允许将实时应用构建成一套独立的任务集合，每个任务拥有各自的执行线程和自己的系统资源集合，来完成不同的功能。VxWorks 中断通常是外部事件通知实时系统的主要机制，硬件中断处理也就成为影响实时系统性能的另一个关键因素。为获得尽可能的、最快的中断反应时间，VxWorks 的中断服务程序运行在他们特定的上下文中，任务间通信机制是多任务间相互同步和通信以协调各自活动的主要手段。

VxWorks 操作系统采用动态内核裁减技术、紧凑高效的实时微内核结构和实时任务的可调度性分析与预测技术。VxWorks 操作系统内核仅执行实时调度器、高精度时钟和定时器、实时 IPC 和内存管理。在此基础上，提供核外可动态加载的系统服务组件，如：专用设备驱动模块、实时文件系统、嵌入式 TCP/IP 协议栈、嵌入式 SHELL、嵌入式图形用户界面、应用开发与调试工具等。通过系统配置工具，可以为用户定制成不同规模的小型系统、中型系统和大型系统；通过硬件抽象层（HAL），能使系统支持多种处理器和硬件板。一个完整的 RTOS 体系可划分为三层结构：用户层、操作系统层和系统内核提供的各种服务管理模块。就 VxWorks 而言，它可以被视为一个由若干分层的模块所组成的程序集合，这些模块协同工作，为实时应用系统提供一系列服务。

实时性强是 VxWorks 操作系统非常突出的一个特点。为了提高系统的实时性，VxWorks 操作系统构造了一个带有微内核的层次结构。在早期，操作系统大部分是一个统一的实体，操作系统提供不同功能的模块是独立考虑的，如处理器管理、内存管理、文件管理等，较少考虑模块间的关系。这样的操作系统结构清晰、构造简单，但是由于操作系统本身很复杂，在这种大粒度的操作系统中难以划分可抢占部分和不可抢占部分的边界，难以避免在操作系统的不可抢占部分中执行有冗余的操作，造成系统的实时性比较差，不适合实时应用环境。而带有微内核的层次结构的操作系统则较好地解决了这个问题。在这样的操作系统中，以内核作为层次结构的起点，每一层功能对较低层进行封装，内核仅需要包含最重要的操作指令，提供上层软件与下层硬件的抽象层，形成操作系统其他部分所需的最小操作集。这样就可以比较容易地精确确定可抢占部分与不可抢占部分的边界，减少了在内核可抢占部分执行的操作，有利于实现更快的内核抢占，提高了操作系统的实时性。

5.3 嵌入式图形用户界面设计

5.3.1 嵌入式图形用户界面设计简介

嵌入式图形用户界面（GUI）是人与嵌入式设备进行交互的窗口，它使用图形的方式进行用户操作和显示，借助菜单、按钮等标准界面元素和触控操作，帮助用户方便地向嵌入式系统发出指令，启动操作，并将系统运行的结果同样以图形方式显示给用户。嵌入式图形用户界面画面生动、操作简单，省去了字符界面用户必须记忆各种命令的麻烦，已经成为目前几乎所有嵌入式系统的标准配置。

嵌入式图形用户界面在嵌入式系统上的发展，与其在桌面系统的发展类似，基本上是一个从无到有、从字符界面到使用图形图像交互的过程。早期的工控系统基本没有用户界面，或者仅仅靠简单的文字信息与用户进行交互。随着嵌入式技术的发展，近年来消费电子、通信、汽车、工业和军事等领域广泛采用嵌入式系统。在信息家电、PDA、手机等众多受欢迎的终端产品中，也已经可以看到成熟的嵌入式 GUI 系统。完善的图形用户界面不仅可以表示丰富的内容，而且具有多种表达方式，已经成为现代终端系统和嵌入式系统的重要组成部分，也是当今主流的人机界面。

随着嵌入式系统的日益发展，以及 32 位嵌入式处理器和图形显示设备的广泛应用，目标产品对 GUI 的需求越来越多。嵌入式 GUI 系统大多是以应用组件的方式存在（图 5.4），GUI 保持自身的独立性，对应用系统和操作系统都是可配置的。考虑到嵌入式环境的特殊性，嵌入式 GUI 还要具有良好的可移植性、可扩展性和可裁剪性，能够满足多种操作系统和硬件设备的要求。

图 5.4
嵌入式图形用户界面

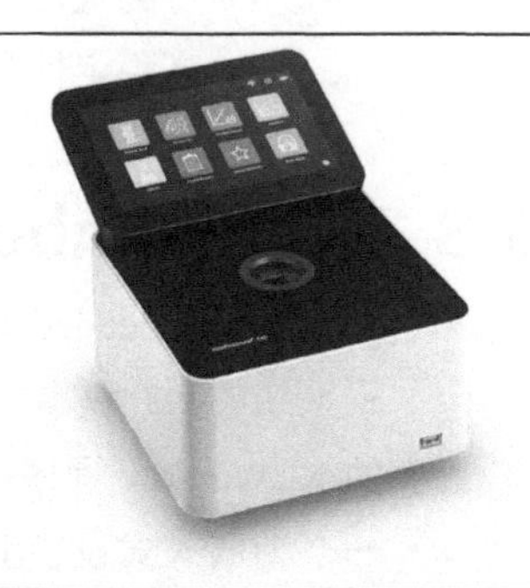

目前嵌入式图形用户界面系统已经发展得很成熟，如基于 QT 库的 QT/Embedded 图形界面开发系统、MiniGUI 图形界面开发系统以及 μC/GUI 图形界面开发系统等，下面对这些图形界面系统进行简要地介绍。

5.3.2 MiniGUI 图形界面开发介绍

MiniGUI 是一套基于 Linux 操作系统的轻量级图形用户界面支持系统，由原清华大学教师魏永明先生开发，是中国人做得较好的自由软件之一。MiniGUI 遵循 LGPL 条款，主要运行于 Linux 控制台，实际可以运行在任何一种具有 POSIX 线程支持的 POSIX 兼容系统上。MiniGUI 的策略是首先建立在比较成熟的图形引擎之上，比如 Svgalib 和 LibGGI，开发的重点在于窗口系统和图形接口。

MiinGUI 一开始就是针对实时系统而设计的，在设计之初就考虑到了小巧、高性能和高效率。因此，MiniGUI 是一个非常适合于工业控制实时系统以及嵌入式系统的可定制的、小巧的图形用户界面支持系统。它的主要特色有：

（1）源码开放软件。MiinGUI 是遵循 LGPL 条款的纯自由软件。

（2）提供了完备的多窗口机制和消息传递机制。包括多个单独线程中运行的多窗口、单个线程中主窗口的附属、对话框和预定义的控件类和消息传递机制。

（3）多字符集和多字体支持。目前支持 ISO8859-1、GB2312、Big5 等字符集，并且支持各种光栅字体和 TrueType、Type1 等矢量字体。

（4）常见图像文件的支持和 Windows 的资源文件支持。

（5）小巧，包含全部功能的库文件大小为 300K 左右。

（6）可配置，可移植性好。

（7）高稳定性和高性能。

5.3.3 QT/Embedded 图形界面开发介绍

QT/Embedded 是著名的 QT 库开发商 Trolltech 正在进行的面向嵌入式系统的 QT 版本，这个版本的主要特点是可移植性较好，许多基于 QT 的 X Window 程序可以非常方便地移植到嵌入式系统。QT/Embedded 是一个为嵌入式设备上的图形用户接口和应用开发而定制的 C++工具开发包，它可运行在多种嵌入式设备上，为各种系统提供图形用户界面开发工具，其 API 是基于面向对象技术的，Linux 桌面系统的 KDE 就是基于 QT 库开发的，因此其移植性非常好。

QT/Embedded 融合了面向对象语言的优点，运行速度快，没有分层结构，结构紧凑，为轻量级窗口系统设计提供了标准的接口。QT/Embedded 通常可以运行在多种不同处理器上的嵌入式 Linux 操作系统上，它是模块化和可裁剪的，具有节省内存的优点。QT/Embedded 以 QT 为基础，通过 QT 与 Linux I/O 设备直接交互，结合面向对象体系结构使代码结构化、重用、运行快速的特点，使得 QT/Embedded 成为基于 QT 库的最紧凑的开发环境。QT/Embedded 的特点如下[10]：

（1）可移植性好。QT/Embedded 既适用于 UNIX，又适用于 MS Windows 的 GUI 工具包。

（2）易用性好。QT/Embedded 是一个 C++工具包，它由几百个 C++类构成，在我们编写自己的程序时可以使用这些类。因为 C++是面向对象的编程语言，而 QT/Embedded 是基于 C++构造，所以 QT/Embedded 也具有面向对象语言的特点。

（3）运行速度快。QT/Embedded 不仅易于使用，而且还具有很快的速度，这两方面通常不可能同时达到。当我们谈论其他 GUI 开发工具包时，易于使用常意味着低速，而快速则常意味着难于使用。但当谈论 QT/Embedded 时，其易用性和快速性则是密不可分的。这一优点要归功于 QT/Embedded 开发者的辛苦工作，他们花费了大量的时间来优化该产品。

5.3.4 μC/GUI 图形界面开发介绍

μC/GUI 是由 Micrium 公司专门针对嵌入式系统开发的一款图形开发系统。它可以用于任何适用 LCD 图形显示的应用，并为之提供高效的独立于处理器和 LCD 控制器的图形用户接口。它适用于单任务或者多任务系统环境，并适用于任何 LCD 控制器和 CPU 下任何尺寸的真实显示和虚拟显示。

μC/GUI 的设计架构是模块化的，由不同的模块中的不同层组成，其中有一个 LCD 驱动层来包含所有对 LCD 的具体图形操作。μC/GUI 可以在任何的 CPU 上运行，因为它是 100%的标准 C 代码编写的。它能够适应大多数的使用黑白或彩色 LCD 的应用，提供非常好的允许处理灰度的颜色管理，还可提供一个可扩展的 2D 图形库及占用极少 RAM 的窗口管理体系。μC/GUI 具有以下显著特征[11]：

（1）可移植性强。μC/GUI 采用分层结构，具有驱动接口层和应用层，支持多种类型的 LCD 控制器，而且它的全部代码都是用可移植性极强的 C 语言编写的，因此它可以方便地移植到各种嵌入式微处理器上。

（2）占用 RAM 和 ROM 的空间小，适合于嵌入式系统。μC/GUI 需要的资源比常见的操作系统图形模块要小得多，可以裁剪，并且它提供了源代码，因此很适合用于嵌入式系统中 GUI 的开发。

（3）提供丰富的二维图形库、多字体和字符集、Unicode、位图显示、颜色处理、动画优化显示、具有类 Windows 风格的对话框和预定义控件（按钮、编辑框、列表框、滑动条和进度条等），还有对键盘、鼠标、触摸屏等输入设备和 LCD 输出设备的支持，并能够利用在 Windows 下提供的仿真环境进行开发，然后再下载到嵌入式硬件环境中，大大提高程序开发效率。

5.4 微型化的恒电位仪电路设计

5.4.1 恒电位仪的结构与工作原理

恒电位仪是三电极体系电化学传感器的接口，主要的作用是将外部激励信号准确地施加在工作电极和参比电极之间，驱动样品溶液发生电化学反应，并对工作电极上产生的电流响应信号做相应的预处理，如信号的转换、放大和滤波等。恒电位仪的出现不仅解决了电化学研究过程中因反应造成外部激励信号值偏离的问题，而且促进了电化学检测与分析领域的多元化发展。因此，恒电位仪电路在电化学检测系统构成中占据了至关重要的地位。

常规的三电极恒电位仪电路如图 5.5 所示，主要由三电极体系和运算放大器 A_1、A_2、A_3 组成。三电极在外加电位条件下会使待测溶液发生电化学反应，工作电极上产生电流的大小和方向可以帮助人们了解电化学反应过程中的相关信息。对电极和工作电极组成一个导通回路，而参比电极作为工作电极和对电极的基准电极，为了尽可能地减小参比电极上的电流，参比电极通过一个电压跟随器连接到信号电压控制端。

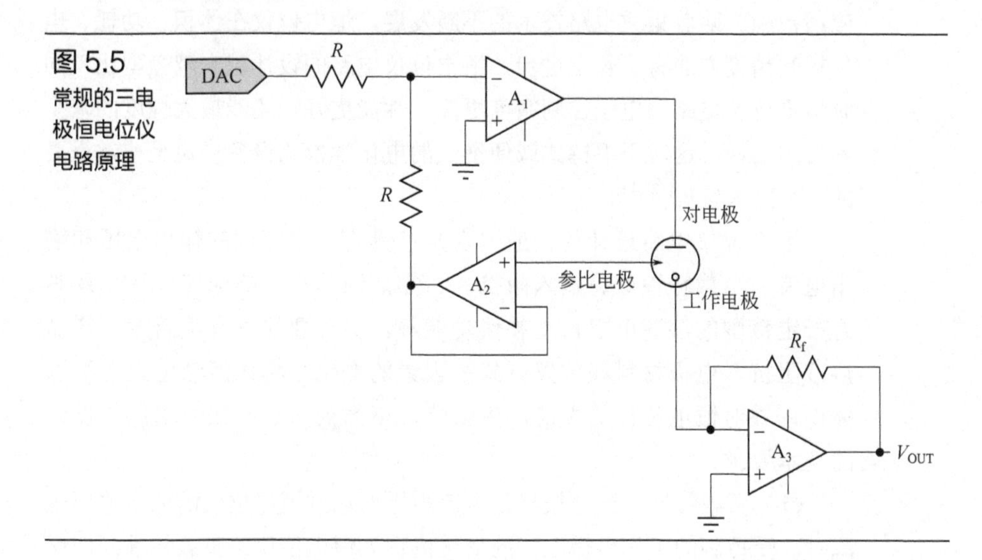

图 5.5 常规的三电极恒电位仪电路原理

在图 5.5 中工作电极与 *I-V* 转换电路连接，处于虚地状态，根据运算放大器正相输入端和反相输入端虚短的原理，可以得出工作电极相对参比电极的电势差与模数转换器 DAC 输出的电势差是一致的，所以工作电极相对参比电极的电势差不受检测过程中样品溶液阻抗波动的影响，这就是恒电位仪的原理。运算放大器 A_1 为对电极和工作电极回路提供电流；运算放大器 A_2 作为一个电压跟随器，用来控制参比电极的电压；运算放大器 A_3 把工作电极输出的电流信号转换成电压信号，供后续电路进行采集，一般工作电极的氧化或还原电流对应着运算放大器 A_3 输出电压的正负。

从理想的三电极恒电位仪基本组成构架中可以看出，运算放大器的性能影响着整个恒电位仪的性能。在进行器件选择时一般应该注意，运算放大器 A_1 应具有较大的输出和输入电流，以便电化学反应能够正常的发生；运算放大器 A_2 应具有较低的失调电压，以保证参比电极的电压控制精度；运算放大器 A_3 应具有较低的输入偏置电流，以减小工作电极的电流测量误差。

5.4.2 恒电位仪电路的设计与简化

早期由于半导体集成技术相对落后，恒电位仪主要由大量的分立元件构成，存在体积庞大、结构复杂、电位控制精度差等问题，限制了其应用范围。随着集成电路技术的不断发展，恒电位仪在体积、功耗、电位控制精度方面有了长足进步，恒电位仪电路的设计越来越微型化，同时恒电位仪电路的电位控制精度更高、性能更好，还能最大幅度的减少器件的功耗，这对于手持式或便携式的电化学检测设备来说是非常重要的一个技术参数[12, 13]。

恒电位仪电路设计的一般要求是：具有一定范围的输出电压和输出电流、负载特性好、输入阻抗高、零点漂移小、响应速度快以及具有一定范围的溶液电阻自动补偿功能等。另外要注意环境温度、样品溶液阻抗、电极材料和放置方式等因素的变化都将在溶液电阻上得以体现，并对恒电位仪的性能产生影响，下面列出了一些恒电位仪设计的基本要求。

（1）负载特性　当电极极化电流由零增加到恒电位仪的额定输出电流时，受控制的工作电极电位的变化值称为恒电位仪的负载特性，即恒电位仪的跟随特性。多用具有漂移小、噪声低、增益高、共模抑制比大的运算放大器组成恒电位仪。

（2）输出功率　在某些应用场合会要求恒电位仪要有较大的输出电流，电流可能会达到安培级甚至更高，同时输出功率要能够推动相应的电流通过电解池，因此必须有功率放大级。功率放大级可以采用功率放大电路或高功率运算放大器来实现[14]。

（3）输入阻抗　恒电位仪的输入阻抗问题实际上是参比电极可以允许流过多少电流的问题。流过参比电极的电流是工作电极电流与对电极电流之差，它可能引起参比电极极化甚至钝化，并在参比电极产生欧姆电位降，影响恒电位仪的电位控制精度。为了提高输入阻抗，常采用电压跟随器来连接参比电极。

（4）欧姆电位降补偿　欧姆电位降主要是由电解液的欧姆电阻和极化电流引起的，通常把参考电极尽量靠近工作电极，以便把测量或控制电极电位时由溶液欧姆电阻引起的误差减到最低程度。当忽略浓差极化引起的溶液电阻发生变化时，溶液欧姆电位降基本上正比于电流密度。欧姆电位降的补偿方式有多种，如可直接采用正反馈补偿电阻方法。但实际上采用电位降补偿可能存在问题，因为电解池和放大器会引入相移，此种相移可能在施加补偿和建立控制之间造成时间滞后，由此产生的暂态将因过冲和减幅振荡而发生畸变，因此进行欧姆电位降补偿时一定要格外注意。

（5）动态特性　对于稳态测量，只需讨论电位控制精度、输入阻抗与欧姆电位降补偿等问题，即恒电位仪的静态特性。但对于一些暂态的电化学检测方法，电位控制信号会周期性地施加，同时需要在很短的时间内检测出电流信号的变化，这就要求恒电位仪必须具有良好的频率响应特性。由于运算放大器随频率升高会出现增益下降和相移，不仅会使恒电位仪在高频时电位控制精度下降，而且可能发生不稳定和假响应现象。因此在应用电化学暂态方法检测时，必须充分注意恒电位仪电路的响应速度和稳定性。

恒电位仪电路一般包括偏压设置电路和 IV 转换电路，偏压设置电路保证三电极传感体系的最佳工作条件，IV 转换电路对工作电极上的弱电流信号进行放大和转换。图 5.6 是恒电位仪电路的一种简化设计，其中 RE 使 WE 的电压保持稳定，CE 使 WE 节点上产生的电流达到平衡，RE 与 WE 之间的偏置电压可以通过电压基准来设置。恒电位仪电路的作用是保持 RE 节点电压，并提供 CE 节点产生的电流，这种恒电位仪电路的特点是功耗低、体积小，可以单电源供电，适用于电化学检测应用，如电化学传感器的检测电路[15]。

图 5.6
恒电位仪电路的简化设计

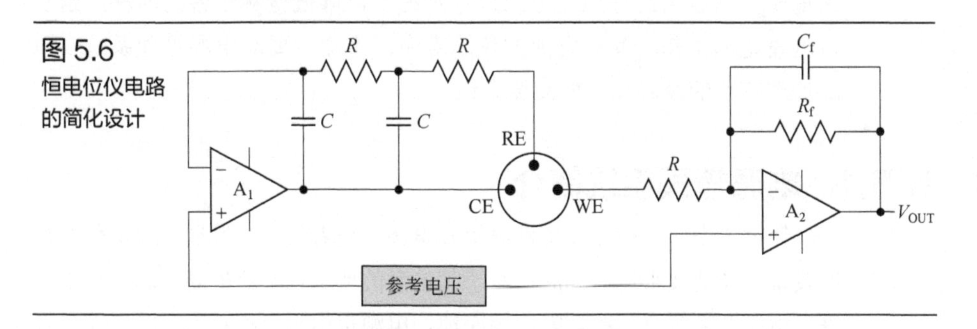

图 5.7 是基于 LMP91000 的单芯片恒电位仪集成电路，相比于传统的双运算放大器电路设计，LMP91000 具有明显的低功耗特点，适用于低功耗的电化学检测应用。和传统实现方案类似，其内部有偏压设置电路、IV 转换电路两个功能单元，每个单元的工作参数可以通过 I^2C 总线实现编程配置，从而可以适应不同的电化学检测应用。为了方便温度补偿的实现，在其片上集成有半导体温度传感器，其温度信号输出可以分时输出或者单独输出[16]。

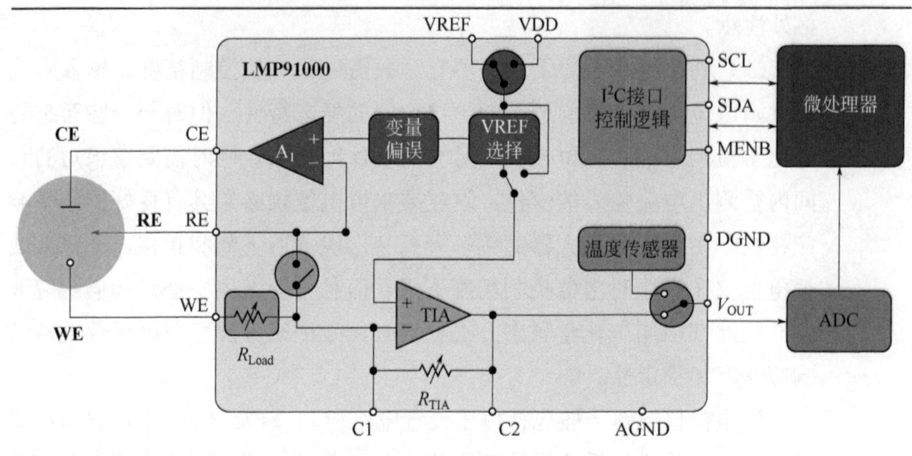

图 5.7　基于 LMP91000 的单芯片恒电位仪电路

5.5　便携式检测设备电源管理系统简介

随着电化学检测设备的小型化和微型化，利用电池供电的检测设备越来越多，而电源管理系统设计的好坏对于电池供电的检测设备来说尤为重要，需要系统性地对电源进行管理，以降低检测设备的功耗，延长检测设备的工作时间和电池的使用寿命。本章主要对电源管理系统及电源管理芯片的发展趋势做简要介绍。

5.5.1　电源管理系统简介

便携式电化学检测设备都离不开电源，随着技术的发展，对电化学检测设备性能的要求日益提高，对于其电源的要求也不断提高，远不止于仅进行电压变换等有限的功能。相应地，电源也由一个相对单一的电能变换装置演变成有能力进行实时监测和调度分配，能高效率、高稳定和高安全可靠工作，具备较完备的电能管理和控制能力的复杂系统，即所谓电源管理系统。随着电力电子技术和集成电路技术的迅速发展，电源管理系统本身也逐渐由分立元件向集成电路发展，从而诞生了电源管理芯片[17]。

电源管理芯片的应用非常广泛，随着现代化的飞速发展，今天人们的生活已离不开各种电子设备和便携式检测设备，这些设备都需要高性能、智能化的电源管理芯片，电源管理和电源管理芯片对这些设备而言是不可或缺的，其性能的优劣将直接影响整机设备的性能。

另一方面，根据摩尔定律，集成电路芯片上所集成的器件每18个月翻一倍，其性能在不断增加，这使得在一个芯片上集成整个系统成为可能。尤其是20世纪末到21世纪初，片上系统技术的发展促进了便携式设备的大规模发展，而便携式设备的发展又对小功率应用的电源管理芯片提出了更高要求，电源管理芯片的集成度在不断提高，同时功耗在不断降低，逐渐向高集成度的集成式电源管理模式发展。

电源管理也可以说是如何将电源有效分配给系统的不同组件，最大限度地降低损耗。一直以来，电源管理是检测设备设计中非常重要的环节，而对于依赖电池供电的便携式检测设备至关重要。通过降低组件闲置时的能耗，优秀的电源管理系统能够将电池寿命延长两倍或三倍。

系统的电源管理包含硬件方案和软件方案。在硬件上，主要是电源管理器件组合和选用，而软件上，则表现为结合微处理器的状态进行动态电源管理，在待机状态中，控制系统可切断部分电路的电源，以便节省电池的能量。

5.5.2 电源管理芯片的发展趋势

随着现代电子产品的尺寸不断减小，面对系统紧缩的电源预算、功耗和热损的限制，电源在体积、转换效率、功率密度、可靠性和安全性等方面有了很多改进。尤其在通信和便携式设备应用中，不仅要求电源效率高、尺寸小，还必须适应日益提高的系统复杂性和市场对系统快速开发的需求，对电源的性能提出了更高的要求[18]。

电源管理芯片发展过程中几个关键的转折点为：20世纪80年代，半导体技术的发展使得功率器件与驱动器、控制器等集成封装成为可能；20世纪90年代，功率半导体器件在性能上有了许多新提高，开始向开关电源的高频化发展；同步整流技术也在同一时期得到开发，为低压低功耗开关电源的研究创造了条件；20世纪末，软开关技术的发展为开关电源高频化引起的开关损耗大的问题提供了解决方案。

另一方面，控制芯片的发展以及控制策略的研究也使得复杂的智能化控制成为可能。其中电流型控制的多环控制技术因其精度与速度的优势而在开关电源中得到较广应用。而电荷控制、单周期控制和DSP控制等技术的开发与应用也使电源控制器的动态性能有较大的提高。较新研究的控制方法，如自适应控制、模糊控制、神经网络控制以及其他各种新的调制策略也将在开关电源的控制中显现出一定的优势。

总体来说，当今和未来电源管理芯片的主要设计目标是高效率、小型化、低噪声以及高集成度。

5.6 短距离无线通信方式简介

自 20 世纪末到 21 世纪初，无线技术和移动通信网络得到了迅猛的发展，各种无线与移动通信技术层出不穷，特别是近年来，以蓝牙、无线局域网为代表的短距离无线通信技术结合无线自组网络技术，在环境检测、医院监护、工业检测等领域得到了巨大的发展[19]。

短距离无线通信方式是一种近距离、低功耗、低传输速率、低成本的双向无线通信技术，非常适用于自动控制和远程控制领域，是为了满足小型廉价设备的无线联网和控制而制定的。其在可靠性、实用性等方面都可以同传统有线方式相比较，而且在一些特殊环境下，更是体现了其优越性。

短距离无线通信技术的范围很广，在一般意义上，只要通信收发双方通过无线电波传输信息，并且传输距离限制在较短的范围内，通常是几百米以内，就可以称为短距离无线通信。低成本、低功耗和对等通信，是短距离无线通信技术的三个重要特征和优势。

随着短距离无线通信技术的快速发展，各种针对不同应用环境的短距离无线通信技术不断推出，如蓝牙（Bluetooth）技术、ZigBee 技术、Wi-Fi 技术等，本节主要对这三种无线通信方式进行简要介绍，并通过表 5-1 进行了三种通信方式的比较。

表 5-1　三种常用的短距离无线通信方式比较

项目	蓝牙	Wi-Fi	ZigBee
起源年代	1998	1997	2001
工作频率/Hz	2.4G	2.4G	2.4G
典型发射功率/mW	2.5(4dBm)	终端 36(16dBm)	1(0dBm)
典型传输距离/m	10	50～300	50～100
网络结构	Piconet 和 Scatterner	蜂窝	动态路由自组织网
通信速率/(b/s)	10^6	10^6～600×10^6	0.25×10^6
网络容量	8，可扩充 8.255	50，取决于 AP 性能	最大 65000
安全与加密	密钥	WEP、WPA 等	AES-128 加密算法
典型应用	鼠标、无线耳机、手机等消费电子产品	无线局域网	工业控制、医疗、无线传感网络等领域

5.6.1 ZigBee技术介绍

对于多数的无线网络来说，无线通信技术应用的目的在于提高所传输数据的速率和传输距离。而在诸如工业控制、环境监测、商业监控、汽车电子、家庭数字控制网络等应用中，系统所传输的数据量小、传输速率低，系统所使用的终端设备通常为采用电池供电的嵌入式系统，如无线传感网络，因此，这些系统必须要求传输设备具有成本低、功耗小的特点。针对这些特点和需求，由英国 Invensys 公司、日本三菱电气公司、美国摩托罗拉公司以及荷兰飞利浦等公司在 2001 年共同宣布组成ZigBee技术联盟，共同研究开发ZigBee技术。目前该技术联盟已发展和壮大为由 100 多家芯片制造商、软件开发商、系统集成商等公司和标准化组织组成的技术组织，而且这个技术联盟还在不断地发展壮大[20]。

ZigBee 是一种新兴的近距离、低复杂度、低功耗、低数据速率、低成本的无线网络技术，它是一种介于无线标记技术和蓝牙之间的技术提案，主要用于近距离无线连接。

ZigBee是一组基于IEEE批准通过的802.15.4无线标准，是一个有关组网、安全和应用软件方面的技术标准。它主要适用于自动控制领域，可以嵌入各种设备中，同时支持地理定位功能。IEEE802.15.4 标准是一种经济、高效、数据传输速率低、工作在2.4GHz和868/915MHz的无线技术，用于个人区域网和对等网状网络。

ZigBee 技术是一种可以构建一个由多达数万个无线数据传输模块组成的无线数据传输网络平台，十分类似现有的移动通信的 CDMA 网或GSM网，每一个ZigBee网络数据传输模块类似移动网络的一个基站，在整个网络范围内，它们之间可以进行相互通信，每个网络节点间的距离可以从标准的75m扩展到几百米，甚至几公里。另外，整个ZigBee网络还可以与现有的其他各种网络连接。

一般而言，随着通信距离的增大，设备的复杂度、功耗以及系统成本都在增加。相对于现有的各种无线通信技术，ZigBee技术功耗最低，成本也最低。同时，由于ZigBee技术拥有低数据速率和通信范围较小的特点，这也决定了 ZigBee 技术适合于承载数据流量较小的任务。ZigBee 技术的目标就是针对工业监测、遥测遥控、汽车自动化、医疗器械等领域。

ZigBee技术的特点具体如下：

（1）功耗低　两节五号电池可支持长达 6 个月到 2 年左右的使用时间。

（2）可靠　采用了碰撞避免机制，同时为需要固定带宽的通信业务预留了专用时隙，避免了发送数据时的竞争和冲突。

（3）数据传输速率低　只有 10～250kb/s，专注于低传输应用。

（4）成本低　因为 ZigBee 数据传输速率低，协议简单，所以大大降低了成本，且 ZigBee 协议免收专利费，采用 ZigBee 技术产品的成本一般为同类产品的几分之一甚至十分之一。

（5）时延短　针对时延敏感的应用做了优化，通信时延和从休眠状态激活的时延都非常短，通常时延都在 15～30ms 之间。

（6）优良的网络拓扑能力　ZigBee 具有星、网和丛树状网络结构能力。ZigBee 设备实际上具有无线网络自愈能力，能简单地覆盖广阔范围。

（7）网络容量大　可支持多达 65000 个节点。

（8）安全　ZigBee 提供了数据完整性检查和鉴权功能，加密算法采用通用的 AES-128。

（9）工作频段灵活　使用的频段分别为 2.4GHz、868MHz（欧洲）及 915MHz（美国），均为免执照频段。

5.6.2　蓝牙技术介绍

早在 1994 年，瑞典的爱立信公司便已经着手蓝牙技术的研究开发工作，意在通过一种短程无线连接替代已经广泛使用的有线连接。1998 年 2 月，Ericsson、Nokia、Intel、Toshiba 和 IBM 共同组建特别兴趣小组。在此之后，3Com、Lucent、Microsoft 和 Motorola 等公司也相继加盟蓝牙计划。他们的共同目标是开发一种全球通用的小范围无线通信技术，即蓝牙技术。

蓝牙不是用于远距离通信的技术，它是低成本、短距离的无线网络传输应用，其主要目标是提供一个全世界通行的无线传输环境，通过无线电波来实现设备之间的信息传输服务。具体地说，蓝牙的目标是提供一种通用的无线接口标准，用微波取代传统网络中错综复杂的电缆，在蓝牙设备间实现方便快捷、灵活安全、低成本、低功耗的数据通信。因此，其载频选用在全球都可用的 2.4GHz 频带。

蓝牙收/发信机采用跳频扩谱技术。根据蓝牙规范 1.0B 规定，在 2.4～

2.4835GHz 之间 ISM 频带上以 1600 跳/s 的速率进行跳频，可以得到 79 个 1MHz 带宽的信道。跳频技术的采用使得蓝牙的无线链路自身具备了更高的安全性和抗干扰能力。除采用跳频扩谱的低功率传输外，蓝牙还采用鉴权和加密等措施来提高通信的安全性。

蓝牙支持点到点和点到多点的连接，可采用无线方式将若干蓝牙设备连成一个微微网，多个微微网又可互联成特殊分散网，形成灵活的多重微微网的拓扑结构，从而实现各类设备之间的快速通信。它能在一个微微网内寻址 8 个设备，其中一个为主设备，7 个为从设备。

作为一种电缆替代技术，蓝牙具有低成本、高速率的特点，它可把内嵌有蓝牙芯片的计算机、手机和多种便携式设备互联起来，为其提供数字通信服务，实现信息的自动交换和处理，并且蓝牙的使用和维护成本据称要低于其他任何一种无线技术。目前蓝牙技术开发的重点是多点连接，即一台设备同时与多台其他设备互联。

5.6.3 Wi-Fi 技术介绍

Wi-Fi 属于无线局域网的一种，通常是指符合 IEEE802.11b 标准的网络产品，是利用无线接入手段的新型局域网解决方案。Wi-Fi 的主要特点是传输速率高、可靠性高、建网快速便捷、可移动性好、网络结构弹性化、组网灵活、组网价格较低等。

与蓝牙技术一样，Wi-Fi 技术同属于短距离无线通信技术。虽然在数据安全性方面 Wi-Fi 技术比蓝牙技术要差一些，但在电波的覆盖范围方面却略胜一筹，可达 100m 左右。Wi-Fi 技术标准按其速度和技术新旧可分为：IEEE802.11b、IEEE802.11a、IEEE802.11g。

IEEE802.11b 标准发布于 1999 年 9 月，主要目的是提供 WLAN 接入，也是目前 WLAN 的主要技术标准，它的工作频率也是 2.4GHz，与无绳电话、蓝牙等许多不需要频率使用许可证的无线设备共享同一频段，且采用加强版的 DSSS，传输率可以根据环境的变化在 11Mb/s、5.5Mb/s、2Mb/s 和 1Mb/s 之间动态切换。目前 IEEE802.11b 标准是当前应用最为广泛的 WLAN 标准，其缺点是速度还是不够高，且所在的 2.4GHz 的 ISM 频段的带宽比较窄，同时还要受到微波、蓝牙等多种干扰源的干扰。

IEEE802.11a 标准使用 5GHz-NII 频率，总带宽达到 300MHz，远大于 IEEE802.11b 标准所在的 ISM 频段，且这个频段比较干净，干扰源较少。它使用OFDM调制技术，传输速率为54Mb/s，比IEEE802.11b标准采用的补码键控调制方案快。但是，因为IEEE802.11a标准采用的设备的制造成本比较高，且与目前市场早已广泛部署的IEEE802.11b标准设备不兼容，所以，虽然推出很久，但是却一直无法挑战IEEE802.11b标准的主流地位。

速度更快的IEEE802.11g标准使用与IEEE802.11b标准相同的2.4GHz的ISM免特许频段，采用了两种调制方式：IEEE802.11a标准采用的OFDM和IEEE802.11b标准采用的CCK。通过采用这两种分别与IEEE802.11a标准和IEEE802.11b标准相同的调制方式，使IEEE802.11g标准不但达到了IEEE802.11a标准的54Mb/s的传输速率，同时也实现了与现在广泛采用的IEEE802.11b标准设备的兼容。

Wi-Fi技术的优势在于：

其一，无线电波的覆盖范围广，基于蓝牙技术的电波覆盖范围非常小，半径大约只有15m，而Wi-Fi的半径则可达100m左右。最近Vivato公司推出了一款新型交换机，据悉，该款产品能够把目前Wi-Fi无线网络接近100m的通信距离扩大到约6500m。

其二，虽然由Wi-Fi技术传输的无线通信质量不是很好，数据安全性能比蓝牙差一些，传输质量也有待改进，但传输速度非常快，可以达到11Mb/s，符合高速通信的需求。

其三，进入该领域的门槛比较低。开发人员只要在一个主设备上设置"热点"，并通过高速线路将Internet接入上述场所，"热点"所发出的电波可以达到距接入点半径数十米至100m的地方，所有其他从设备只要在该区域内即可高速接入Internet。

Wi-Fi是由AP和无线网卡组成的无线网络。AP一般称为网络桥接器或接入点，它是当作传统的有线局域网络与无线局域网络之间的桥梁，因此任何一台装有无线网卡的PC均可透过AP去分享有线局域网络甚至广域网络的资源，其工作原理相当于一个内置无线发射器的Hub或者路由，而无线网卡则是负责接收由AP所发射信号的CLIENT端设备。

5.7 微型电化学检测仪器的基本原理与设计

与其他检测方法相比，电化学检测方法具有灵敏度高、价格便宜、操作简单、线性范围宽、应用范围广等优点，可直接得到电信号，易传递，具有设计简单、成本低、易于微型化和集成化、并有多种电化学测量方法可供选择等优点，适合于自动控制、在线检测和快速分析。从检测原理来说可以把微型电化学检测仪器大致分为 4 类：安培式[21]、电位式[22]、阻抗式[23]和电容式[24, 25]，本章主要讲述这 4 类电化学检测仪器的基本原理及相关的设计举例。

5.7.1 安培式电化学仪器

5.7.1.1 基本原理

安培式电化学检测仪器是目前市场上种类最多的电化学检测设备，这种检测方法的原理是给工作电极和参比电极之间施加一个控制电位，当电活性组分具有的氧化-还原电位与施加电位近似相等时，在工作电极表面将发生氧化或还原反应，此时工作电极和对电极之间就会产生电流，这个电流的大小与电活性组分的浓度成正比例，通过检测工作电极上的氧化或还原电流的变化，就可以实现对目标物质的检测。产生电流的计算公式如下：

$$I = \left(nFADC\right)/\sigma$$

式中，I 为氧化或还原电流；n 为 1mol 待测物质产生的电子数；F 为法拉第常数；A 为待测物质的扩散面积；D 为扩散系数；C 为电解质溶液中电解待测物质的浓度；σ 为扩散层的厚度。

安培式检测方法可以采用多种电化学测量方法，如电流-时间曲线（ITC）、线性扫描伏安（LSV）、方波伏安（SWV）等，检测完成后一般需要对数据进行处理，如平滑、寻峰、扣除背景等。安培式电化学检测方法具有极高的灵敏度，可以对不同检测物质进行定性和定量分析，并可能一次性测出多种成分，具有较好的选择性和较高的灵敏度，且响应范围宽，因此安培式电化学检测方法是最广泛使用的一种检测手段，多年来已被广泛应用于生物医学、环境科学、药物学以及食品科学等领域，成为分析科学中最具活力、最有发展前景的检测方法之一。

由于安培式电化学检测方法一般只能对工作电极上具有氧化还原性的物质进行检测，需要背景溶液具有导电性和化学惰性，并且要求待测物本身或者经衍生化后具有电化学活性，因而不具有通用性，这便使此方法的适用范围受到了限制。另外样品中的表面活性剂在工作电极上的强吸附作用可能会导致二次检测的灵敏度降低，因此每一次样品分析完成后通常需要采用各种方法彻底清洗或更换工作电极，这既增加了检测的步骤，也提高了检测样品的成本。这些均是安培式电化学检测仪器始终面临且亟待解决的问题。

5.7.1.2 应用举例：手持式血糖仪

血糖仪是检测血液样本中血糖含量的手持式仪器，如图 5.8 所示，一般包括血糖试纸、恒电位控制电路、电流检测电路和电池供电的嵌入式控制系统，带有显示屏，可读取、处理、显示以及选择性保存检测结果。它的测试原理是在血糖试纸插入检测设备后，通过恒电位控制电路在电极两端施加一定的控制电压，当被测血样吸入电极工作区后，血糖试纸表面工作区内的葡萄糖氧化酶与血样中的葡萄糖发生氧化还原反应，经过快速的生物化学反应后，血糖试纸产生的响应电流与被测血样中的葡萄糖浓度呈线性关系，在单片机的控制下检测血样响应电流的大小，即可计算得出准确的血糖浓度值并在仪器液晶屏上显示最终结果[26]。

图 5.8
手持式血糖检测仪

当今市场上有连续式和离散式两种血糖仪[27]，连续式血糖检测仪必须凭处方使用，利用皮下电化学传感器以可编程的间隔进行采样测量。单次测试血糖仪使用血糖试纸检测血糖，单位为 mg/dL 或 mmol/L。血糖试纸一般是两电极或三电极的电化学传感器，对于两电极的血糖试纸，检测电路结构如图 5.9 所示。数模转换电路 DAC 给工作电极施加一个偏置电压 V_B，REF 电路给 DAC 提供一个基准电压，对电极接地，通过测

量 V_{OUT} 即可测出工作电极的电流 I_S，电容 C_S 的作用是对 R_S 上的电压信号进行滤波，去除无用的噪声信号[28]。

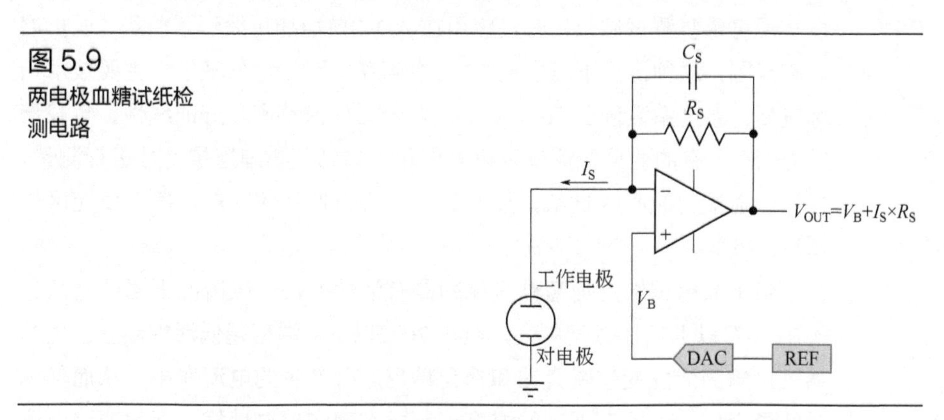

图 5.9
两电极血糖试纸检测电路

三电极的血糖试纸检测电路结构如图 5.10 所示，采用了两个 DAC 模数转换电路，一个为参比电极施加一个偏压 V_M，一个为工作电极施加一个偏压 V_B+V_M。三电极的优点是可以在测量过程中更加准确地控制和维持试纸上反映区域的偏压，检测精度更高，但试纸的制作工艺更复杂。另外三电极的血糖试纸一般具有试纸短路自检功能，如果该试纸已经用过或者短路则会判断为短路，不可继续使用[29]。

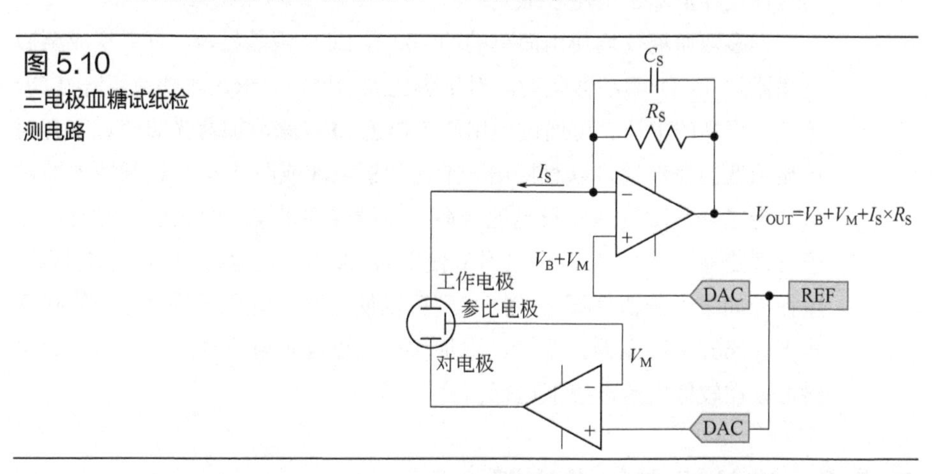

图 5.10
三电极血糖试纸检测电路

电化学血糖仪检测电路一般需要检测出几纳安电流的变化，为了满足检测误差指标，器件必须具有极低的漏电流、温度以及时间漂移[30]。运算放大器的主要技术指标为连接血糖试纸时应具有极低的输入偏置电流（< 1nA）、高线性度和稳定性。所以运算放大器通常选择跨阻抗运算

放大器 TIA。对于 DAC 的选择，一般用 10 位或 12 位 DAC 用于设置血糖试纸的偏压。对于 ADC 的要求是分辨率不低于 14 位，并要求低噪声，以实现可重复测试结果。有些应用在 ADC 前增加可编程增益级，以扩展动态范围，这种情况下可使用 12 位分辨率。对于电压基准，主要技术指标包括：温度系数低于 $50\times10^{-6}/°C$、低时间漂移和良好的线性、负载调节能力[31]。有的血糖检测仪可以对电化学试纸的物理连接特性进行测量，以探测血液何时吸入试纸，以节省等待采血期间的功耗，确保反应区域填满血液。

由于血糖试纸的葡萄糖氧化酶是有活性的，一般情况下葡萄糖氧化酶在 20℃以上活性变化不大，但在 20℃以下，温度越低活性越差。葡萄糖氧化酶的活性变差就会在和葡萄糖反应时产生的电流变小，从而使测量结果变低，为了在不同的温度下都能准确测出血糖值，必须通过温度传感器检测试纸周围环境的温度情况来调节仪器的参数，从而尽可能使葡萄糖氧化酶和血液在不同的温度下都能产生和血糖值相匹配的电流，进而得出正确的血糖值，这就是血糖仪的温度补偿。利用独立的温度传感器 IC、热敏电阻或集成有温度传感器的 ADC 都可以进行温度测量。采用与 ADC 具有同一基准驱动的温度传感器 IC 可提供更准确的结果，因为这种设计消除了电压基准误差。

大多数血糖仪均使用简单的约 100 段 LCD 液晶显示，可由集成至微处理器的 LCD 驱动器驱动。对于彩色显示屏，要求比段式或点阵 LCD 更多、更高的电压。可通过使用两个白色 LED 来添加背光照明。带有简单显示器的血糖仪可以直接由一节纽扣锂电池或两节 AAA 碱性电池供电。为了最大限度地延长电池寿命，血糖仪要求使用纽扣锂电池时，电子器件能够在 2.2～3.6V 下工作；使用 AAA 碱性电池时，能够在 1.8V 下运行。如果电子器件要求较高，则可以使用开关型升压转换器。休眠模式下关断开关稳压器，直接由电池供电可以延长电池寿命，因为休眠电路可以在较低电池电压下运行。

5.7.2 电位式电化学仪器

5.7.2.1 基本原理

电位式电化学检测仪器是通过测量两个电极之间的电位差来实现检测某种物质浓度或活度的电化学检测设备，测量时一般需要一支工作电极和一支参比电极，工作电极的电位能够指示被测离子的活动变化，而参比电极的电位不受溶液影响变化。将参比电极和工作电极共同浸入待测溶液中，既构成一个原电池，在它们之间通过零电流的条件下，通过测量它们之间的电势差来检测溶液中某种物质或离子的浓度。

测量物质的种类取决于所用的电极，一般用得较多的是pH电极和离子选择性电极。离子选择性电极响应于特定离子，核心部件是传感器的离子选择性敏感膜，敏感膜把待测溶液和电极内充液分隔开，只允许待测离子通过敏感膜进入电极内充液中，故它能对溶液中被测离子进行选择性响应。因电极内充液中含有一定活度的平衡离子，而敏感膜内外离子活度不同，从而导致待测离子由活度高的样品溶液向活度低的内充液中扩散。离子带电荷，使得电极敏感膜两侧电荷分布不均匀，产生一定的电位差，此电位即离子选择性电极电位。当达到平衡时，膜电位的变化与被测离子活度的关系符合能斯特方程：

$$E = E_0 + \frac{RT}{nF}\ln\frac{[\text{氧化态}]}{[\text{还原态}]}$$

式中，E为平衡电极电位；E_0为标准电极电位；n为得失的电子数；F为法拉第常数；R为气体常数；T为热力学温度；[氧化态]和[还原态]为氧化态、还原态物质的活度。从上式可以看出电位差与溶液中待测离子活度的对数在一定范围内呈线性关系，通过此关系可实现对待测物质的检测，离子选择性电极检测示意图如图5.11所示。

图5.11
离子选择性电极检测示意图

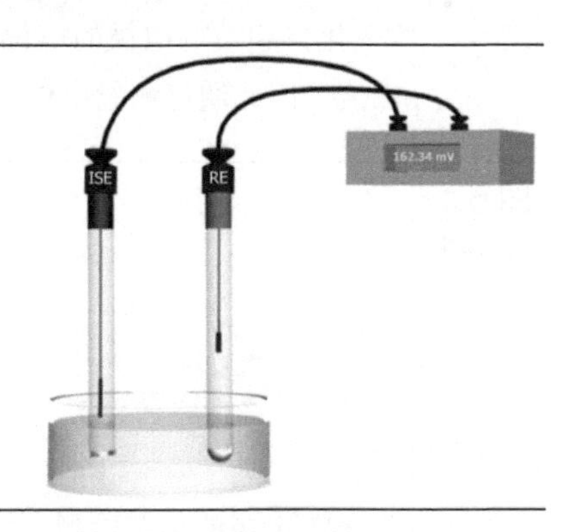

电位式检测方法具有选择性好、检测速度快、线性范围宽、噪声低、电信号测量方便等特点，所需试样少，且可不破坏试液，适用于珍贵试样的分析。而且对待测溶液的物理状态影响较小，能用于有色物质的分

析，而不必破坏试样以排除颜色对测定的影响[32]。

5.7.2.2 应用举例：手持式 pH 计

pH 值检测设备是通过电位测量方式来检测溶液的 pH 值的，典型的 pH 值检测设备如图 5.12 所示。该检测设备采用便携式防水设计，pH 电极可更换，内部带有数据存储器，可存储多个检测结果。自带的 LCD 可同时显示 pH 值和温度值，并带有温度自动补偿功能。

图 5.12
手持式 pH 值检测设备

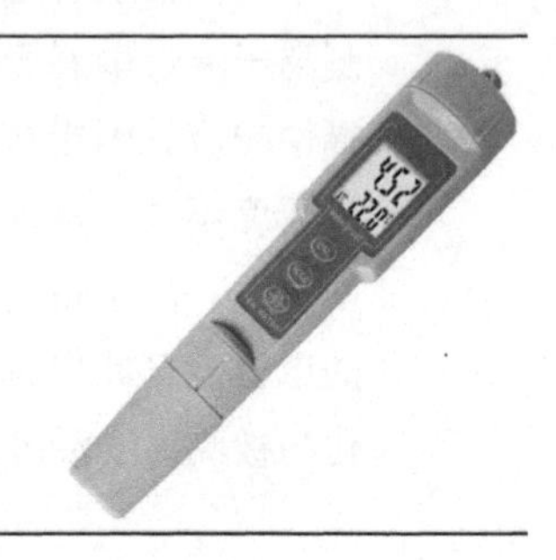

pH 值是衡量水溶液中氢离子和氢氧化物离子相对量的一项指标，它的主要测量部件是由玻璃电极和参比电极集成在一起的 pH 电极，如图 5.13 所示。将 pH 电极放入溶液中，玻璃电极和参比电极之间就构成了一个原电池，而这个原电池的电位就是这玻璃电极和参比电极电位的代数和。pH 电极的玻璃电极对待测溶液的 pH 值敏感，而参比电极电位稳定，那么在温度保持稳定的情况下，溶液和电极所组成的原电池的电位变化只和玻璃电极的电位有关，而玻璃电极的电位取决于待测溶液的 pH 值，因此通过测量电位的变化，就可以测出溶液的 pH 值[33]。

图 5.13
pH 电极

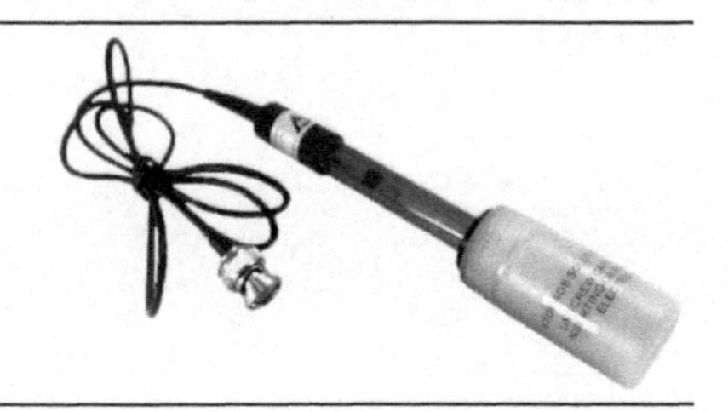

pH 电极的典型检测电路如图 5.14 所示，主要由温度检测电路、pH 电极电压缓冲级电路、模数转换 ADC 和数字信号隔离器四部分组成。由于溶液温度的变化会改变溶液中氢离子的活性，当溶液被加热时，氢离子运动速度加快，结果导致两个电极间电位差的增加；当溶液冷却时，

氢活性降低，导致电位差下降；所以 pH 电极的检测电路一般需要加上温度补偿功能[34]。

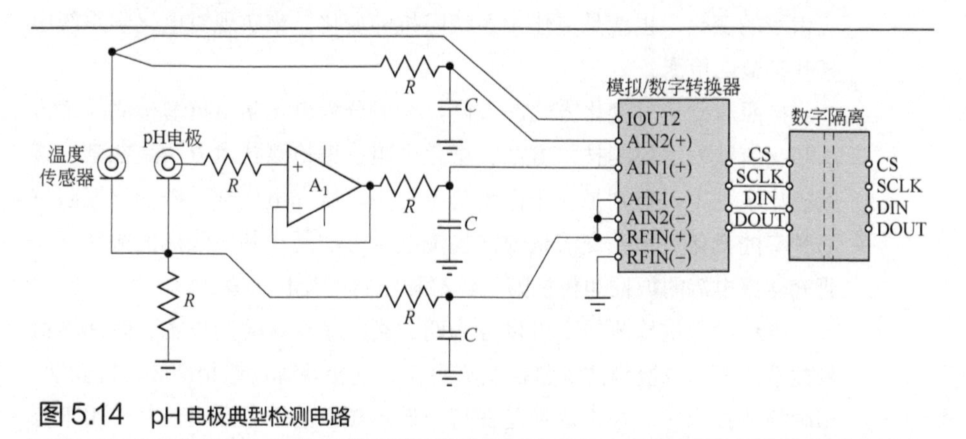

图 5.14　pH 电极典型检测电路

由于 pH 电极的探针电极由玻璃制成，可形成极高的电阻，范围从 1MΩ 到 1GΩ 不等，所以可以把 pH 电极看成是一个高阻值电阻和一个电压源的串联，流过该串联电阻的缓冲放大器 A_1 的偏置电流会给整个检测系统带来失调误差。为使缓冲级电路与该高源电阻隔离开来，一般需要一个高输入阻抗、超低输入偏置电流的缓冲放大器，低输入偏置电流可以最大限度地减少流过电极电阻的偏置电流所产生的电压误差。

模拟/数字转换器可以选择 ADI 公司的 AD7793，该模数转换器是 24 位的 Σ-Δ 型 ADC，具有三个差分模拟输入和一个片内低噪声、可编程增益放大器 PGA，其范围为单位增益至 128。最大功耗仅为 500μA，适用于任何低功耗应用。其内部带有一个低噪声、低漂移的基准电压源，也可以采用一个外部差分基准电压，输出数据速率可通过软件编程设置。数字信号隔离器提供微控制器与模数转换器数字线路之间的数字信号隔离功能，可以避免恶劣的实验室和工业环境中常见的噪声和瞬变电压的影响[35]。

5.7.3　阻抗式电化学仪器

5.7.3.1　基本原理

阻抗式检测方法是研究电化学系统十分有用的技术之一，其基本原理是给电化学系统施加一个小幅度的随时间按正弦规律变化的激励信号，这个激励信号可以是电压，也可以是电流，通过检测电化学系统响应信号的变化，也就是电化学系统阻抗的变化，来实现对电化学系统中某些参数的检测。

按照激励信号变化方式的不同，一般分为电化学阻抗谱检测技术方法和交流伏安法检测技术方法。电化学阻抗谱检测技术方法是在某一直流极化条件下，特别是在平衡电势条件下，研究电化学系统的交流阻抗随频率的变化关系；交流伏安法检测技术方法是在某一选定的频率下，研究交流电流的振幅和相位随直流极化电势的变化关系。

电化学阻抗检测技术可以分为两大类：频率域检测技术和时间域检测技术。频率域检测技术包括交流电桥、选相调辉、选相检波、椭圆法、相敏检测技术等。基本原理是在每个选定频率的正弦激励信号作用下分别测量该频率的电化学阻抗，即逐个频率地测量电极阻抗。

对于频率域检测技术，最常用的是锁相放大器和频响分析仪。它们均是根据相关分析原理，应用相关器对正弦交流电流信号和电势信号进行比较，检测出两信号的同相和90°相移成分，从而直接输出电化学阻抗的实部和虚部。电路上的核心部分是相关器，主要包括乘法电路和积分电路，前者用来实现两个信号的相乘，后者用来对相乘后得到的信号进行积分。

对于时间域检测技术，任意周期波形都可以表示为多个正弦矢量的叠加，这些正弦矢量包括一个频率为基频正弦波以及多个谐波。即

$$y(t)=A_0+\sum_{n=1}^{\infty}\left[A_n\sin(2\pi nf_0t+\varphi_n)\right]$$

式中，A_n是频率为nf_0的正弦矢量的幅值；φ_n为其相角；A_0是直流偏置。这种级数称为傅里叶级数，信号y（t）就是各正弦矢量的傅里叶合成。利用傅里叶级数，可以把一个信号在时间域用信号幅值和时间的关系来表示，也可以在频率域用一组正弦矢量的幅值和相角来表示。也就是说，这个信号可以在时间域和频率域之间进行转换，这种转换称为傅里叶变换。

利用这个原理，可以把所有需要的频率下的正弦信号合成一个假随机白噪声信号，同直流极化电势信号叠加后，同时施加到电化学体系上，产生一个暂态电流响应信号。对这两个暂态激励、响应信号分别测量后，应用傅里叶变换给出两个信号的谐波分布，即激励电势信号的幅值以及

傅里叶分布中每一个频率下电流所对应的幅值和相角。换言之，也就是同时得到了在某一直流极化电势下多个频率的电化学阻抗。

阻抗式电化学检测方法的应用非常广泛，如固体材料表面结构表征，在金属腐蚀体系、缓蚀剂、金属电沉积中的检测应用，在生物体系中的检测应用以及化学电源研究中的应用等。在不同的应用领域中，往往要采用不同的数学模型或等效电路模型，选用的依据主要是能够很好地解释研究体系中所进行的具体过程，具有确定的物理意义，所得结论能够很好地解释体系的性质并指导进一步的应用研究。

5.7.3.2 应用举例：利用阻抗监控测量血液凝固

血液凝固是一个复杂、动态的生理过程，血液会在受伤的地方凝固并止血。在心脏搭桥手术中，血液会被转移到患者体外负责维持心、肺功能的心肺机中。心肺机由灌注技术专家操纵，负责监控正确的参数，确保有效地利用抗凝血剂，避免患者的血液凝固。为此，在手术过程中需要使用肝磷脂这种抗凝血药物，随后又必须迅速进行逆向操作，以防止失血过多。为了保持凝血与流血之间的精密平衡，在手术期间，每隔 30～60min 需要对患者的凝血时间进行一次监控，手术后还需要进行多次监控，直到患者的凝血时间恢复正常。目前，通常在病房就可以采集患者的静脉血样，测量得到的凝血时间值可用于调整抗凝治疗。

人体内的血液凝固是由许多细胞和其他活性成分共同作用完成的。凝血级联描述了血液的成分以及它们如何参与凝固形成的过程。随着凝血级联被激活，血液从非凝固状态转向凝固状态过程中，引起分子电荷状态和有效电荷移动性的变化。凝血级联的最后阶段涉及两种物质：凝血酶与纤维蛋白原。凝血酶切断纤维蛋白原，形成纤维细丝，它们本能地聚合在一起，凝血完成时间定义为纤维凝固形成的时刻。通过监控凝血样本的整个阻抗，可以测量与凝血形成有关的传导率变化，通过血液凝固与传导率之间的相互关系可以确定血液是否凝固。

阻抗测量是一个比较复杂的信号处理过程，目前阻抗的测量方式是对未知系统阻抗施加一定频率的激励信号，对其响应信号进行采样和数据分析。传统的阻抗测量方法需要多个中小规模的集成电路，精度低、抗干扰能力差、操作复杂，难以实现自动测量。AD5933 全集成单芯片阻抗分析器件是一款高精密阻抗转换系统，采用了最先进的数字信号和模拟信号处理技术，能够为阻抗测量提供一个小型集成解决方案。片上集成一个频率发生器与一个 12-bit、1MSPS 的模数转换器。频率发生器在已知频率上为外部复数阻抗提供激励电压。片上 ADC 对响应信号进行采样，通过板上 DSP 引擎进行离散傅里叶变换 DFT 运算处理。DFT 算法在每个输出频率上返回数据字的实部 R 与虚部 I。利用这些分量，可以很容易地计算出扫描的每个频率点对应的阻抗幅度和相对相位[36]。

AD5933 测量阻抗的功能框图如图 5.15 所示。这个测量系统需要初始校准，一般用一个精密电阻替代被测量的阻抗，并计算出后面测量的比例系数。对于 1～100kHz 的激励频率，AD5933 可以测量 100Ω～10MΩ 之间的阻抗，系统精度为 0.5%。利用这种集成器件可以把测量凝血时间的仪器小型化或微型化，它在节能、便携性、仪器尺寸方面具有较大的优势，这在重症监护设备中是需要重点考虑的因素[37]。

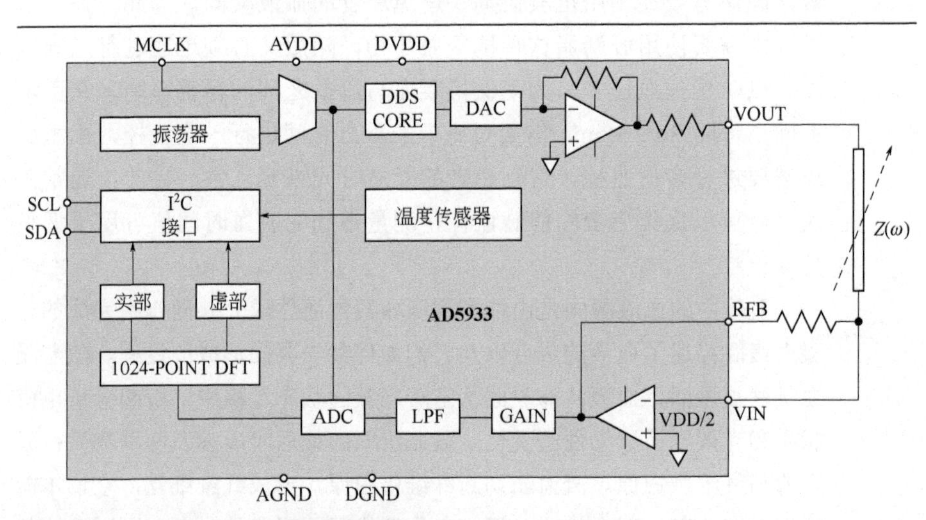

图 5.15 AD5933 阻抗测量系统功能框图

AD5933 是单电源供电器件，通常信号摆幅的中心在固定直流偏置值附近。在大多数阻抗测量中，这不是一个需要着重考虑的问题，但当直流电压超过特定门限值时，会使水导电媒质在与电极接触时发生电化学反应，从而改变样本。在利用 AD5933 进行血液凝固测量时，为了防止出现这种电解反应，电压激励和电流测量都采用交流耦合，使用如图 5.16 所示的信号调理电路。

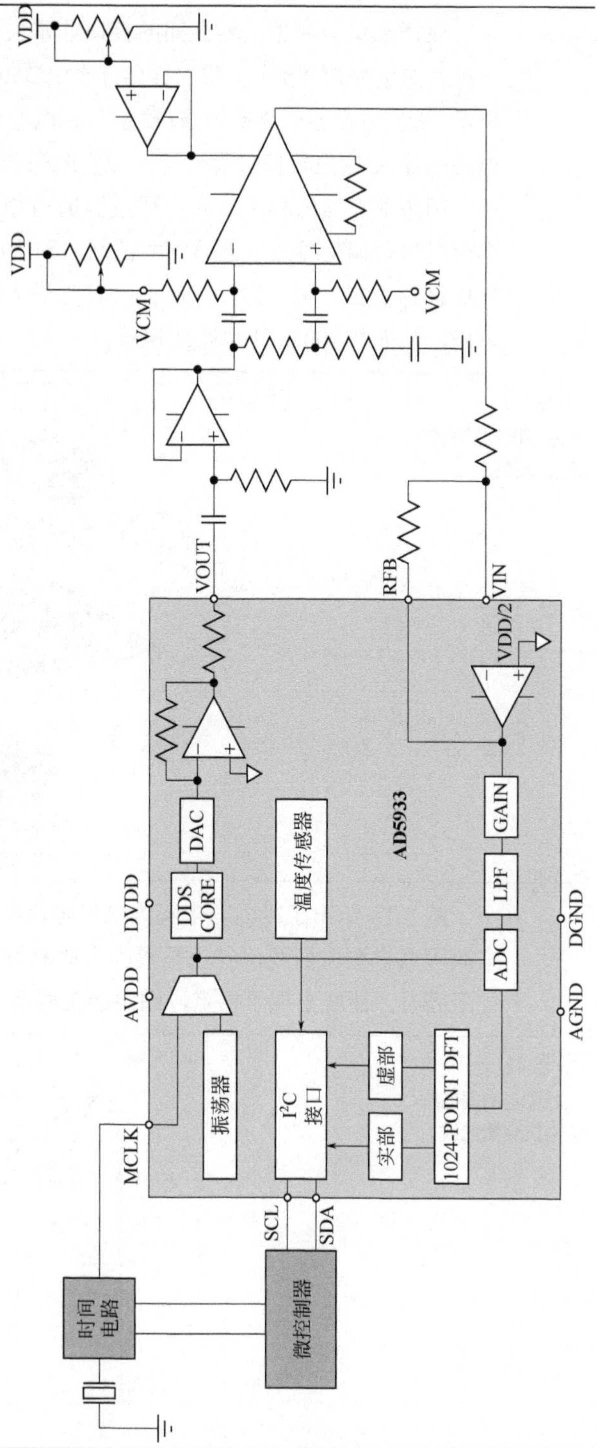

图 5.16
具有输出信号调理功能的 AD5933 阻抗测量系统

血样采集与测量仪器之间的接口非常关键，在这种情况下，设计了一种特定的微流体通道，将血样传递至 AD5933 测量仪器电路，如图 5.17 所示。微流体设备由 3 层组成：底层包括两个丝网印刷电极，它和 AD5933 电路的输入/输出端口引脚连接。顶层的微成形聚合体通道包括两个储存库，用来储存血液样本，它们通过微通道相连。在微通道或中间的连接层可以包含调整凝血反应的化学试剂，利用压敏黏合剂 PSA 将顶部与底部通道粘接在一起，储存库的血样将充满微通道，微通道接触网版印刷电极，从而与 AD5933 电路实现接口。

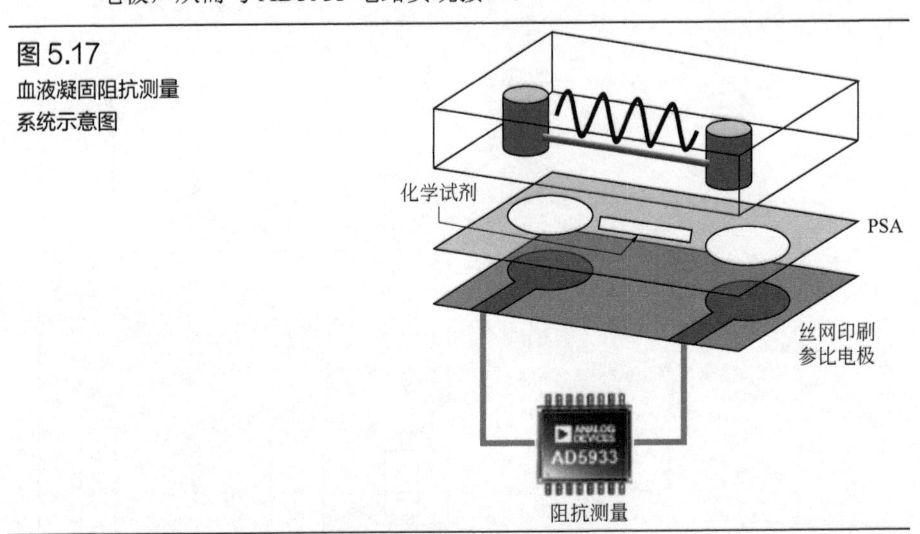

图 5.17
血液凝固阻抗测量系统示意图

图 5.18 给出了凝固与未凝固血样阻抗测量曲线的对比，其中黑色是未凝固血样测量曲线，红色是凝固血样测量曲线，可以看出，当被测血样凝固时，曲线出现了拐点，图中箭头标明了血样凝固时间点的确定。

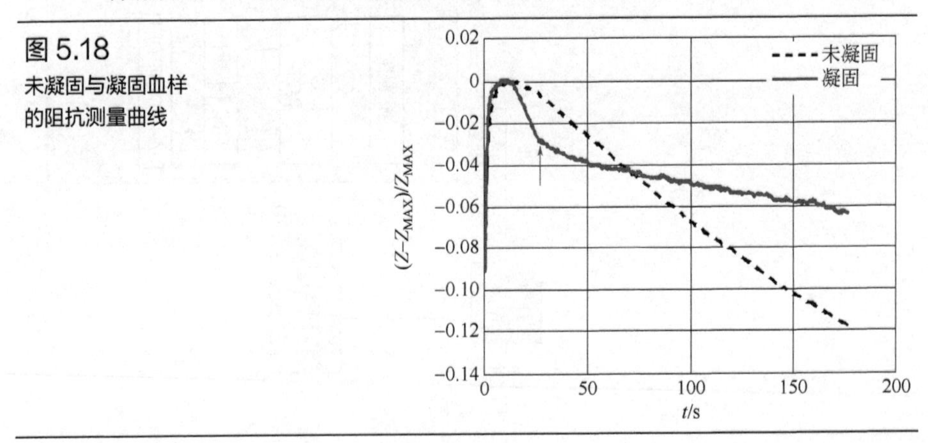

图 5.18
未凝固与凝固血样的阻抗测量曲线

5.7.4 电容式电化学仪器

5.7.4.1 基本原理

电容式电化学检测仪器的基本原理是通过检测电容传感系统电容值的变化来检测目标物质介电常数的变化，进而实现对目标物质某些参数的检测。对于一个平板电容器，其电容值 C 为：

$$C=\frac{\varepsilon_0\varepsilon_r A}{d}$$

式中，ε_0 是真空介电常数；ε_r 是极板间的物质相对介电常数；A 是极板的面积；d 是两极板间的距离。当两极板间物质的介电常数改变时，平板电容器的电容会发生变化，通过检测平板电容器电容的变化即可测出物质介电常数的变化。

物质的介电常数对微波化学、地球物理、遥感及环境监测及食品安全等都有重要意义，比如通过检测介电常数来测定汽油辛烷值可以确定汽油的品质；在对油田地下层探测中，可利用介电常数来区分含烃层和含水层；此外实验证明介电常数的变化与行车里程、润滑油酸值和铁含量间有良好关系，因此也可以用介电常数来评价发动机用油的性能；在食品安全方面，可用食用油介电常数的变化来判定油在高温加热或长期存放中的质量变化，该方法比常用的气液相色谱法更简单易行[38]。

目前测量介电常数的方法很多，常用的有平板电容器测量法、四电极电容器测量法及圆柱电容器测量法。它们都是通过测量真空电容（或空气电容）与充满介质电容器的电容比值从而得到介电常数。平板电容器的测量简单方便，缺点是结构容易发生变化，稳定性差，易受干扰；四电极电容器依据 Thompson-Lampard 定理可非接触式测量介电常数为2～6 的液体，这种结构的缺点在于双层介质及壁厚的影响，其不确定度评定比较困难；其中圆柱形状的电容器结构比较稳定，不易受到诸多外界因素的干扰。

电容的检测方法一般有四种[39]：

（1）直流充放电法　其原理为通过对被测电容进行充电/放电，形成与被测电容成比例的电压/电流/时间信号，从而测量出被测电容值。充放电法优点在于电路结构相对简单，较为容易实现；其缺点为测量精度以及分辨率较低，抗杂散电容能力差，多用于被测电容值较大的场合。

（2）交流法　交流法通常采用正弦电压对被测电容进行激励，产生的交流电流经过带有反馈电阻和反馈电容的运算放大器后，可得到一幅值与待测电容成正比的交流信号。此交流信号经过低通滤波器后，即可由电压-数字转换器转换为数字信号。交流法分辨率高，抗杂散电容能力强，电荷注入效应小；但电路结构复杂且费用较高。

（3）振荡法　振荡法的原理是使振荡频率受被测电容制约，测量电容的问题转化为测量振荡频率。振荡法可分为 RC 和 LC 两种。RC 振荡法对小电容值的变化不灵敏，同时电路测量结果受杂散电容干扰，稳定性差；LC 振荡法适用于测量动态电容，灵敏度较高，但电路复杂且被测电容范围受限制。

（4）集成电容数字转换器件　这种器件可直接与电容传感器连接进行测量，具有较高的分辨率、线性度和精度，可以在保证测量范围、分辨率、转换速度的前提下有效地简化电路设计，提高系统的稳定性。

5.7.4.2　应用举例：基于介电常数测量汽油辛烷值

汽油按辛烷值可分为 90 号、93 号、97 号三个牌号，其辛烷值越高，抗暴性越好。我国车用汽油的标号采用研究法测定的数值，93 号汽油表示它的辛烷值不低于 93，以此类推。发动机根据压缩比的不同应选用不同标号的汽油，这在每辆车的使用手册上都会标明。高辛烷值汽油可以满足高压缩比汽油机的需要，汽油机压缩比高，则热效率高，可以节省燃料；但若压缩比高的汽油机使用低辛烷值汽油，也就是说加入的汽油标号过低时，则会引起不正常燃烧，造成震爆、耗油及行驶无力等现象[40]。

传统的汽油辛烷值检测技术主要是采样离线取样的分析方法，即按事先规定的方式及取样间隔进行汽油采集，然后将采集的油样送至专门的检测部门，由专业人员进行分析。这种离线取样分析需要昂贵的精密仪器，且油样的提取与检测时间有一定的时间差，具有一定的局限性，不便于现场检测。利用电化学电容检测技术，将汽油液体作为电介质，汽油辛烷值的不同将影响汽油介电常数的变化，而介电常数的变化可以通过电容检测出来，依据此原理来实现对汽油辛烷值的检测。

结合汽油检测的特点，设计了一种同轴圆筒式极板电容传感器，如图 5.19 所示。它由中心的实心铜柱、中间绝缘管、外壁圆筒和外层金属屏蔽罩组成。实心铜柱作为电容的一极，外壁的圆筒作为电容的另一极。油液从圆柱筒中流过时，圆筒式电容传感器的电容值的变化反映了油液作为电介质发生的介电常数的变化。为减少电容器的边缘效应的影响，其极板间隙在满足击穿电压条件下尽量小，使传感器轴向尺寸远大于内径。为避免外界电磁干扰，外面加上了金属屏蔽罩。

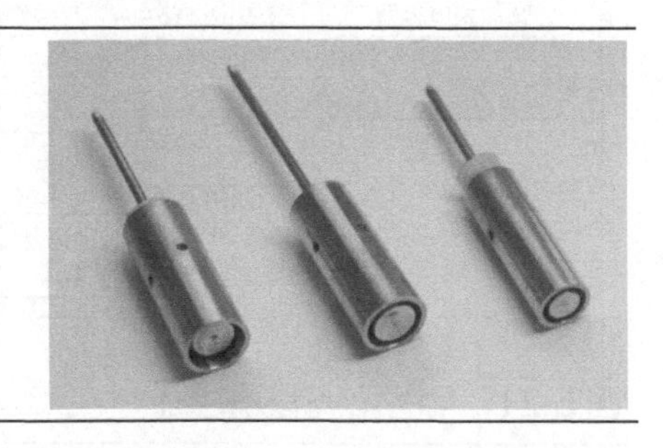

图 5.19
同轴圆筒式电容传感器

图 5.20 是用于汽油样品检测的流通式检测池，这种设计结构使圆筒式电容传感探头与油路直接接触，保证传感器与油液连接处的流路通畅，不产生紊流。流通式结构设计使汽油中的污染物不易附着在传感器表面，方便对电容传感器进行清洗，保证了传感器的测量精度和检测数据的准确性。

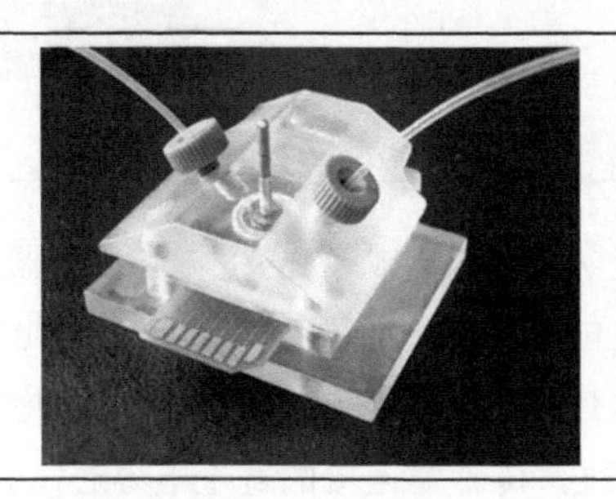

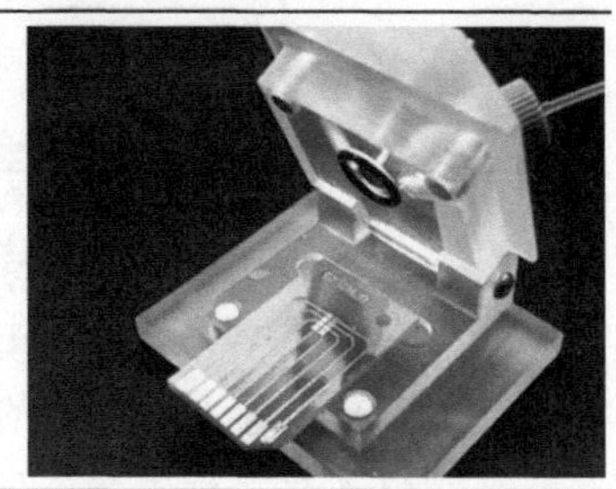

图 5.20
流通式检测池

目前大多数电容式传感器信号调理电路使用分立元件或者专门去开发专用集成电路。由 ADI 公司开发的 AD7747 集成电路是一种将电容传感信号转换成电压信号的集成电路芯片，相比传统的多芯片解决方案大大简化了电路的设计，降低了成本。该芯片的核心是一个高精度的电容数字转换器，包括一个二阶调制器和一个三阶数字滤波器，用作电容量到数字信号的转换。该芯片可以检测到±8pF 变化范围内的电容值，并将变化电容转变为相应的数字信号输出，具有极高的检测灵敏度。同时它还集成了内置温度传感器，当需要数字化信号修正时可直接用来检测温度。利用 AD7747 作为电容传感器的信号调理电路，可克服寄生电容和环境变化的影响，同时传感器的处理电路也变得简单，基于 AD7747 检测电容的测量系统如图 5.21 和图 5.22 所示[41]。

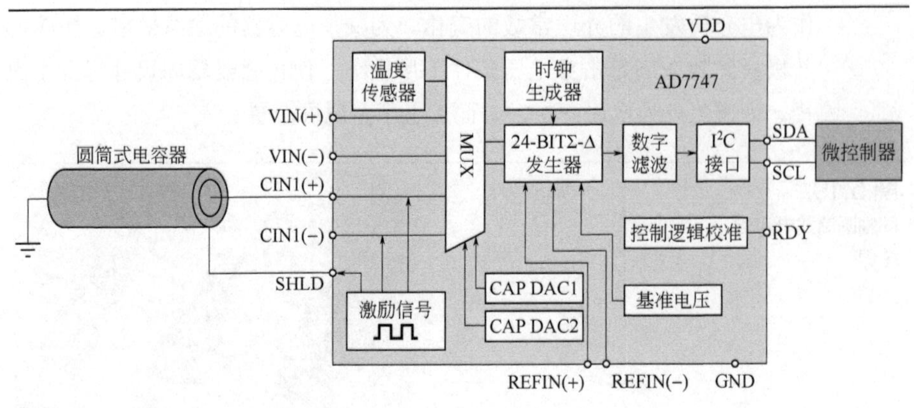

图 5.21　AD7747 电容测量系统

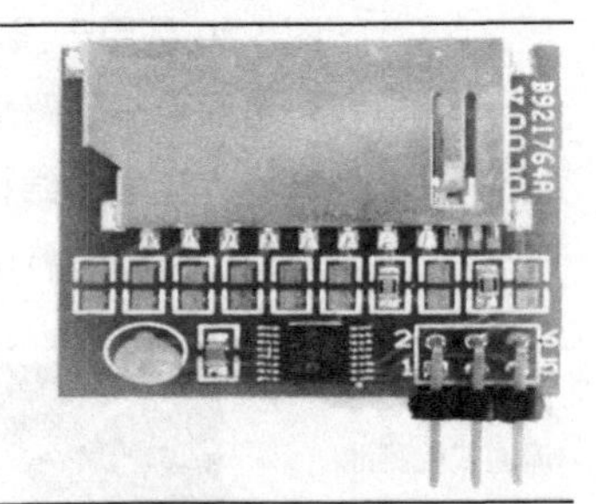

图 5.22
基于 AD7747 的电容检测模块

一般 AD7747 的转换结果包含从 CIN 引脚到传感器信号路径上的所有对地电容，这种寄生电容极有可能与传感器自身的电容具有相同数量级，也可能具有更高的数量级。如果该寄生电容保持稳定，则可将其视为不变的容性失调。不过，传感器连接的寄生电容通常会随着机械运动、环境温度和环境湿度变化等而发生变化，这些变化会导致转换结果出现漂移，可能会显著影响系统精度。要消除这种寄生电容，需要把 AD7747 的 SHLD 引脚连接到圆筒式电容器的外层金属屏蔽罩上，来屏蔽传感器和 CIN 引脚之间的寄生电容，而且传感器与 AD7747 引脚之间的接线应尽可能地短。

参考文献

[1] 金钦汉. 分析仪器发展趋势展望[J]. 中国工程科学, 2001，3(1): 85-87.

[2] 陈昌国，刘渝萍，吴守国. 国内电化学分析测试仪器发展现状[J]. 现代科学仪器，2004, (3): 8-10.

[3] Estrin D. Connecting the physical world with pervasive networks[J]. IEEE Pervasive Computing, 2002, 1(1): 56-69.

[4] 俞露. 基于 ARM 的嵌入式系统硬件设计[D]. 杭州：浙江大学, 2003.
[5] 黎超. 基于 ARM 的便携式烟气分析仪控制器设计[D]. 西安：西安工业大学, 2012.
[6] 田泽. 嵌入式系统开发与应用实验教程[M]. 北京：北京航空航天大学出版社, 2011.
[7] 叶雷. 基于 ARM 的嵌入式系统设计[D]. 成都：电子科技大学, 2005.
[8] 袁绘芳. 基于嵌入式 ARM 的图形用户界面的研究与实现[D]. 西安：西安电子科技大学, 2009.
[9] [美] Jean J L. 嵌入式实时操作系统 μC/OS-III[M]. 宫辉，曾鸣，龚光华，等译. 北京：北京航空航天大学出版社, 2012.
[10] 张春艳. 基于 QT 的嵌入式图形用户界面研究与实现[D]. 大连：大连海事大学, 2008.
[11] 詹瑾瑜. 基于嵌入式操作系统的图形用户界面系统的研究与实现[D]. 成都：电子科技大学, 2003.
[12] 伍海龙. 扫描电化学显微镜电子控制系统的研究[D]. 济南：山东大学, 2007.
[13] 钟海军, 邓少平. 恒电位仪研究现状及基于恒电位仪的电化学检测系统的应用[J]. 分析仪器, 2009, (2): 1-5.
[14] 郑耀汉. 基于 AVR 单片机的智能恒电位仪的设计与实现[D]. 青岛：中国海洋大学, 2014.
[15] 仝晨安. LMP91000 在电化学传感器电极故障检测中的应用[J]. Texas Instruments,2012, 10:1-7.
[16] Analog Devices, Inc. 基于电化学传感器的 ADI 微功耗有毒气体检测解决方案[EB/OL]. https://www.analog.com/media/cn/technical-documentation/apm-pdf/adi-gas-detection-and-analysis-solutions_cn.pdf
[17] 马新芳. 便携式设备电源管理研究[D]. 武汉：华中师范大学，2008.
[18] 娄佳娜. 现代便携式设备中集成式电源管理的关键技术研究[D]. 杭州：浙江大学, 2011.
[19] 孙戈. 短距离无线通信及组网技术[M]. 西安：西安电子科技大学出版社，2008.
[20] 祁长璞. 基于 ZigBee 的无线传感网络在监控系统中的应用研究[D]. 武汉：武汉理工大学，2008.
[21] 朱果逸，张月霞. 国外电化学分析仪器进展[J]. 现代科学仪器, 1992, 2(19): 19-21.
[22] 范世福. 现代分析仪器发展的前沿技术和新思想[J]. 现代分析仪器, 2000, 3: 10-13.
[23] 胡仁，朴春晖，林昌健, 等. 生物电化学仪器的发展现状与展望[J]. 电化学, 2013, 19(2): 97-101.
[24] 贾铮，戴长松，陈玲. 电化学测量方法[M]. 北京: 化学工业出版社, 2006.
[25] 卢小泉，薛中华，刘秀辉. 电化学分析仪器[M]. 北京: 化学工业出版社, 2010.
[26] 许泳彬. 便携式血糖检测仪的研究与设计[D]. 长春：吉林大学, 2012.
[27] Arpaia P, Clemente F, Romanucci C. An instrument for prosthesis osseointegration assessment by electrochemical impedance spectrummeasurement[J]. Measurement, 2008, 41(9): 1040-1044.
[28] Rosenbaum M, He Z, Angenent L T. Light energy to bio-electricity: Photosynthetic microbial fuel cells[J]. Current Opinion in Biotechnology, 2010, 21(3): 259-264.
[29] 苑恒. 三电极血液酒精测试仪设计[D]. 杭州：杭州电子科技大学, 2013.
[30] 范艳群，陈庆阳，夏金梅，等. 电化学-积分脉冲安培法的氨基葡萄糖盐酸盐检测[J]. 电化学, 2014, 20(2): 164-169.
[31] 张彦丽. 双酚 A 电化学快速检测方法的初步研究[D]. 长沙：中南林业科技大学, 2011.
[32] Ding L, Du D, Zhang X J, et al. Trends in cell-based elec-trochemical biosensors[J]. Current Medicinal Chemistry, 2008, 15(30): 3160-3170.

[33] 史慧. 基于电位测定法的智能在线 pH 分析仪设计[D]. 郑州：郑州大学, 2007.

[34] Analog Devices, Inc. 具有温度补偿的隔离式低功耗 pH 值测试系统[EB/OL]. https://www.analog.com/cn/education/education-library/videos/3807491006001.html.

[35] 路秀利. 生物芯片电化学检测仪嵌入式系统设计[D]. 上海：上海交通大学, 2010.

[36] 宋娜，于琦. AD5933 集成电路在血液阻抗测量中的应用[J]. 成组技术与生产现代化，2015, 32(1)：51-53.

[37] 李静，陈世利，靳世久. 基于 AD5933 的阻抗分析仪的设计与实现[J]. 现代科学仪器，2009, 2: 28-31

[38] Reeves N, Liu Y, Nelson Malhotra N M, et al. Integrated MEMS structures and CMOS circuits for bioelectronic interface with single cells[J]. Proceedings of the 2004 International Symposium on Circuits and System, 2004, 3(3)：673-676.

[39] Jones M H. A key element in condition monitoring[C]. Proc of Inter Conf on Condition Monitoring. Oxford: Oxford University Press, 2001: 29-40.

[40] 张晓飞. 基于介电常数测量的油液监测技术研究[D]. 长沙：国防科技大学, 2008.

[41] Analog Devices, Inc. 24-Bit capacitance-to-digital converter with temperature sensor, AD7745/AD7746[EB/OL]. http://www.integrated-circuit.com/pdf/973/772.pdf.

6

电化学分析仪器联用技术

6.1 电化学分析仪器联用技术概述

由于分析对象的多样性和复杂性，单一的分析技术方法能够提供的信息有限，因此人们将多种分析仪器联合起来使用，以获取更加丰富的检测信息。几十年来，人们已经开发出多种联用分析方法，如色谱-质谱联用、色谱-光谱联用、电化学-光谱联用等，各种新型联用仪器的不断出现，解决了大量实际问题的同时也大大拓宽了仪器分析的应用领域，可以说，联用分析仪器是现代仪器分析发展的必然趋势。

广义地说，所有将两种或多种原理相同或不同的分析方法联合使用的技术，都可以称为联用分析技术。从分析原理的角度看，可以分为相同/相似原理的技术联用（如光谱-光谱联用、质谱-质谱联用）和不同原理技术的联用（如色谱-质谱联用、电化学-光谱联用）；从测试顺序的角度看，可以有先分离后检测（如色谱-光谱联用、色谱-质谱联用等）、同时检测（如光谱-光谱联用）、原位检测（如电化学-光谱联用、电化学-石英晶体微天平联用）等；从联用方式角度看，可以有两种或多种仪器联合使用、将一种仪器作为另一种仪器的附件以及集成化的联用仪器等多种方式。

电化学技术方法主要研究电的作用和化学作用之间的相互关系，既可以通过对电位、电流、电量、电容、阻抗等电学信号的测量来定性和定量表征被测物质的信息，又可以通过对电极电势和电极电流的控制，促使化学反应的发生，将电化学方法与其他分析测试方法如各种光谱方法、化学发光、石英晶体微天平、扫描探针技术等结合联用，能够从多个维度上探索界面上的相互作用、反应过程、质量变化、结构特征等信息，可以进一步拓宽相关分析技术的应用领域；另外，电化学技术方法还是一种原位分析测试方法，无论是分析测量还是激励调制，都可以与其他的技术方法同步进行；而且电化学技术方法因为直接对电信号进行测量，具有所需的仪器设备相对简单、成本低、可根据需要进行改造和裁减的优势。因此，自 20 世纪中期研究者第一次将电化学反应和电极颜色变化联系起来后，人们先后将电化学技术方法与紫外-可见光谱、拉曼光谱、红外光谱、发光检测、表面等离子体共振检测、石英晶体微天平、扫描探针技术、色谱技术等技术方法联合使用，研制出了多种仪器设备。

6.2 电化学与光谱仪器的联用

6.2.1 光谱电化学概述

将各种光谱分析技术与电化学技术结合联用的技术方法称为光谱电化学。光谱电化学的概念在 20 世纪 60 年代初由美国著名化学家 R.N.Adams 提出，随后由他的学生 T.Kuwana 在 1964 年首次使用导电玻璃电极（conducting glass electrode）同时进行了电化学循环伏安和吸光度的测量[1]，从此以后光谱电化学得到了迅速的发展，已成为电化学领域中的一个重要分支。

通常情况下，电化学方法和光谱技术的联用中，电化学方法更多地用作化学反应的激发手段，而通过光谱技术来监测体系对电化学激发信号的响应。这是因为电化学方法所得到的电势、电流等信号是电化学体系中各种微观信息的总和，对电极/溶液界面的各种反应过程、物质浓度、中间产物和形态变化敏感度有限；而光谱技术的加入，使得人们能够在实验中从分子水平上获取关于中间产物、瞬间状态等信息，进而研究反应过程机理、电极表面特性、电化学界面动力学等内容[2, 3]。

光谱电化学方法可以分为现场型和非现场型。前者又称为原位方法（in situ.），指的是在电解池中，在电化学反应进行的过程中同时进行光谱测量，如现场红外光谱、紫外-可见光谱、拉曼光谱、荧光光谱等；非现场型是在电解池之外考察电极的方法，往往涉及高真空表面技术，如低能电子衍射、X 射线衍射、光电子能谱等[4]。与非现场型相比，原位光谱电化学技术可以实时获取电化学反应过程中的有用信息，尤其是针对不稳定的电化学中间产物和暂态的中间过程测量，更具有实际意义，因此应用更加广泛。另外，非现场型的光谱电化学测量技术，其本质是不同分析手段的先后运用；而原位光谱电化学技术必然涉及两种分析技术的同步进行，是真正“联用”技术，因此是本章所介绍的主要内容。

按照光线的入射方式，光谱电化学可分为透射法、反射法和平行入射法。透射法是指入射光穿透电极和相邻的溶液，此时需要采用光透电极（OTE），如图 6.1（a)、(b）所示。通常情况下，在采用透射法时，入射光线的方向垂直于电极和溶液的界面方向，以减少不必要的折射和反射；光线可以从电极一侧射入［图 6.1（a)］，也可以从溶液一侧射入

[图 6.1（b)]。反射法根据光线入射方向的不同，可分为内反射法 [图 6.1（c)] 和镜面反射法 [图 6.1（d)]。内反射法是入射光从电极侧入射，通过光透电极后在电极和溶液的界面上发生全反射；镜面反射法是入射光从溶液侧入射，通过溶液后在电极和溶液表面发生全反射。平行入射法则是让入射光与电极和溶液界面平行或近似平行地穿过电极表面附近的溶液，如图 6.1（e）所示。

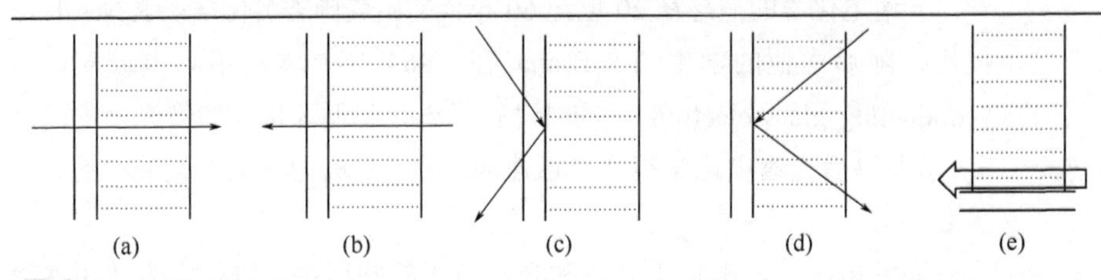

图 6.1 光的入射方式

按照电极附近溶液层的相对厚度，光谱电化学又可分为薄层光谱电化学法和半无限扩散光谱电化学法。薄层光谱电化学涉及电解池内电活性物质的耗竭性电解，而半无限扩散光谱电化学方法中，电极反应的扩散层厚度远小于溶液层的厚度。需要注意的是，采用的方法是属于薄层光谱电化学还是半无限扩散光谱电化学方法，不仅仅与所采用的电解池溶液层厚度有关，还与施加的电激励信号保持时间以及体系的扩散层厚度有关。当电激励信号的持续时间很短，电极反应的扩散层边缘远小于溶液层厚度时，即使电解池的溶液层很薄，也可以认为是半无限扩散光谱电化学；相反，如果外加的电激励信号持续时间足够长，电极反应的扩散层厚度接近溶液层的厚度，即使电解池溶液层比较厚，也可以认为是发生了耗竭性电解，从而符合薄层光谱电化学的条件。因此，通常在薄层光谱电化学实验中，采用较长的电解时间、较慢的电位扫描速度等实验条件；而在半无限扩散光谱电化学实验中，通常采用较短的电激励时间或是阶跃信号作为激励信号[4]。

无论是透射法还是反射法，透光性良好的电解池或电极都是光谱电化学研究不可或缺的重要部件，几十年来，电解池和光透电极材料的选择以及结构设计一直是研究者关注的对象。石英由于其优秀的透光性，成了制作电解池的首选材料，直至今日仍在大量应用；而光透电极材料的选择则更加丰富。最早的光透电极是在玻璃上镀了一层掺杂锑的二氧化锡[5]，随后人们又在石英片、玻璃、聚酯片等透明基底表面沉积其他的半导体或金属薄膜，如金、铂[6]、氧化铟、二氧化钛[7]等，也有研究者把碳沉积在透明基底上作为光透电极来使用[10]；金属网栅电极是另一种常用的光透电极[8, 9]，通常由100～2000目的金属网构成，入射光可以从网孔中通过，具有较高的透光率的同时，保留了其制作材料的电化学性质；具有高透光性的导体材料也可以直接被用作光透电极，如锗在红外波段具有较好的透光性，因此可应用于红外光谱电化学研究[11]；和常规电极一样，光透电极的表面特性也可以通过化学修饰的方法来改变，在光透电极的基底上进行化学修饰可以对某些难以直接在基底电极上进行电子转移的物质进行光谱电化学研究[4]；近年来，石墨烯由于其优良的导电性和透光性，已被研究者用作光透电极材料[12]。

6.2.2 紫外-可见吸收光谱

紫外-可见光谱的波长范围在100～800nm，是由于成键原子的分子轨道中电子跃迁产生的对应波长吸收，具有仪器结构简单、操作方便、灵敏度高等特点，广泛地应用于有机和无机化合物的定性和定量分析。

6.2.2.1 紫外-可见吸收光谱测量仪器简介

进行紫外-可见吸收光谱测量的仪器设备为紫外-可见分光光度计，典型的双光束紫外-可见分光光度计的结构如图6.2所示：由光源发出的多波长光束，经过单色器（棱镜或者光栅）和狭缝后变为单色光，再经过分束镜（劈分器）分为两束，分别透过样品池和参比池，由检测器进行强度检测。

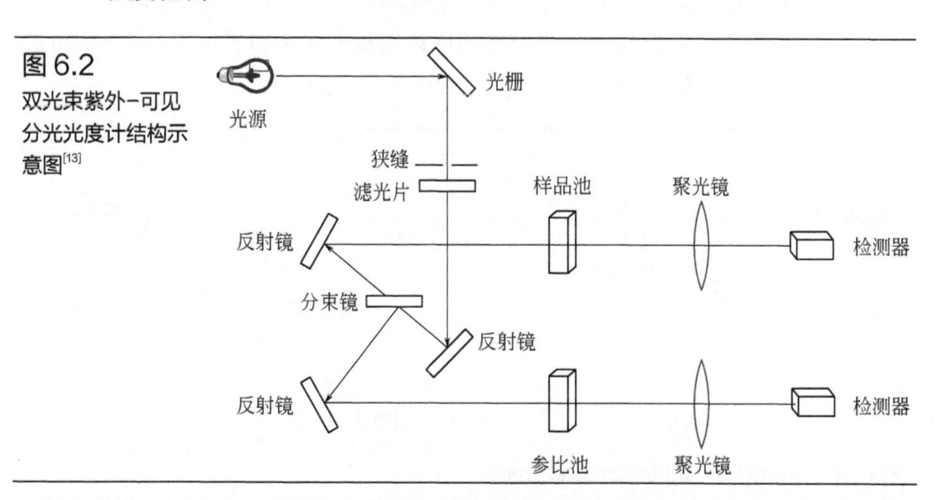

图6.2 双光束紫外-可见分光光度计结构示意图[13]

紫外-可见分光光度计的光源主要有氘灯（190～400nm）和碘钨灯（360～800nm），两者在仪器工作的过程中按需切换；单色器通常为石英棱镜或者光栅，来自光源的光通过入射狭缝后，由单色器散射成为单色光，经过出射狭缝和滤光片，滤掉杂散光，得到纯净的单色光；单色光再经过分束镜，得到两束相同波长的光束，同时进入样品室，分别通过样品池和参比池，射向检测器；常用的检测器包括光电池、光电二极管、光电倍增管等。

一种简化的仪器结构为单光束的分光光度计，省略了参比池和相关的光路结构，弊端是无法通过样品光束和参比光束的差分测量来消除光源波动和环境光的影响，测量的重复性相对较差；更为简化的结构是采用固定波长的光源如发光二极管，进而省略了单色器等部件，此时仪器只能进行单波长的吸光度测量，而无法实现波长扫描。

典型的紫外-可见分光光度计通过单色器中的色散元件和狭缝来产生单色光，进行波长扫描测量时，需要使色散元件产生机械运动（通常是围绕某一轴心转动），因此完成大范围光谱扫描测量所需时间较长。

在20世纪后半期，随着半导体技术和计算机技术的出现，以及色散元件和多通道光电检测器件如光电二极管阵列、CCD等的迅速发展，紫外-可见光谱检测设备实现了微小型化。如图6.3所示，这些微小型化的紫外-可见光谱仪内部并未带有光源，通常采用光纤作为光的传导器件，配合相应的光纤光源使用；在光谱仪内部采用平场凹面全息光栅作为色散元件，采用折叠式的光路设计以进一步减小体积；多通道的检测器件如CCD或NMOS传感器在减小体积的同时极大地提升了检测速度，实现了光谱的快速扫描，可以在几毫秒的时间内获得一幅全光谱图。通过光纤传导，光源与检测器分离的设计也极大地增加了仪器系统应用的灵活性，使得与多种形式的检测池配合使用更加方便。

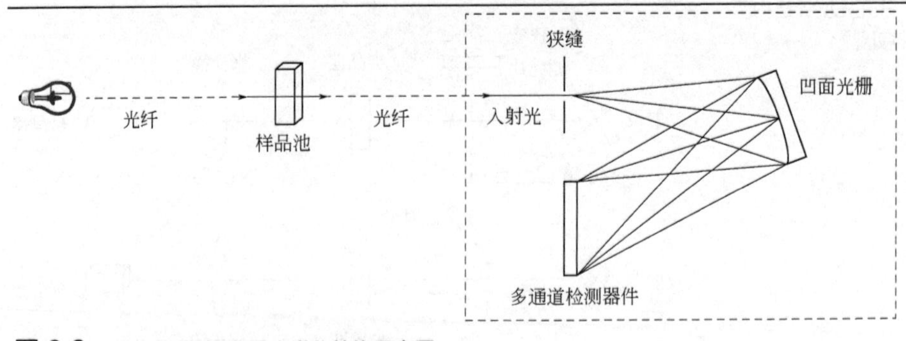

图6.3 微小型紫外-可见光谱仪结构示意图

6.2.2.2 电化学与紫外-可见光谱联用仪器

电化学技术方法与紫外-可见光谱的联用有着很长的历史，是光谱电化学方法中最为经典、最为成熟的方法，广泛应用于无机物、有机物和生物体系等多个方面，适用范围涵盖了可逆反应、准可逆反应和不可逆反应，以及某些生物反应。通过紫外-可见光谱电化学可以适用于水溶液、有机溶液以及熔融盐体系，在较宽的温度范围内进行动力学和热力学研究，特别是研究电极和溶液之间的界面反应过程[13]。

由于电化学检测和紫外-可见光谱的仪器结构都较为简单，故两者的联用较为方便，如图 6.4 所示，主要是技术方法联合使用，联用时更多的是对电极和光化学池的设计。

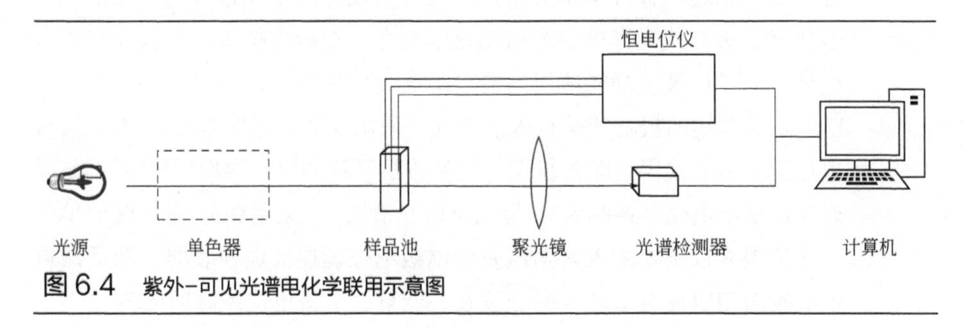

图 6.4 紫外-可见光谱电化学联用示意图

一种较为简单的联用方式是将电化学电极直接置入紫外-可见分光光度计的比色皿中，在电化学测试进行的同时检测溶液的紫外-可见吸收光谱，或是某个固定波长的吸光度。例如分别采用玻碳电极、铂电极和饱和甘汞电极作为工作电极、对电极和参比电极，以石英比色皿为光谱电化学池，在电极表面聚合的过程中，测量苯胺溶液的紫外-可见光谱和 220nm 波长处的吸光度变化[14]。采用这种研究方式时，光谱检测的信号变化正比于溶液中的反应物在电极表面发生反应的比例，也会受到电极面积和溶液浓度均一性的影响，检测的灵敏度有限。有研究者将工作电极做成特殊的形状，如两片平行的铂片，让光从两片电极之间的空隙穿过[15]，这种方式可以有效地增加工作电极的面积，减少溶液浓度梯度的影响。采用光透电极进行电化学与紫外-可见光谱联用也十分普遍，如采用 ITO 玻璃作为工作电极，通过在线紫外-可见光谱研究苯胺聚合过程[16, 17]、苯胺衍生物如邻甲基苯胺、邻氨基苯甲酸、邻氨基酚、邻苯二胺等的电化学共聚和共聚产物等[18, 19]。与普通电极相比，光透电极的形状、摆放位置较为灵活，不仅可以检测溶液中吸收光谱的变化，还能检测电极表面上聚合物分子产生的吸收峰。

另一种电解池形式是采用薄层光谱电化学池。根据光束透过薄层池时光程的长短，薄层池又可分为一般的薄层光谱电化学池[20]和长光程薄层光谱电化学池[21]，前者通常采用图 6.1（a）或者图 6.1（b）所示的垂直入射方式，所用电极必须是光透电极；而后者通常采用图 6.1（e）所示的平行入射方式，电极可以是光透电极，也可以是普通电极。采用平行入射方式的长光程光谱电化学池比垂直入射的一般薄层电化学池在检测灵敏度方面具有优势，更适合于研究电极表面的吸附和修饰。与采用普通比色皿作为电解池相比，薄层池的设计和制作相对复杂，但性能更好。除了上述两种典型薄层池，研究者还设计出了光程可调的光谱电化学池[22]、夹心式光谱薄层光谱电化学池[23]、电极体插入式的长光程光谱电化学池[24]以及多功能薄层光谱电化学池[25]等。

除了前述的投射或平行入射方式，采用反射方式的紫外-可见光谱与电化学方法的联用也较为普遍，这种方法又称为电化学原位紫外-可见反射光谱法或电化学调制紫外-可见反射光谱法，它采用紫外-可见区的单色平面偏振光以确定的入射角激发受电极电位调控的电极表面，然后测量电极表面相对反射率随入射光波长、能量、电极电位或时间的变化[26]。反射方式根据入射光线在电极-溶液界面的哪一侧，可分为内反射［图 6.1（c）］和镜面反射［图 6.1（d）］两种，其中镜面反射法更常用一些。实验中，为减少光学检测精度、电解液吸收、杂散光等因素引起的误差，需要测量相对反射率 $\Delta R/R$。

电化学方法与紫外-可见光谱联用时，实现电化学调制的方式有很多种，按照电极电位控制类型，可分为直流电位调制、阶跃电位调制、方波电位调制、电位扫描以及正弦波电位调制等。采用传统的紫外-可见分光光度计与电化学仪器联用时，受限于光谱扫描的时间分辨率，光谱采样的间隔较大，例如在循环伏安法进行电聚合时，只能在循环伏安的两个转折电位上记录光谱信息[19]；采用多通道检测器的光谱仪在时间分辨率上具有极大的提高，能够在几毫秒甚至更短的时间内获取一帧光谱数据，可以满足与电势阶跃方法的联用需求。在时间分辨率提高的同时，对电化学信号与光学信号产生和采集的同步需求也越来越高，软件控制方式已无法实现高精度的同步控制，因此需要对仪器系统进行改进，添加同步控制电路，如图 6.5 所示。

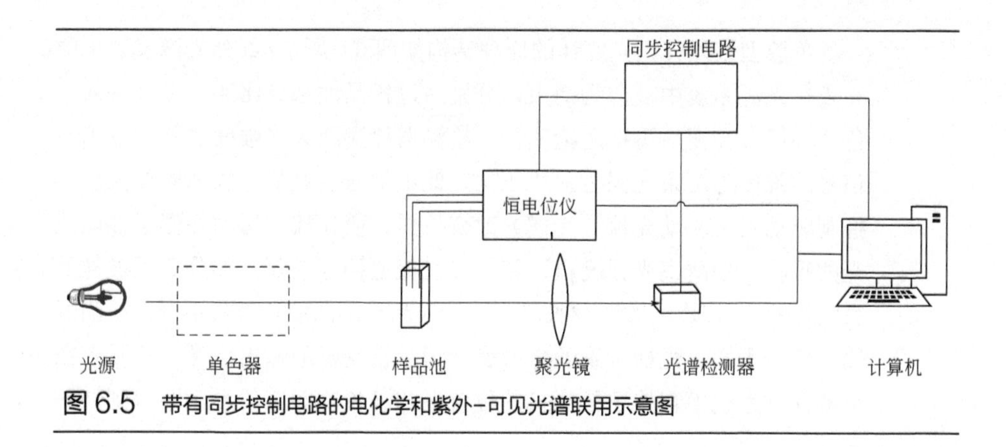

图 6.5　带有同步控制电路的电化学和紫外-可见光谱联用示意图

6.2.3　红外光谱

红外光谱波长范围在 0.75～1000μm，位于可见光区和微波区之间，产生于物质分子振动和转动能级从基态跃迁到激发态时对此波段的特征吸收。红外吸收光谱是定性鉴定化合物及其结构的重要方法之一，适用于固体、液体和气体样品，应用非常广泛，无论是纯物质还是混合物、有机物还是无机物，都可以进行红外光谱分析。

根据仪器技术和应用的不同，红外线区通常分为近红外区（0.75～2.5μm）、中红外区（2.5～50μm）和远红外区（50～1000μm）。其中近红外区对应着低能电子跃迁、含氢原子团伸缩振动的倍频吸收等，可用于研究稀土和其他过渡金属离子的化合物、水、醇、某些高分子化合物以及含氢原子团化合物的定量分析；中红外区对应着绝大多数有机化合物和无机离子的基频振动，适用于化合物的定性和定量分析，同时中红外区的仪器成熟简单，标准谱图积累丰富，应用最为广泛；远红外区对应着气体分子的纯转动跃迁、振动-转动跃迁、液体和固体中重原子的伸缩振动、边角振动、骨架振动以及晶体中的晶格振动等，适用于异构体的研究和金属有机化合物、氢键、吸附现象的研究[13]。

6.2.3.1　红外光谱仪器结构简介

进行红外光谱测量的仪器设备为红外分光光度计，按照结构的不同，可以分为色散型和干涉型两大类。色散型根据分光元件的不同，又可分为棱镜型和光栅型；干涉型又称为傅里叶变换红外光谱仪，不包括色散元件，而是由迈克尔逊干涉仪和运行在计算机中的数字处理系统构成。

色散型红外分光光度计的原理结构如图 6.6 所示：红外光源发射出的光束在光源系统中被分为两束，分别透过样品池和参比池，交替进入单色器，经过光栅后再抵达检测器。检测器检测两束光强度之差，输出电信号的强度与两束光强之差成正比，此电信号经过信号放大器放大后，控制驱动器来驱动光梳（光楔）改变位置，而光梳的运动补偿了参比池光的吸收，使两束光强度再次相等（光梳遮挡掉的那一部分等于被样品吸收掉的）。在连续改变波长时，因为样品对不同波长吸收不同，检测器输出信号不同，光梳位置随之改变。记录检测器的输出信号（实际上在很多仪器系统中直接记录光梳的位置）和波长的对应关系，即得到红外光谱图。

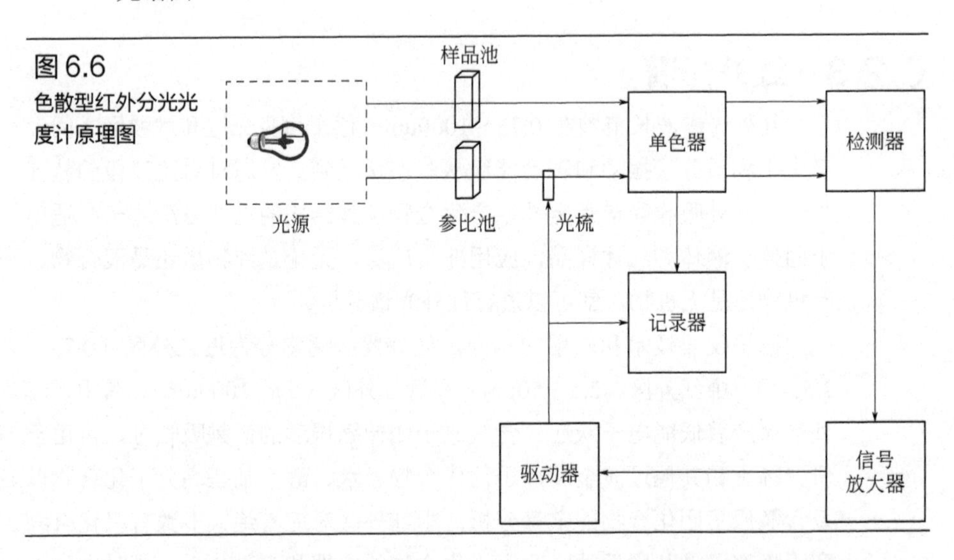

图 6.6
色散型红外分光光度计原理图

红外分光光度计中较为常用的红外辐射光源为能斯特灯，由多种稀土元素氧化物烧结而成，工作温度为 1300～1700°C；另一种红外辐射光源为硅碳棒，工作温度为 1200～1500°C，其波长范围比能斯特灯宽，成本也较低。与紫外-可见光谱不同，因玻璃、石英等常用透光材料在红外线区的透过性不好，无法用于样品池制作，红外吸收光谱的样品池通常用 NaCl、KBr、CsI、CaF 和 KRS-5 等材料制作。在色散型红外光谱仪中，单色器是核心部件之一，其作用是将复色光色散为单色光。早期的仪器采用三棱镜作为色散元件，随着光栅制作技术的发展，逐渐被分辨率更高的反射型平面衍射光栅所取代。红外光谱的检测器可分为热检测器和光检测器两类，其中较为常用的热检测器有热电偶、热电检测器（TGS

检测器）等，较为常用的光检测器是 MCT 检测器（碲镉汞检测器）；热电检测器是检验大量光子累积能量的热效应，而光检测器则利用半导体光导效应来实现检测。

傅里叶变换红外分光光度计的工作原理如图 6.7 所示：仪器主要由光源、干涉仪、检测器、计算机等部分构成。与色散型的红外光谱仪不同的是仪器中并没有单色器和狭缝，而是利用一个迈克尔逊干涉仪获得入射光的干涉图，通过计算机进行快速傅里叶变换的数学运算来获得红外光谱图。

图 6.7
傅里叶变换红外分光光度计原理

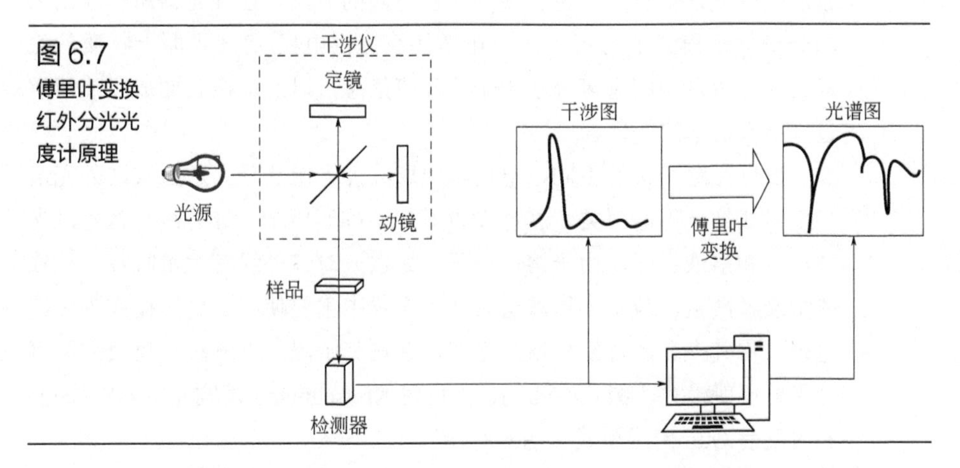

干涉仪由分束器、固定反射镜（定镜）和移动反射器（动镜）组成，其中定镜和动镜相互垂直，分别平行和垂直于入射光方向；分束器为半透膜，分别与定镜和动镜成 45° 角放置，作用是把来自光源的光束分成方向相互垂直、强度相等的两部分。在定镜上反射的光束透过分束器，而动镜上反射的光束在分束器上再次被反射，两束光平行透过样品并射向检测器。

因为射向检测器的两束光为相干光，因此将产生干涉现象。如入射光为波长为 λ 的单色光，则当动镜沿着垂直方向以固定速度移动时，每移动 $\lambda/4$ 距离，入射到检测器的干涉光会在相消干涉和相长干涉之间变换，强度会有按余弦规律周期性的变换；如入射光为连续波长的复色光时，所得的干涉图为各单色光干涉图之和，由于样品吸收了某些频率的红外线，得到的是一个复杂的干涉图，包含了入射光源所有频率分量的信息，通过计算机对该干涉图进行傅里叶变换，将其从时间域函数变换为频率域函数，即可得到以波长或波数为函数的红外光谱图。

与色散型红外分光光度计相比，傅里叶变换红外分光光度计具有测量速度快（几秒钟就可以得到光谱图）、灵敏度高、分辨率高、精确度高和光谱范围宽等优点，尤其是其较快的测量速度，使得红外光谱与电化学联用技术得到了发展。

6.2.3.2 电化学与红外光谱联用仪器

电化学技术与红外光谱技术相结合，通常称为电化学现场红外光谱法，是一种可以对电化学体系进行电化学调制或检测的同时，对检测体系的红外光谱信息变化进行现场原位检测的方法。红外光谱所体现出来的分子振动模式信息可以为电化学体系提供电极/溶液界面上物质的生成、消耗以及中间态等分子水平的反应信息，以及电极表面成膜或溶解过程中反射率的变化。

根据光路结构的不同，电化学现场红外光谱法分为透射式红外光谱和反射式红外光谱两类。透射式如图 6.8（a）所示，红外线垂直透过光透电极和溶液界面，由于溶剂分子（如水）对红外线有大量吸收，导致能量衰减严重，故常采用薄层设计。实践中主要使用金属网栅作为工作电极，将其夹在两片红外窗片之间，并在其中浸入电解液；反射式又可分为外反射模式［图 6.8（b）］、内反射 Kretschmann 模式［图 6.8（c）］和内反射 Otto 薄层模式［图 6.8（d）］[27]。

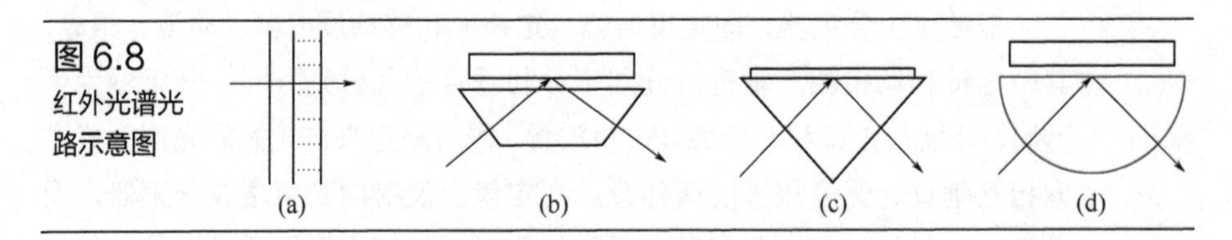

图 6.8 红外光谱光路示意图

外反射模式在 1980 年由 Bewick 等人首次成功应用于电极/溶液界面研究[28]，是电化学现场红外光谱技术中应用最早也是最普遍的，已经被广泛应用于各种电化学试验研究，其典型电解池结构如图 6.9（a）所示[29]；内反射 Otto 薄层模式在 2004 年由 Bock 等人提出，其电解池结构与外反射模式比较相似，如图 6.9（b）所示[30]。两者的差别在于内反射 Otto 模式利用了衰减全反射的消失波（evanescent wave），可用于非镜面反射材料电极的研究，而外反射模式需要在电极表面发生红外反射，电极材料受到限制；内反射 Kretschmann 模式在棱镜表面镀上金属薄膜或半导体薄膜作为工作电极，主要应用于表面增强红外光谱的研究。

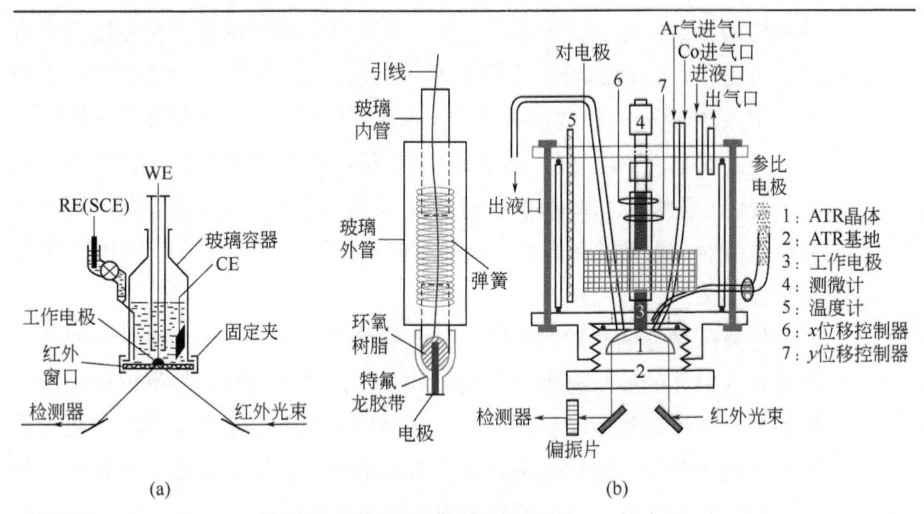

图 6.9　外反射模式和内反射模式的电解池结构示意图[29,30]

表面增强红外吸收效应是指在岛状的金属纳米膜上吸附的分子产生的红外吸收增强现象，在 1980 年由 Hartstein 等人在研究对硝基甲苯分子在溅射于硅表面的 Ag、Au 岛状薄膜上的吸附时首次发现，随后得到了验证并成为领域内的研究热点。到目前为止，表面增强红外吸收效应的原理尚未完全明确，有研究表明，电磁增强机理和化学增强机理都可用于其原理的解释。表面增强红外吸收效应有效地提高了检测的灵敏度，是研究固/液界面、固/气界面和固/真空界面的重要工具之一，电化学表面增强红外光谱有着光谱信号电位可逆性好、表面选律简单和对极性小分子灵敏等优点，广泛应用于电极吸附分子构型、有机小分子催化以及电极界面配位反应的研究[31]。

近年来对电化学与红外光谱联用技术的研究，更多地集中在样品池结构设计电极制备方法等方面。针对常用的 Ge、ZnSe 和 Si 材质的红外窗口在部分频段有吸收以及无法适用于原位光谱电化学的问题，研究者发展了 ZnSe/Si/C 组合红外窗口[32]、ZnSe 半球柱体和 Si 片组合红外窗口[33]以及 ZnSe/H_2O/Si/金属膜红外窗口[34]等新型电化学与红外光谱联用检测池结构，使得红外检测的波长范围和入射角度得到了提高。

6.2.4　拉曼光谱

拉曼光谱是一种光与物质作用后的散射光谱，与红外光谱同属于振动和转动光谱，却有着本质的区别。拉曼光谱的理论提出至今已有近百年的历史，早在 1923 年，史梅尔[35]（A. Smekal）就从理论上预言，当频率为 V_0 的单色光入射到物质以后，物质中的分子会对入射光产生散射，散射光的频率为 $V_0 \pm \Delta V$；随后在 1928 年，印度物理学家拉曼[36]（C. V. Raman）在研究液体苯的散射光谱时，从实验上发现了这种散射，因而称为拉曼散射（也称拉曼光谱、拉曼效应，拉曼也因此获得了 1930 年诺贝尔物理学奖）。

拉曼散射与瑞利散射不同，其散射光的波长不同于入射光的波长，而是与入射光的波长有着一定的偏移，称为拉曼位移。拉曼位移与物质内部分子的振动和运动状态有关，与激发光的波长无关，因而拉曼光谱可用于物质分子结构的检测；拉曼散射的强度正比于被激发光照明的分子数和激发光强度，因而拉曼光谱可用于定量分析。

拉曼光谱与红外光谱有着密切的联系，这两种光谱都是由分子的振动和转动引起的，但它们的发生机制有着本质的不同。红外光谱是研究红外线通过样品后被吸收的情况，而拉曼光谱则是研究在垂直或其他方向上分子对单色入射光的反射情况。与红外光谱相比，拉曼光谱具有需求样品量少、检测距离远、可在水溶液和玻璃容器中测量的优点。

6.2.4.1 拉曼光谱仪器结构简介

典型的色散型拉曼光谱仪器结构如图 6.10 所示，由光源、样品池、单色器（滤光片）、光谱仪以及计算机等部分组成。

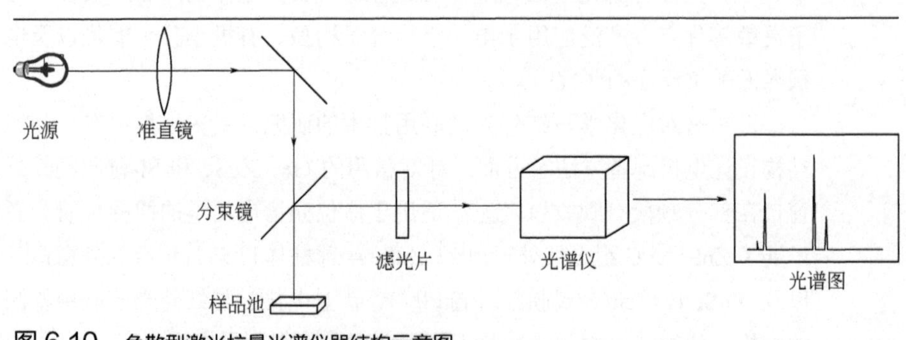

图 6.10 色散型激光拉曼光谱仪器结构示意图

拉曼散射的强度很弱，只有瑞利散射的百万分之一，甚至更少，因此对光源的强度和单色性要求都很高。激光是拉曼光谱理想的光源，具有强度高、单色性和准直性好等优点。因为拉曼散射的波长与激发光不同，因此必须对激发光的波长进行过滤，去除掉瑞利散射的影响。系统中的色散装置通常由光谱仪担任，光电倍增管和CCD都是比较常见的检测器。近年来，具有更高灵敏度的冷却型的近红外CCD和EMCCD也被应用于拉曼光谱仪。

另一种典型的拉曼光谱仪器是结构如图6.11所示的傅里叶变换拉曼光谱仪（FT-Raman），与傅里叶变换红外分光光度计类似，探测器得到的原始信号是拉曼散射经过迈克尔逊干涉仪之后的结果，需要先对干涉信号进行傅里叶变换。与色散型的拉曼光谱仪相比，傅里叶变换拉曼光谱仪可以采用能量较低的近红外激光（通常为1064nm）作为激发光，这样可以有效避免激发样品的荧光，消除荧光干扰；但傅里叶变换拉曼光谱仪也存在着光谱测量时间较长、单次扫描信噪比较低等不足。

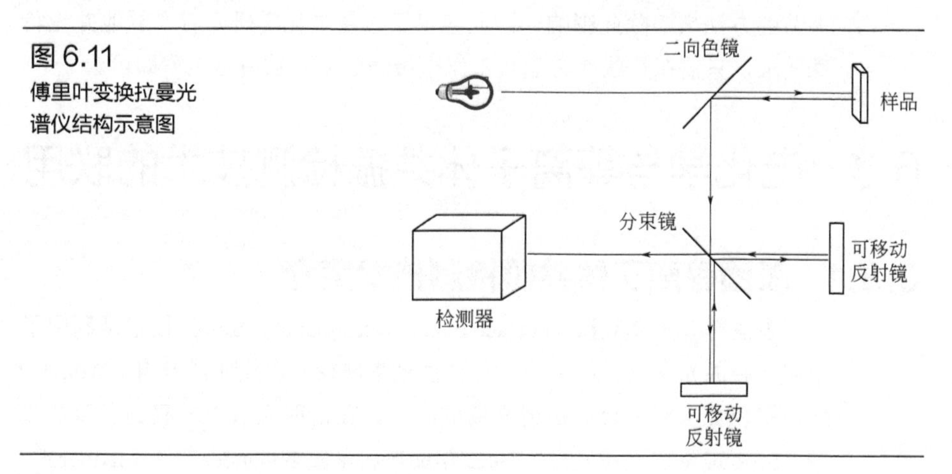

图6.11
傅里叶变换拉曼光谱仪结构示意图

6.2.4.2 电化学与拉曼光谱联用

拉曼光谱可以提供分子的结构信息，不受溶剂水的影响，还可以根据样品的不同特点选择不同波长的激发光。但在很长一段时间里，较低的检测灵敏度限制了拉曼光谱的应用范围，仅被作为红外光谱的补充以鉴别部分有机化合物的官能团、结构以及构象。1974年，英国科学家Fleischmann[37]等在电化学粗糙的Ag电极上得到了显著增强了的吡啶的拉曼信号，此后研究者们开始了表面增强拉曼光谱（SERS）的研究。SERS利用金、银、铜等金属纳米结构的SPR效应增强表面分子的拉曼信号，可使拉曼信号的强度增加五至六个数量级，具有较高的检测灵敏度。目前，SERS已成为分子水平上研究电化学界面吸附和反应的重要谱学方法之一[38]。

虽然 SERS 增强机理的理论仍在探索，在电化学界面上，电位作为一个重要的因素，可用于调节拉曼散射过程中所涉及的能量共振[39]。通过调节电极电位，不仅可以改变电极的费米能级、调控电极的电子结构，还会影响界面吸附分子与表面成键和吸附取向，因此通过电极电位的调节，可显著增强拉曼信号。

在现场原位拉曼光谱电化学的研究中，通过测定散射的拉曼光谱信号与电极电位及电流强度等的变化关系来获得电极界面的反应信息。为了避免溶液信号的干扰，一般也通常采用薄层电解光谱池的方法，但由于拉曼光谱对水信号不敏感的特点，通常在水溶液中的光谱电化学测量其薄层厚度可以不用十分严格要求；在显微光路中尽管溶液层太厚会导致光路的部分改变，使收集的拉曼信号效率较低，但可以通过光源聚焦调节的方法来消除此影响。因此应用于拉曼电化学研究对电解池并无特殊要求，只需在片状或者盘状工作电极表面方向预留出光窗即可。

6.3 电化学与等离子体共振检测技术的联用

6.3.1 表面等离子体共振检测技术简介

表面等离子体共振（surface plasmon resonance，SPR）技术是利用了金属薄膜的光学耦合产生的一种物理光学现象。追溯到 1902 年，Wood[40]使用多色光来研究金属衍射光栅的时候，在衍射光谱中观察到了窄的黑带，SPR 现象首次被发现。1982 年瑞典科学家 Nylander[41]和 Liedberg[42]等人首次将 SPR 技术用于化学传感器，并成功地运用其进行气体检测和对抗原抗体相互作用的实时监测分析，成功地研制出第一个 SPR 气体及生物传感器，为测量生物分子相互作用奠定了基础。

表面等离子体（surface plasmon，SP）是沿着金属和电介质间界面传播的电磁波形成的。SPR 传感器是一种利用特殊电磁波-SP 极化子来探测溶液中的分析物与 SPR 传感器表面固定的分子识别元素之间相互作用的光学传感器。SPR 技术作为一种作用于介质表面的技术，具有很多突出的优势，比如，分析样品不需要纯化、生物样品无需标记、灵敏度较高、无背景干扰等[43]，可以广泛地应用在各个研究领域，如研究生物分子之间的相互作用和成键性质[44, 45]、检测生物和化学分析物[46, 47]、环境监测[48]、食品安全[49]和药物诊断[50]等。

在过去的几十年中，SPR 传感器吸引了研究者非常广泛的注意力，研究者发表了很多描述 SPR 传感器技术以及应用的研究报告。如今，SPR 传感器技术也已经日益商业化，并且逐渐成为表征和定量分子间相互作用的标准技术。

表面等离子体共振技术，是利用金属薄膜/介质界面光的全反射引起的物理光学现象来分析分子相互作用的技术。表面等离子体是沿着金属和电介质界面传播的电磁波形成的，用来激发 SP 最常用的方法是棱镜耦合和衰减全反射（attenuated total reflection，ATR），用于产生 ATR 的棱镜装置有 Kretschmann 型[51]和 Otto 型[52]。如图 6.12 所示，当平行于表面的 p-偏振光以大于临界角θ_c的入射角入射到棱镜和金属层界面上时，光线将会发生全内反射，即全部返回到棱镜中，然后从棱镜的另一个侧面折射出去。在全内反射的条件下，电场在金属和棱镜的界面处并没有立即消失，而是向金属介质中传输振幅呈指数衰减的消失波。该消失波可以与金属薄膜中的自由电子相互作用，使其形成 SP——一种在金属表面振荡的电磁波。由电磁理论可以得知，当两个电磁波具有相同的频率和波矢时，就会发生共振现象。由消失波触发的表面等离子的频率和消失波是一致的，也就是说，只要满足条件：k_x=k_{sp}（k_x和k_{sp}分别对应消失波和表面等离子沿x轴方向传播与表面平行的波矢分量），消失波和表面等离子就会发生共振。发生共振的时候，在棱镜与金属界面处的全内反射条件被破坏，将产生衰减全内反射现象。因此，由于入射光的能量传递给了表面等离子而出现了一个反射最小值。由此可知，共振的发生与入射光的角度、金属层的介电常数，以及介质的折射率都有关系。

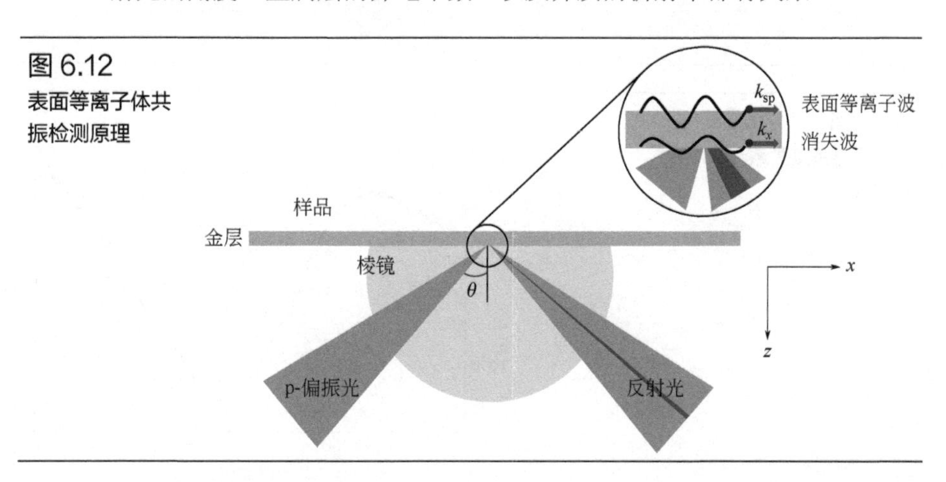

图 6.12
表面等离子体共振检测原理

按照构型分类，表面等离子体共振仪器可以分为棱镜型、光栅型以及光纤型；按照调制方式分类，表面等离子体共振仪器可以分为波长调制型、角度调制型、偏振状态调制型、相位调制型和强度调制型等。除相位调制尚处于起步阶段，角度调制、波长调制和强度调制技术已经比较成熟，在表面等离子体共振传感器以及基于此原理设计的仪器系统中得到了广泛的应用。其中，角度调制型由于其检测精度高、原理简单等优点，成为现今最为流行的一种 SPR 检测技术，目前的商业化仪器产品也多采用这种原理。

一种典型的角度调制型表面等离子体共振分析仪器结构如图 6.13 所示，固定入射光波长，通过机械结构改变入射角度，在某一折射率下，当入射角度达到某一角度 θ 的时候，即满足 $k_x=k_{sp}$ 条件时，就发生共振，全反射光强达到最小；当被测液体折射率发生改变时，重新扫描，并测定共振角 θ'，最终能够建立共振角与样品折射率之间的关系（如图 6.14 所示）。采用角度调制方式，可以测量的折射率精度能够达到 1×10^{-7} 折射率单元，但仪器结构上需要精确的步进马达或压电驱动器来实现入射角度的改变，以达到小于 0.01° 的角度分辨率，因此仪器一般体积较大。

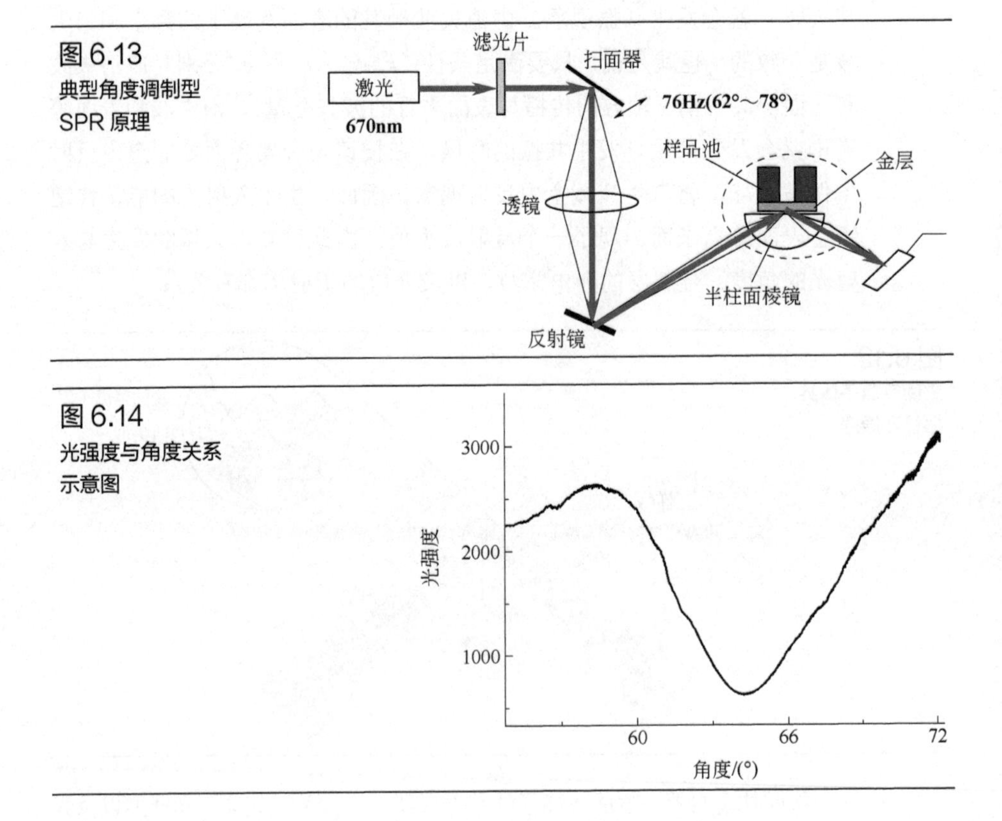

图 6.13
典型角度调制型 SPR 原理

图 6.14
光强度与角度关系示意图

另一种商业化的SPR仪器结构如图6.15所示，此结构为波长调制型，作为傅里叶变换红外光谱仪器的附件结构，通过波数（波长）来表征SPR现象。其入射光角度可以在40°～70°的范围内调整，检测时，入射角固定不变，连续改变入射光波长，通过检测器检测反射光强度，即可得到光强与入射波长之间的关系。

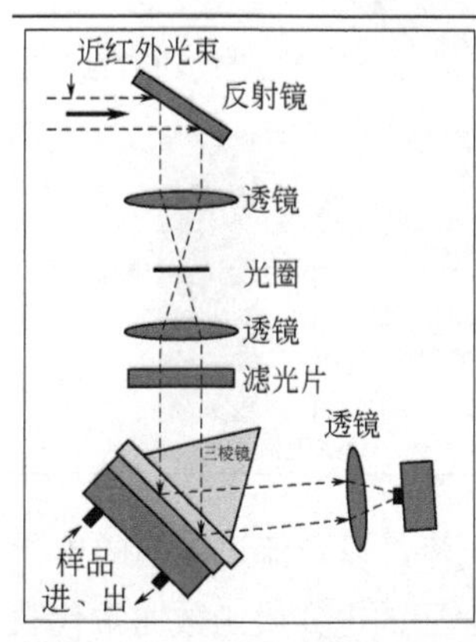

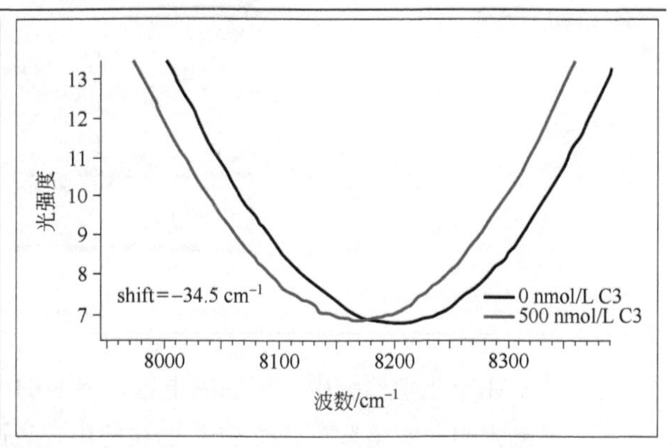

图6.15 波长调制型SPR仪器结构

6.3.2 电化学与表面等离子体共振检测技术联用原理

SPR是一种直接的光谱传感技术，它对两相界面（金属/电介质）的性质变化非常敏感，可以用来检测发生在金属电介质界面由特殊相互作用引起的折射率变化[53, 54]；而电化学反应是一个涉及表面、界面的氧化/还原过程，电化学方法能够检测电极界面电化学参数的变化，可以用来检测异相电子传递反应和耦合化学反应[55]。而用于产生SPR的金属膜（金膜或银膜）是电化学研究中一种常用的电极，因此将电化学和SPR联用是非常有意义的，它可以同时探测电化学池内同一表面两个不同物理量的界面性质[56-58]。早在1977年，Wang[56]、Norman[57]等就首次将SPR测量方法与电化学方法相结合应用了，经过几十年的发展和改进，典型的电化学-表面等离子体共振仪（EC-SPR）装置的结构如图6.16所示。电化学反应大多是一种界面反应，反应物在电极/溶液或电极/修饰层/溶液的界面上得失电子。在SPR光学系统上安装电解池，SPR传感芯片上的金属薄膜既作为产生表面等离子体共振的介质，又作为电化学反应的工作电极。这样一来，当电化学反应发生的时候，电极/溶液界面内发生的任何变化都会引起 SPR 共振角（折射率）的变化，两者的结合可以得到电化学反应过程中电极界面参数的变化，以用于两相界面有关过程的研究，这就是 EC-SPR 技术的基本原理。

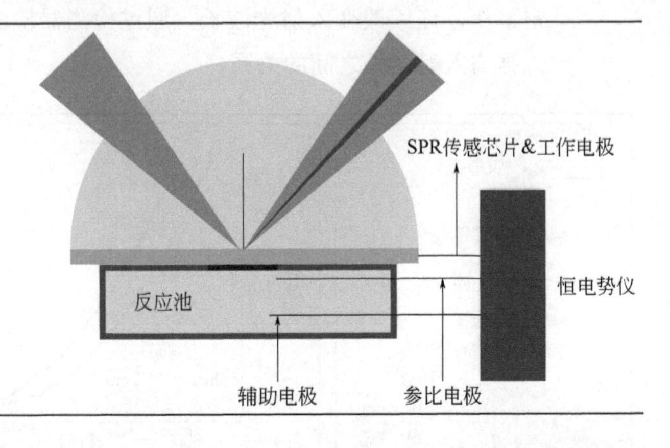

图 6.16
电化学与表面等离子体共振联用检测原理

在电化学检测中，施加的电压、界面的电流，以及流过界面的电量是最常用的实验参数。在 SPR 的实验中，表面层的电介质函数通常代表了数据分析的中心参数。然而，由于在施加界面电压的不同区域，通常是遵循不同的机理，电极表面的 SPR 响应是很复杂的，就算是在一个简单的体系中，没有表面反应物存在，电极也会有不可避免的法拉第过程，例如金属氢氧化物和氧化物的形成等，这些过程都使标准电化学 SPR 装置复杂化了。因此，电化学数据和 SPR 数据可以同时控制、即时采集是电化学与 SPR 联用的先决条件，也就是说电化学波形可以实时发送控制、电化学输出结果可以实时采集，SPR 光强度信号和 SPR 角度变化也能够同时采集。

在与传统的电化学电位扫描方法（如循环伏安法、线性扫描伏安法等）联用时，如果电位扫描速度设置较高，则界面上的变化是在较短的时间内发生的，这就对表面等离子体共振检测的时间分辨率提出了一定的要求；而在与电位/电流阶跃方法（如计时安培法、计时电位法、差分脉冲法、方波伏安法等）联用时，更是要求表面等离子体共振检测的时间分辨率达到毫秒等级甚至更高。

目前商业化的电化学-表面等离子体共振联用仍旧采用分立仪器连接共用的方式，使用不方便，而且成本较高。如何实现真正的电化学-表面等离子体共振检测一体化、集成化设计，也是需解决的关键问题之一。

6.3.3 电化学与表面等离子体共振检测技术联用仪器结构

我们所设计的电化学与表面等离子体共振联用检测系统的总体设计框图如图 6.17 所示：整个系统可以分为上位机和下位机两个部分，其中上位机包括计算机、操作系统、驱动程序和应用软件；下位机包括系统的机械结构、电子线路、固件程序等。

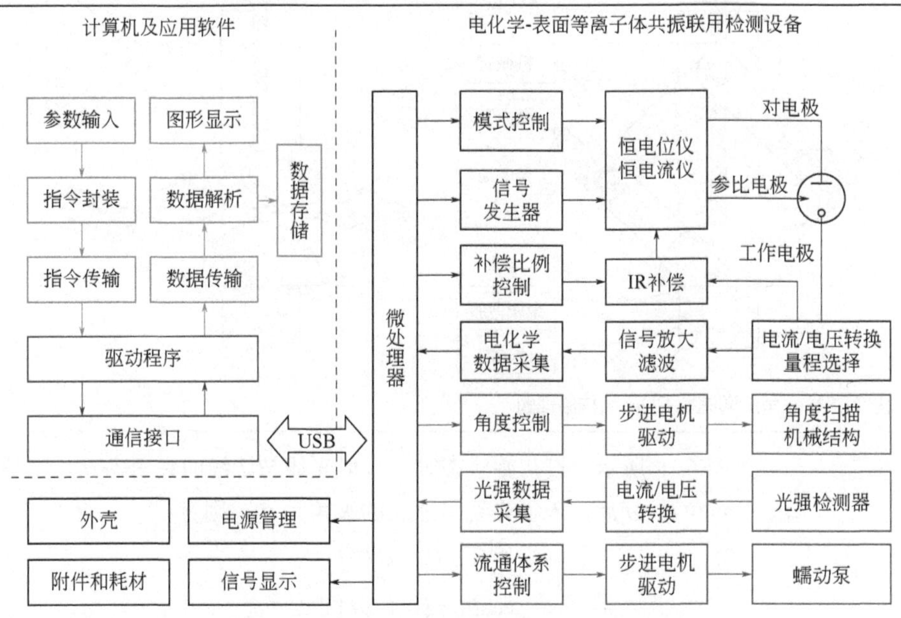

图 6.17 电化学与表面等离子体共振联用检测系统的总体设计框图

仪器系统采用整体式结构，电化学测试功能和 SPR 测试功能在上位机为同一个应用软件，在下位机由同一个微处理器控制，可以很容易地实现控制信号和检测信号的精确同步；信号检测电路与机械运动驱动电路采用分离电源，避免由于大功率数字信号产生的边沿噪声对微弱信号检测产生影响。

仪器的 SPR 检测结构为角度调制型，其角度扫描结构如图 6.18 所示：四条具有相等间距定位孔的机械臂构成菱形结构，在菱形结构的一个顶点上（图中顶点 1），放置半圆柱形棱镜，并使棱镜的圆心与机械臂定位孔的轴心相重合。在相邻的两个顶点上（图中顶点 2 和顶点 4），分别放置光电池和激光器，并使之固定在机械臂上。与棱镜相对的顶点（顶点 3）固定在可沿着直线导轨运动的滑块上。

调节光路，使光线汇聚在棱镜的圆心处，则此时入射角度与出射角度相同。通过步进电机驱动直线导轨转动，则滑块沿着图中箭头所指方向运动，光源与检测器同时以顶点 1 为轴心转动，但光线的入射角度和出射角度始终保持相同。

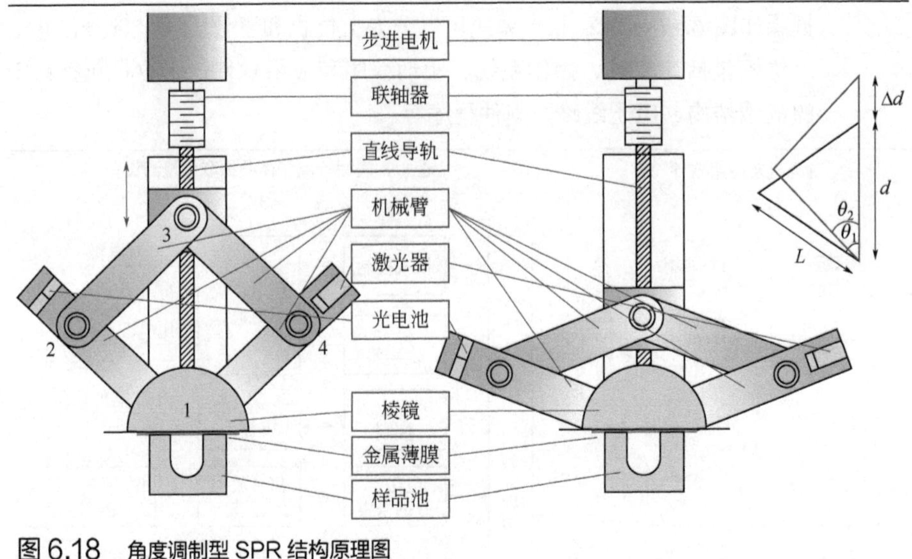

图 6.18 角度调制型 SPR 结构原理图

如图 6.18 所示，设初始状态时，入射光线与法线的夹角为 θ_1，滑块运动一定位移Δd 后，入射光线与法线的夹角为 θ_2，则有：

$$\cos\theta_1 = d / 2L$$

$$\cos\theta_2 = \left(d + \Delta d\right) / 2L$$

从而得到：

$$\theta_2 = \cos^{-1}(\cos\theta_1 + \Delta d / 2L)$$

式中，L 为机械臂两转动轴之间的距离；d 为初始状态时菱形顶点 1 和顶点 3 之间导轨的长度。滑块沿直线导轨方向的位移Δd 与导轨转过的角度和导轨螺纹间距的乘积成正比，而导轨由步进电机驱动。因此，若已知初始状态的入射角 θ_1、机械臂两转动轴之间的距离 L，则可以由步进电机转过的角度，求得当前的光线入射角。

在棱镜的后面，放置金属薄膜和样品池，构成 SPR 传感器，如图 6.18 所示。光线由光源发出，经偏置镜调制后得到平行 p 偏置光，再经棱镜会聚，使其焦点位于棱镜轴心处，即棱镜与金属薄膜的界面上。在此处发生全反射后，以与入射角度相同的角度折射出棱镜，打在检测器上。驱动步进电机，改变光线的入射角度，并记录检测到的光强与角度的对应关系。当光线的入射角度与系统的 SPR 角相同时，发生表面等离子体共振现象，检测器检测到的光强度明显减弱；继续改变入射角，则检测到的光强又明显增强，从而得到光强和角度的关系曲线。

通过机械运动改变光线的入射角度具有结构简单、角度扫描范围大等优点，但由于机械运动速度的限制，使得 SPR 检测的时间分辨率较低。为提高时间分辨率，采用了如图 6.19 所示的结构。

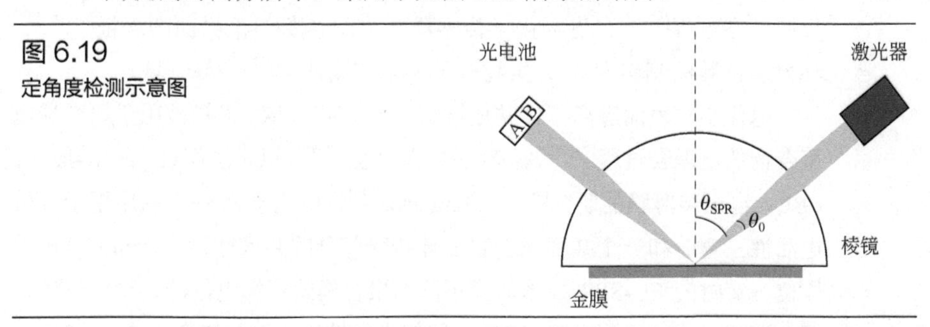

图 6.19
定角度检测示意图

作为光强检测器的硅光电池分为 A、B 两个部分，中间用一条极窄的狭缝隔开，两瓣光电池采用共阴极或者共阳极的连接方式，其光强可同时分别采集。入射的平行光线经棱镜会聚后聚焦在棱镜和金膜的界面上，发生反射后，照射在两瓣光电池上。因为经过会聚的光束中，包含了一定范围内多个角度的光线，而处于表面等离子体共振角（SPR 角）上的光线，由于能量被吸收，所以反射率较低；而其他角度的光线则反射率较高。

调节机械结构，使 SPR 角位于两瓣光电池中间的狭缝上，这样 A、B 两通道检测到的光强相近（如图 6.20 所示）。此时，若 SPR 角在一定范围内发生变化（约±0.5°），则 A、B 两通道光强差与光强和的比值与 SPR 角的变化量成正比[59]。此时，SPR 共振角度的检测频率只受限于光电池上光电流的采样频率，可以很容易地达到数千赫兹甚至更高，使得与暂态电化学方法的联用成为可能。

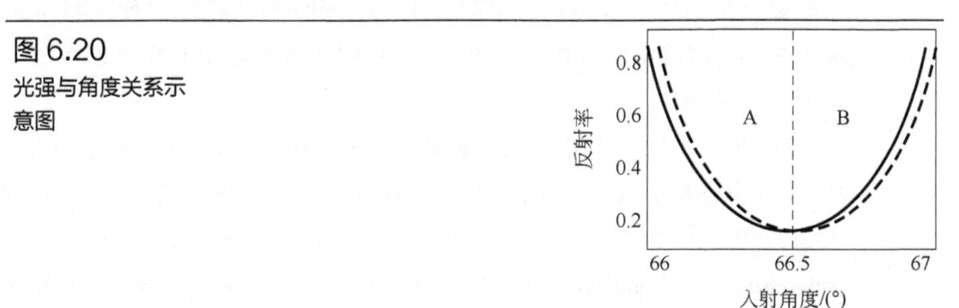

图 6.20
光强与角度关系示意图

6.3.4 电化学与表面等离子体共振检测技术联用应用举例

表面等离子体共振技术利用了金属薄膜光学耦合产生的物理光学现象，是一种非常灵敏的光学分析手段，继 1980 年，Gordon[60, 61]等人首次采用 SPR 方法研究电化学界面性质，SPR 光谱技术和电化学联用，越来越受到人们的广泛关注，并且其应用范围也逐渐扩大，渗透到实时监测反应动态过程[62-64]、生物化学传感器[65-67]、电极/溶液界面的表征[68, 69]、动力学常数的测定[70, 71]、生物分子相互作用研究[72, 73]等领域。

电化学与表面等离子体共振检测技术（EC-SPR）最初被用于研究导电聚合物的电聚合过程[74-76]、掺杂/去掺杂过程[77, 78]，以及层层（layer-by-layer，LBL）自组装薄膜的研究[79-81]。Taranekar[75]将电化学和 SPR 联用用于分析电活性三噻吩和一个共轭聚合物前体咔唑部分的共聚行为。Damos[78]使用原位、实时的 EC-SPR 技术研究不同电聚合模式（恒电位法、动电位法、恒电流法）得到的聚吡咯（PPy）层的光学性质，以及掺杂/去掺杂过程。Jin[80]使用原位的 SPR 和循环伏安法来表征化学吸附有半胱氨的金电极表面层层自组装的小牛胸腺双链 DNA 和肌红蛋白（Mb）多层（DNA/Mb）$_n$。

EC-SPR 也用来研究反应过程中膜厚度的变化和介电常数的测量[82, 83]。Sriwichai[82]使用 EC-SPR 来实时研究 LBL 膜在掺杂/去掺杂过程或者质子/去质子化过程中介电常数和膜厚度的变化。我们用上节所述的仪器表征了苯胺单体的电聚合过程，图 6.21 是苯胺循环伏安电聚合过程第 1 圈［图（a）］、第 2 圈［图（b）］和第 20 圈［图（c）］的电化学信号和 SPR 光学信号变化图以及聚合之前和之后的 SPR 角度扫描图（d）。

由于 SPR 技术对于传感器表面附近的折射率的变化非常敏感，EC-SPR 也用于电极表面吸附/脱附过程的研究[84, 85]。Toyama[85]使用 EC-SPR 传感体系来表征水溶性聚合物在金电极表面的吸附和脱附过程。我们对前述电聚合得到的聚苯胺膜的掺杂-去掺杂过程进行了表征，研究聚苯胺膜在 H_2SO_4 溶液中的暂态电化学行为，同时考察暂态 SPR 信号的响应，如图 6.22 所示。

EC-SPR 是探测金属/溶液界面由薄吸附层引起细微变化非常有力的工具，由氧化还原引起细胞色素 c 单层仅 0.05nm 的层厚度变化是很容易被检测到的[86]，所以 EC-SPR 可以用于分析氧化还原引起的自组装单层（self-assembled monolayer，SAM）方向的改变[87-89]。Yao[88]使用 EC-SPR 来定量研究氧化还原引起 11-二茂铁基十一烷基硫醇（$FcC_{11}SH$）SAM 的方

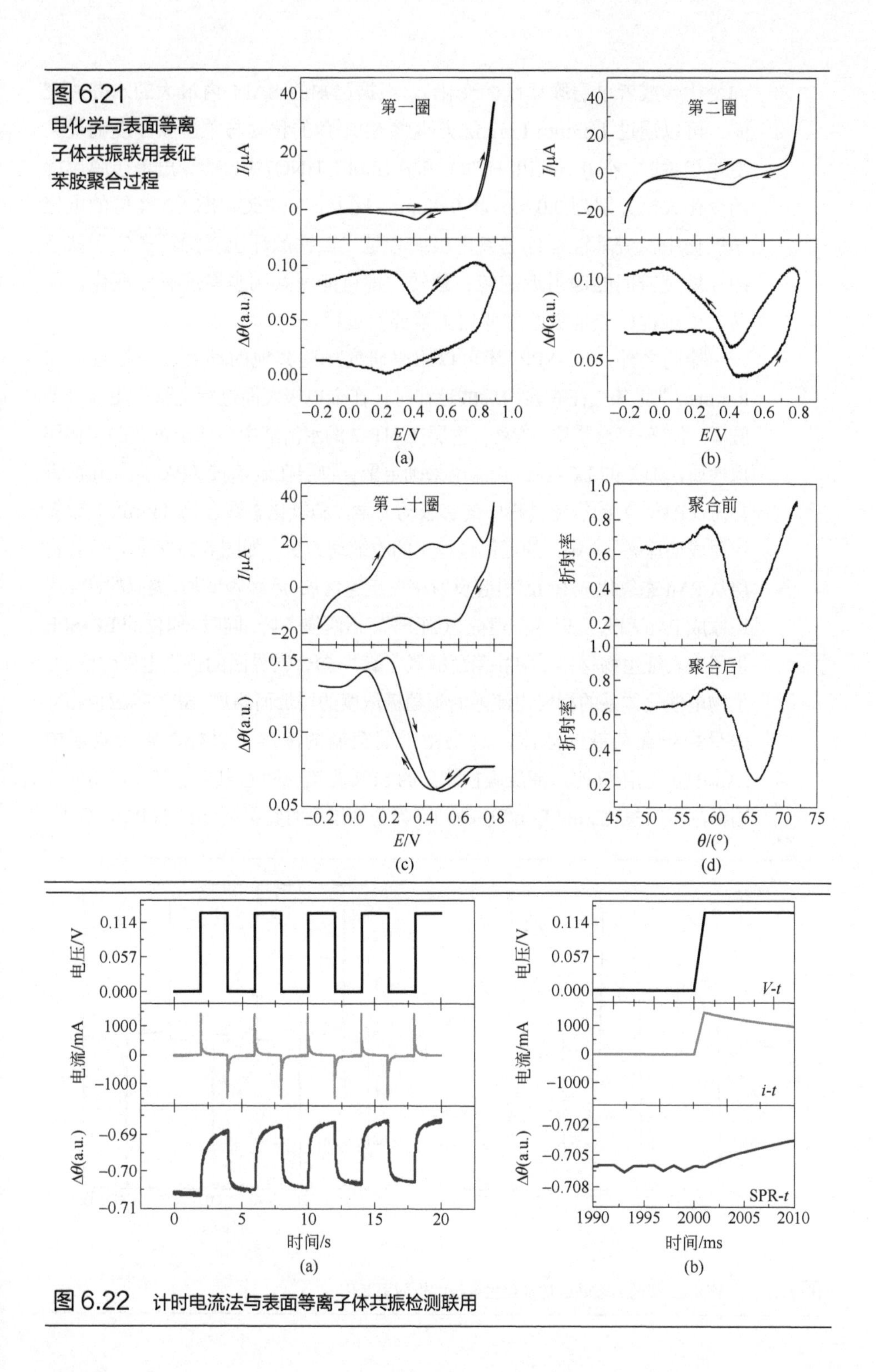

图 6.21 电化学与表面等离子体共振联用表征苯胺聚合过程

图 6.22 计时电流法与表面等离子体共振检测联用

向变化（或者单层膜厚度的变化）。根据已知的 SAM 内最大的水并入空间，可以通过 Lorentz-Lorenz 方程将 SPR 角的移动与单层膜厚度的最大变化相关联。在 0.1mol/L $HClO_4$ 和 0.1mol/L HNO_3 中，推算出单层膜厚度的变化大概分别为 0.09nm 和 0.08nm。因此，在 $FcC_{11}SH$ SAM 层的电化学氧化中，烷基链摇摆远离电极或者是二茂铁的环戊二烯环在二茂铁基团和烷基链间的键附近旋转、翻转，都可能观察到膜厚度有所变化，而前一个过程可能是膜厚度变化更重要的过程。

除此之外，EC-SPR 还可以用来研究一些其他的动态反应过程，如 Raitman[90]将苯胺在有聚丙烯酸存在时，在金电极表面进行电聚合生成聚苯胺/聚丙烯酸复合物层，该复合物层在 pH=7 的水溶液中表现出可逆的氧化还原性质，原位的 EC-SPR 检测用来确定聚合物层在聚苯胺（PAn）氧化成氧化态（PAn^{2+}）的氧化过程中的膨胀动力学，和氧化态聚合物（PAn^{2+}）重新还原成还原态（PAn）的还原过程中的收缩动力学。如图 6.23 所示，聚合物层从 PAn 态氧化成 PAn^{2+}引起反射率先迅速增加、后缓慢增加，类似的，PAn^{2+}还原成 PAn 引起反射率强度先急剧下降，后缓慢下降。同时，原位的 EC-SPR 也用来表征生物材料（阿扑葡萄糖氧化酶）-聚合物界面的生物电催化活性，生物电催化体系的相应电流随着葡萄糖浓度的增加而增加，SPR 响应也相应地受控于葡萄糖的浓度。这是由于葡萄糖的浓度可以控制复合物层中 PAn/PAn^{2+}的浓度比，薄层膜检测到的 SPR 光谱也随着电化学氧化，由低葡萄糖浓度时氧化态的 PAn^{2+}移动到高葡萄糖浓度时特征的还原态 PAn。Gu[91]

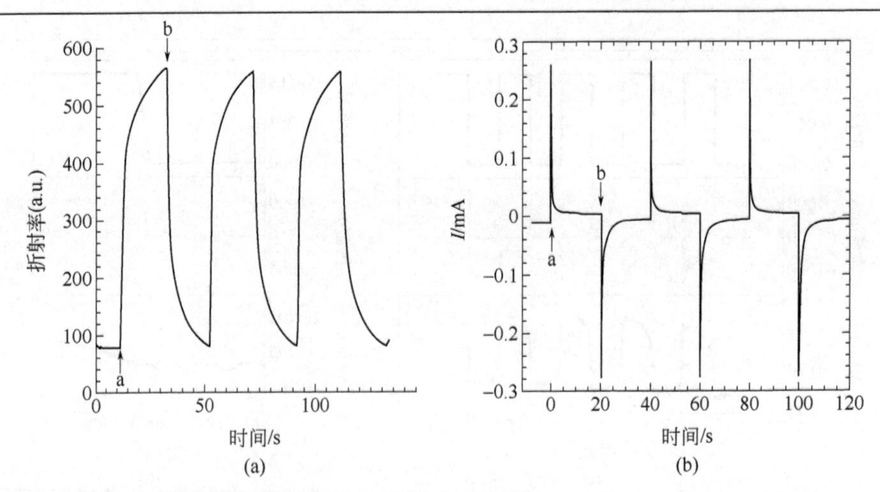

图 6.23 聚苯胺/聚丙烯酸薄层功能化金电极的折射率变化

应用 EC-SPR 光谱来研究在金电极表面聚（4-硝基-1，2-苯二胺）（P4NoPD）的电化学沉积和氧化还原态的转换，研究表明，P4NoPD 的硝基可以通过调制电压来调控生物识别功能。在制备的 P4NoPD 层或者是氧化的（+0.2V）P4NoPD 层上生物分子具有最小的非特异性吸附成键，但是在还原的（−0.2～−0.6V）P4NoPD 层上由于氨基的存在，成键更显著一些。

生物大分子的检测是 EC-SPR 的另一个主要应用领域，如 Liu[92]报道了一种基于二茂铁-链霉亲和素（Fc-Stv）结合物来同时放大电化学和表面等离子体光学检测 DNA 标准物与多肽核酸修饰的金电极表面杂交的超灵敏方法；Wang[93]构筑了一个基于石墨烯的免标记、可再生、灵敏的 EC-SPR α-凝血酶传感器；SPR 光谱和电化学阻抗谱（EIS）用来分析金层表面的不同组装过程，并用于标准物 α-凝血酶的检测。采用一些合适的放大手段，EC-SPR 也可以用于小分子的检测。Wang[67]报道了一种简单、有效的方法来检测生物小分子——抗坏血酸；Baba[94]报道了一种可以在导电聚合物/葡萄糖氧化酶（GO_x）多层薄膜上进行直接酶反应的电化学表面等离子体共振/波导葡萄糖生物传感器。为了得到一个可控的酶电极和波导模式，带负电荷的 GO_x 通过静电层自组装的方法固定在水溶的、带正电荷的导电 *N*-烷氨基聚吡咯上。由于聚吡咯层的电活性和电致发光性质，当添加葡萄糖的时候，可以同时获得 LBL 复合物酶电极的电化学信号和光学信号，通过检测聚吡咯层的掺杂/去掺杂过程可以放大 EC-SPR 检测的信号，而且，实时的光学信号也可以区分酶层介电常数的变化和其他的非酶反应，如葡萄糖的吸附和溶液折射率的变化。

SPR 光谱是一种灵敏的检测吸附在金属表面分析物的方法，与阳极溶出伏安法（ASV）连用，可以用来进行重金属离子的检测。Wang[95]研发了一种高分辨率的差分 SPR 光谱，与 ASV 联用，可以用于水中重金属离子的检测。Panta[65]报道了一种汞离子的 EC-SPR 传感器，检测的灵敏度可以达到 1fmol/L。EC-SPR 是将汞在最佳的电位和沉积时间的条件下沉积在金电极的表面，然后再通过一个阳极电流或者是阴极电流（阴极溶出伏安法，CSA）发生一个溶出过程，在此电化学过程中使用 SPR 技术来定量检测。

EC-SPR 技术还可以用来探测电极/溶液界面的性质，在电化学池内相同的表面上同时获得电化学和光学两个物理参数。Norman[68]使用 EC-SPR 光谱来研究电位引起的十二烷基硫酸盐（一种普通的阴离子表面活性剂）在二茂铁十一烷基硫醇（FcC_{11}-SAu）自组装单层/水溶液界面的吸附和聚集行为。当 SPR 技术与基于伏安法的技术联用，对于探测薄层/

溶液界面的现象和过程是非常有用的，也可以用于研究一些新的 SPR 基底[96,97]。当金层的厚度大于产生SPR现象的最佳厚度50nm、并小于100nm时，Wang[96]报道了一种简单、有效的方法来制备 SPR 的活性基底，这种方法是基于在含有氯离子的电解质溶液中阳极电解溶解金层，通过控制电位扫描的圈数和电解质溶液中氯离子的浓度，在纳米尺度范围内很容易地改变金层的厚度，同时，金层厚度对 SPR 信号的影响，也实时地被 SPR 记录下来了。Zhai[97]将银/金（Ag/Au）双分子层（金沉积在银层上）作为 EC-SPR 的基底，检测了铜的电化学沉积/溶出和氧化还原引起固定在基底 SAM 上的细胞色素 c 构象变化的 EC-SPR 响应，研究了银层的厚度和双层电容对 EC-SPR 行为的影响。

得益于新型 EC-SPR 光谱仪时间分辨率的提高，它可以用于反应过程动力学常数的测定。Ku[98]使用 EC-SPR 来研究碲（Te）薄层在金层表面−62mV（vs Ag/AgCl/3mol/L NaCl）下电化学沉积的动力学。Riskin[99]研究了 Ag^+-二巯基联苯（BPDT）单层的电致开关和生物催化/电化学可调的界面性质。Gupta[100]通过实时的电聚合合成了有纳米图案、含有 π-共轭结构的分子印迹聚合物，用来超灵敏的检测 T-2 毒素。

EC-SPR 光谱也可以用于生物分子相互作用的研究，如 Nieciecka[101]通过金电极表面的膜体系（自组装单层膜）来分离一种有效的抗癌药物——阿霉素；Wang[102]使用 EC-SPR 光谱来研究复合物层和亚铁血红素蛋白细胞色素 c（Cyt c）的直接相互作用等。

6.4 电化学与扫描探针技术的联用

6.4.1 扫描探针技术简介

扫描探针显微镜（scanning probe microscopy，SPM）是所有机械式地用物理探针在样本上扫描移动，基于探针针尖和基底物质之间的相互作用以探测样本影像的显微技术的统称，其影像分辨率主要取决于探针的大小和移动的最小距离，通常在纳米级的范围。

20 世纪 80 年代初（1982），IBM 瑞士苏黎世实验室的葛·宾尼（Gerd Bining）（1986 年诺贝尔物理学奖）和海·雷尔（Herinrich Rohrer）（1986 年诺贝尔物理学奖）基于量子力学的隧道效应发明了世界上第一台扫描隧道显微镜（scanning tunneling microscope，STM），使人类第一次能够清晰看到单个原子在物质表面的排列状态（图 6.24）。STM 是目前分辨率最高的成像技术，但只能应用于导电基底，对于非导电基底成像，如细胞等生物样品成像质量不高。

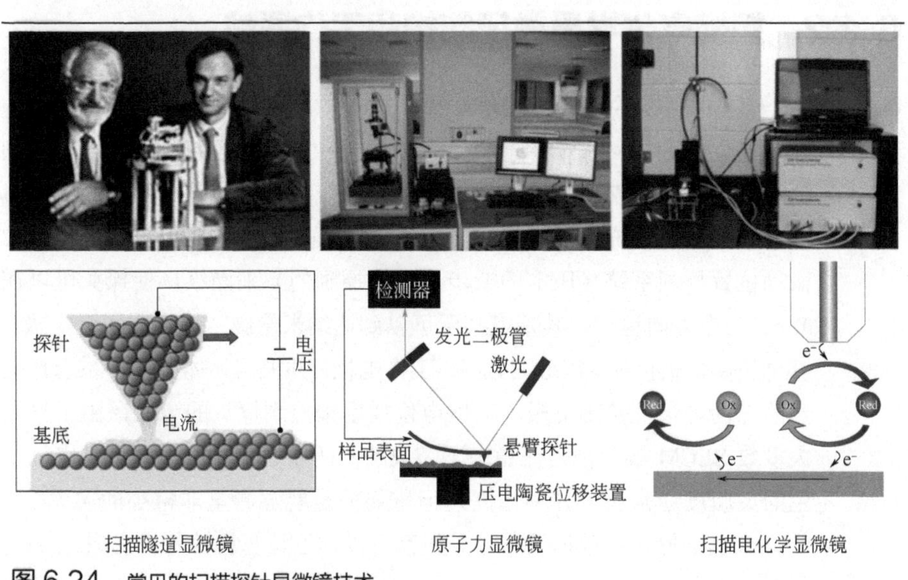

图 6.24 常见的扫描探针显微镜技术

另一类 SPM 技术是原子力显微镜（atomic force microscope，AFM），它是利用针尖探针和样品基底原子间的弱相互作用力来获得样品表面的形貌图像。AFM 能获得原子级的分辨图像，由于 AFM 对样品要求不高，因此目前 AFM 被广泛应用到各种纳米材料的形貌表征，以及单分子研究，同时在细胞结构、细胞成像方面也获得了广泛的应用。但是对于实时活体研究细胞内的动态过程，如细胞释放和摄取营养物质、细胞内外离子平衡，以及细胞表面氧化还原过程等（如光合作用和呼吸作用）则无法利用该技术方法进行研究，此外，它也不能在成像测量的同时，实时高效地检测生命体内部和周围环境物质的浓度变化。

为弥补 STM 和 AFM 技术方法提供电化学信息能力的不足，Allen J. Bard 教授等人借鉴扫描隧道显微镜的技术原理，结合超微电极在电化学研究中的优势，于 20 世纪 80 年代末提出和发展了一种新型的扫描探针显微成像技术——扫描电化学显微技术（scanning electrochemical microscopy，SECM）[103-105]。尽管 SECM、STM、AFM 同属于 SPM 技术，但是在原理上有着很大的差别。SECM 的原理是基于针尖和基底之间氧化还原电流与空间位置的关系来进行成像分析的，也正是基于电化学氧化还原电流成像，决定了 SECM 能提供大量丰富的电化学信息。

6.4.2 扫描电化学显微镜结构和工作原理

6.4.2.1 扫描电化学显微镜仪器总体结构

典型的 SECM 实验装置：包括双恒电位仪、电位编程器、压电控制仪、高压驱动组件、三维微动位置控制系统及微探针、电解池和计算机辅助采集控制系统，如图 6.25 所示。其扫描探头的移动可以通过相应的微动位置控制系统（压电的或步进电机控制的）来操纵，使探头可以在 *X*/*Y*/*Z* 三个方向运动，其精度甚至可以到达纳米量级。通常采用微电极、甚至超微电极作为 SECM 的探头-工作电极，并根据具体实验体系选择适当的辅助电极及参比电极。双恒电位仪用来控制探头的电位，由于早期大多数 SECM 实验都是在稳态下完成的，所以通常对双恒电位仪电位发生的灵敏度通常要求并不太高，但重要的是能够测量非常小的电流[106,107]。仪器的操作和数据采集、分析都可以通过计算机控制来完成。

图 6.25 SECM 仪器装置

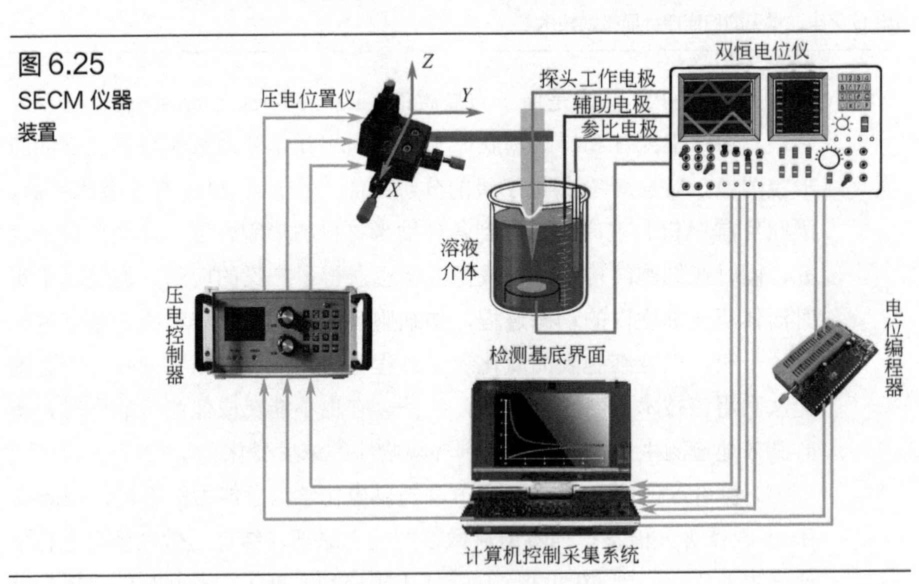

SECM 实验的基本过程可描述为：当微电极与基底界面建立电化学反馈电流之后，计算机控制机械扫描机构运动，驱动压电位置仪上的扫描器件带动针尖探针电极在 *X*/*Y*/*Z* 空间移动。与四个电极相连的双恒电位

仪，经高灵敏度的微电流计来放大针尖电流，并通过 I-V 转换后采集到计算机内，经数据处理给出电流-空间距离及线扫描灰度图像，以反应基底的电化学及形貌特征[108]。

6.4.2.2 扫描电化学显微镜工作模式

SECM 可工作于多种工作模式，如反馈模式、产生/收集模式[109-117]、穿透模式[109-120]、离子转移反馈模式[121, 122]、平衡扰动模式[123]、电位测量模式、暂态检测模式等。常用的几种工作模式如图 6.26 所示。

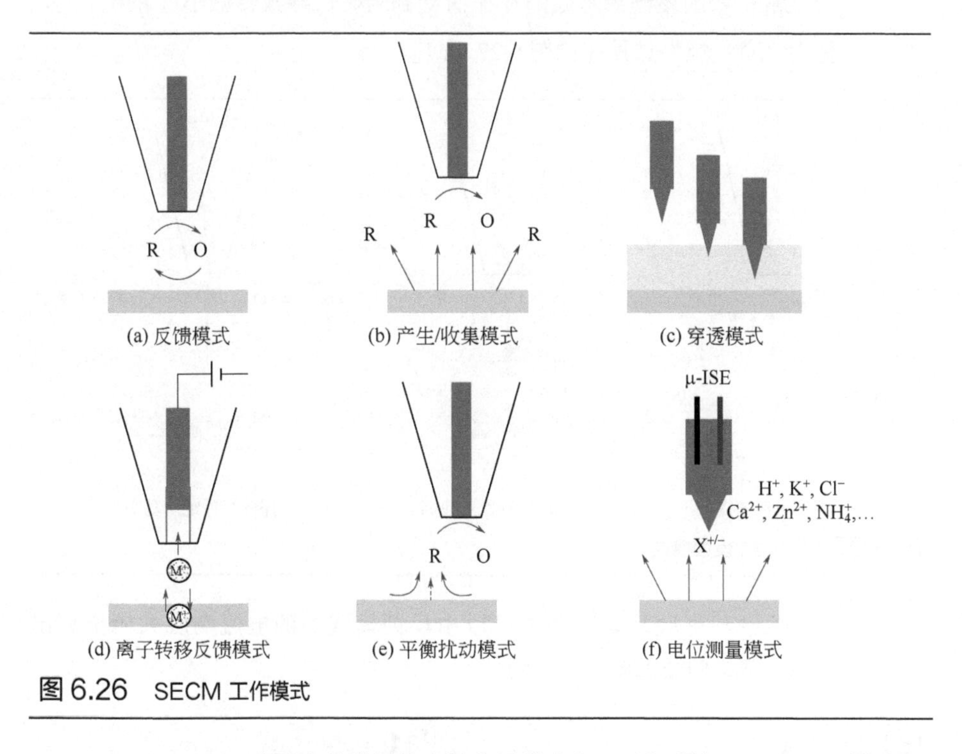

图 6.26 SECM 工作模式

SECM 实验中最常用的定量分析模式为“正负反馈（feedback）模式”，其原理为：超微电极探针和研究基底界面均处于一含有电化学活性的物种（O）溶液中，当探针所施加的电极电位足以使物种 O 还原反应（$O + ne \rightarrow R$）仅受溶液的扩散控制时，此时探针上的稳态电流 $i_{T,\infty}$ 可以表示为：

$$i_{T,\infty} = 4nFC_O D_O a$$

式中，F 为法拉第常数；C_O 为溶液物种 O 的浓度；D_O 为其扩散系数；a 为探针的半径。

当探针与基底界面间距 d 大于 5～10 倍半径 a 时，基底的存在并不影响该稳态电流值；当探针逐渐靠近基底时（d 与 a 相当时），探针上的电化学电流 i_T 将随距离 d 的变化和基底性质的不同而发生显著变化［如图 6.27（a）所示］。当基底界面为导体时，探针上产生的还原物种 R 可以扩散到基底上，并重新被氧化成物种 O，然后扩散至针尖，使探针工作表面上物种 O 的有效量得到增加，经过这个循环过程后，稳态电流 i_T 得到增大（$i_T > i_{T,\infty}$），这一过程称为“正反馈”［如图 6.27（b）所示］；当基底为绝缘体时，物种 O 被不断还原，同时溶液中的物种 O 向探针表面的正常扩散因该绝缘基底的存在而受到阻碍，导致 i_T 减小（$i_T < i_{T,\infty}$），称为“负反馈”过程［如图 6.27（c）］。

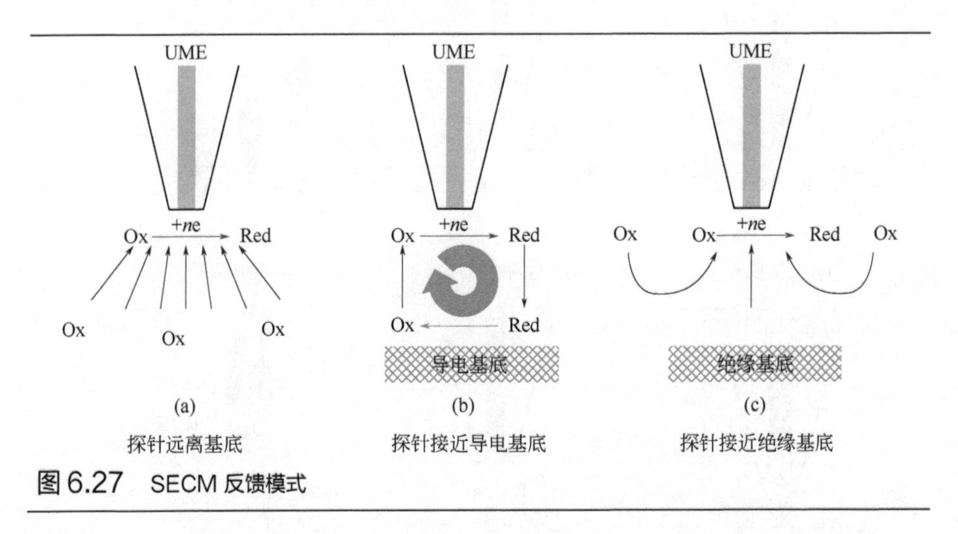

图 6.27　SECM 反馈模式

探针与基底之间的距离可以由反馈模式中的电流响应大概推算出来，其理论曲线如图 6.28 所示。

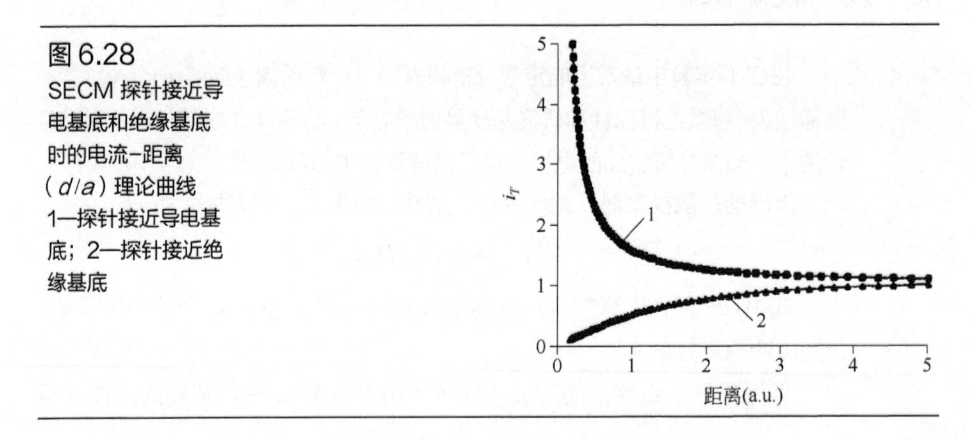

图 6.28
SECM 探针接近导电基底和绝缘基底时的电流-距离（d/a）理论曲线
1—探针接近导电基底；2—探针接近绝缘基底

在产生/收集模式（generation-collection）测量中，探头和基底都可以作为工作电极，其中一个电极发生反应，另一个电极进行收集检测，因此可以分为探头产生/基底收集（TG/SC）、基底产生/探头收集（SG/TC）两个不同模式。这一方法中，探头的运动范围不能超出产物的扩散层。当通常传统的伏安法对扩散层物质浓度产生影响，一般采用电位式检测方式进行收集测量。当 SG/TC 模式中采用离子选择性电极作为探针时，就可以等同于电位检测模式（potentiometric detection），该方法可以测量各种离子的浓度变化，利用这种变化引起的电位改变来获得其反应动力学信息，该模式应用主要集中在生物膜及生化反应过程等方面的研究上。

穿透模式（penetration）中，利用微小的 SECM 探头穿透基底表面微结构，如含有电活性介体的几微米厚的高分子薄膜，可以获得膜内浓度变化、动力学及热力学等方面的相关信息。当探头穿透膜后，探头电流随探头与膜之间距离的变化而变化，其行为与反馈模式相类似。

离子转移模式（ion transfer）是近年来才发展起来的方法，它通过离子转移使探头上产生反馈电流，可以用于研究界面的离子转移和界面图像，可以获得液/液界面上的离子转移反应，并获得较高分辨率的图像，该方法也可以用于研究非电活性物质。

平衡扰动模式（equilibrium perturbation）主要是利用探头上的反应快速消耗溶液中的物质，从而干扰基底界面的平衡状态，该过程中，探头电流对溶液平衡的变化非常敏感。该方法适合于一些动态平衡体系及一些不适于被穿透的微结构膜基底研究中。

6.4.2.3 扫描电化学显微镜三维空间移动控制系统

三维空间移动控制系统是扫描探针显微技术的核心，三维空间移动系统的移动范围和位移精度决定了仪器的成像范围和像素分辨率。在实际应用中，其结构如图 6.29 所示。为兼顾移动范围和扫描精度，往往采取机械位移驱动结构和压电晶体驱动结构相结合的方式。由直线导轨、丝杠、步进电机、机械连接部件等构成宏观定位系统，行程在几十毫米范围，定位精度几微米；由压电陶瓷构成微观定位系统，行程在几十微米到几百微米，定位分辨率可达 1nm。在某些商品仪器中，压电陶瓷构成的小行程精密定位结构是一维的（通常是 Z 轴方向，M370），并不具备三维扫描能力。

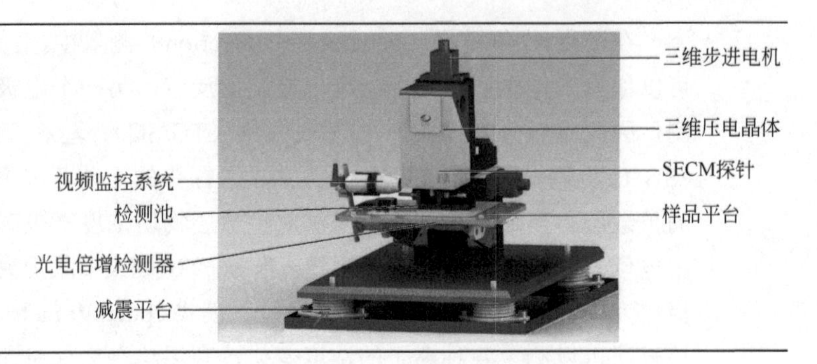

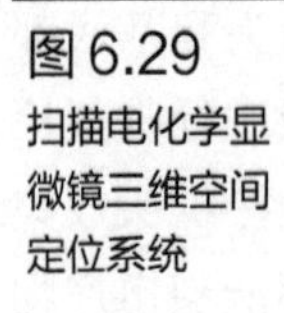

图 6.29 扫描电化学显微镜三维空间定位系统

步进电机作为角位移的执行机构，当它接收到一个脉冲信号时，就会按设定的方向转动一个固定的角度（即步距角）。这样可以通过控制离散脉冲的个数来控制步进电机的角位移量，进而控制机械式位移平台的进给量。在控制步进电机时多采用 PID 电流控制算法计算电机输出电流，优秀的电流控制算法可使步进电机达到最佳的输出表现，加入了微步算法和抗共振技术，能够有效地抑制电机在中低速时的噪声和共振。

压电陶瓷具有逆压电效应，可以把施加在自己身上的电压转化为微小的机械位移，且定位精度高、位移分辨率高、响应速度快、发热低，因而广泛应用在纳米定位技术甚至亚纳米定位技术的领域里，其控制原理如图 6.30、图 6.31 所示。但在实际的应用中，压电陶瓷的输出并不是理想的，由于极化机理和机电耦合效应的影响，压电陶瓷存在着非线性、迟滞性和蠕变性。为了消除压电陶瓷的这些缺点，在定位应用中必须选择带有微位移检测元件的压电陶瓷，从而实现对压电陶瓷驱动的闭环控制。当压电陶瓷在逆压电效应下工作时其电气负载特性与电容器相似，在工作电压范围内漏电流很小，所以驱动电路的负载可看成是一个纯电容。基于此，一种典型设计采用了误差式的放大结构，这种结构可以把输出电压取样后进行反馈，没有跟随误差，可以达到很高的精度，非常适合用于单电源工作的压电陶瓷的驱动电路设计。

电阻应变片是用来测量被测物体的机械形变的传感元件。由于应变片本身非常薄，所以在使用时可以把应变片用黏结剂直接粘贴在被测物体的表面。这样当被测物体发生机械形变时应变片也会随之发生形变，由此引起应变片的电阻值发生变化，通过测量应变片的电阻值的变化就可以知道被测物体的形变量。其加工工艺成熟，稳定性很好，响应速度快，分辨率较高，所以很多应用场合都是采用电阻应变片来测量压电陶瓷输出位移的变化。由于应变片的电阻值变化很小，其电阻值不是直接进行测量的，通常为了扩大其动态范围，使用时都将其组成桥式结构。

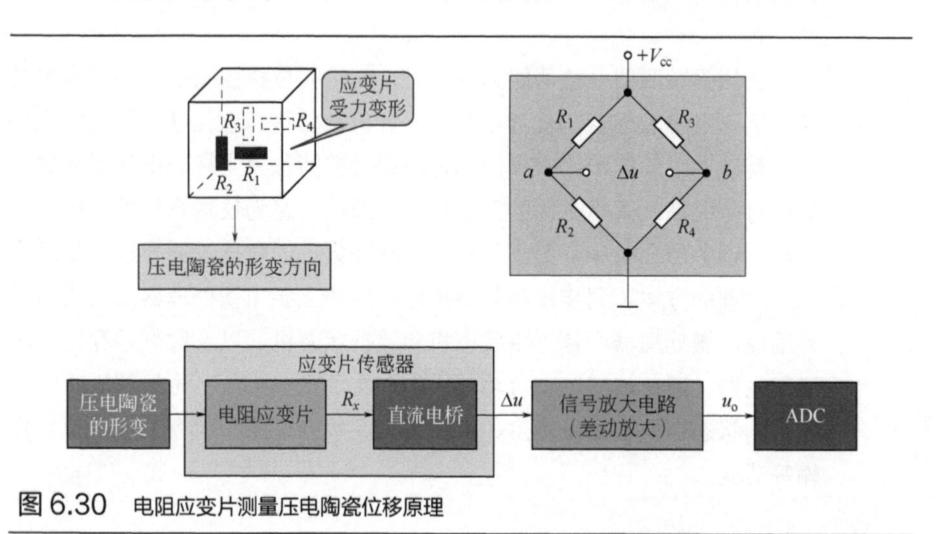

图 6.30 电阻应变片测量压电陶瓷位移原理

图 6.31
压电陶瓷驱动电路框图

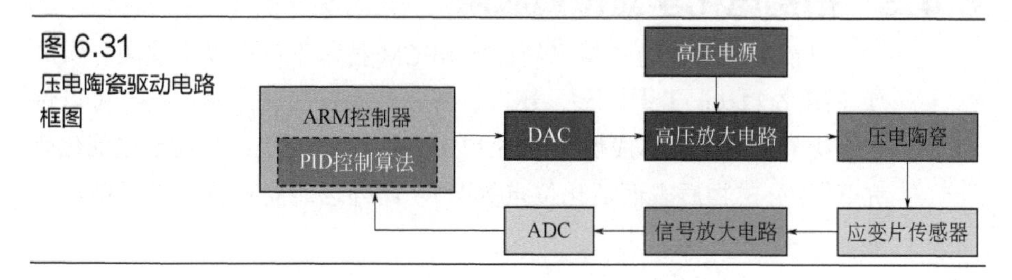

如何将步进电机驱动和压电陶瓷的驱动有机地结合起来，是仪器系统设计的一个较为关键的问题。也就是说，既可以由仪器操作者手动选择是使用大范围的步进电机驱动还是高精度的压电驱动，也可以由仪器系统根据用户设置的扫描参数自动选择并执行。

6.4.2.4 扫描电化学显微镜检测电路设计

与普通的电化学分析仪器系统不同，扫描电化学显微镜的探针电势和基底电势需要分别控制，探针和基底电流也需要分别测量和记录，这样就需要两个独立的工作电极检测电路，因此，扫描电化学显微镜的电化学信号检测电路需要采用如图 3.19 所示的双恒电位仪结构。由于微探针的针尖尺寸非常微小（通常在微米级和纳米级），探针电流非常微弱（通常在皮安级和纳安级），因此对微电流检测的要求较高。采用高性能集成电路和高精密度、低温度系数的电子元器件，模拟电路模块和数字电路模块分开设计和进行通信隔离，可以降低数字电路对模拟电路造成的干扰。

在加强微弱信号检测能力的同时，与空间位移控制系统的同步也是需要慎重考虑的因素。仪器系统在探针机械位移和电化学信号检测上要保持精确的时间同步，来保证图像还原时空间位置坐标与电化学数据之间的对应关系。采用专用的同步控制与通信电路为仪器系统控制中心，控制协调各部分时序与数据采集，并将采集后的数据按需要进行处理是一个合理的方案。同步控制与通信电路硬件主要由微处理器及其周边元件构成，微处理器中包含主状态机和数据状态机，以及数据缓存区、时序产生器、通信端口驱动等功能模块，实现指令接收、协议解析、时序产生、状态切换、信号发生、数据采集、数据过滤、指令发送、数据传输等功能。

6.4.3 扫描电化学显微镜应用

目前大量的实验结果已经证实 SECM 技术不仅可以实现高分辨成像［图 6.32（a）］[124，125]，还可以研究基底反应动力学，甚至可以进行电极界面反应速率成像［图 6.32（b）］[126]和单个纳米粒子电催化研究[127]、分辨物质表面活化位点等[128]，此外也还能对材料进行微加工处理［图 6.32（c）］[129]。

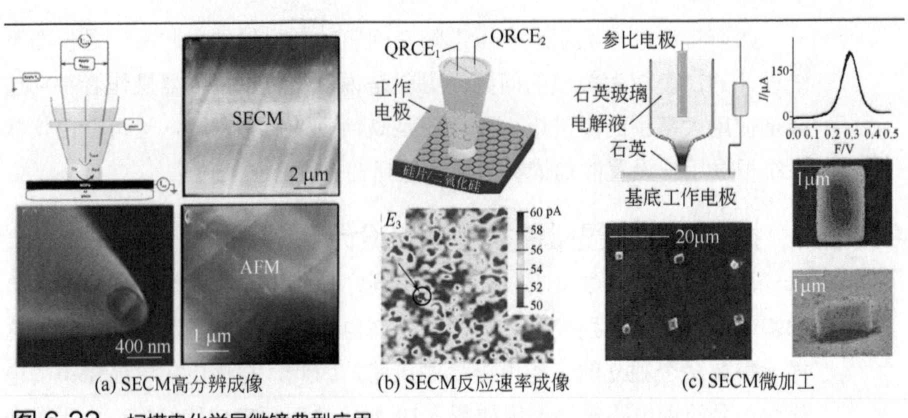

(a) SECM高分辨成像　(b) SECM反应速率成像　(c) SECM微加工

图 6.32　扫描电化学显微镜典型应用

近年来，SECM 开始拓展应用到生物体系研究中，起初从最初的酶活性研究[130,131]、酶基反应动力学研究[132,133]、酶活性成像[134]等，到细胞水平的研究，如细胞成像（图 6.33）[135,136]、细胞摄取营养物质和释放代谢物的实时研究［图 6.34（a)］[137]和细胞表面超氧离子研究［图 6.34（b)］[138]等，为研究细胞的生命活动探索提供了一种非常有效的技术手段。

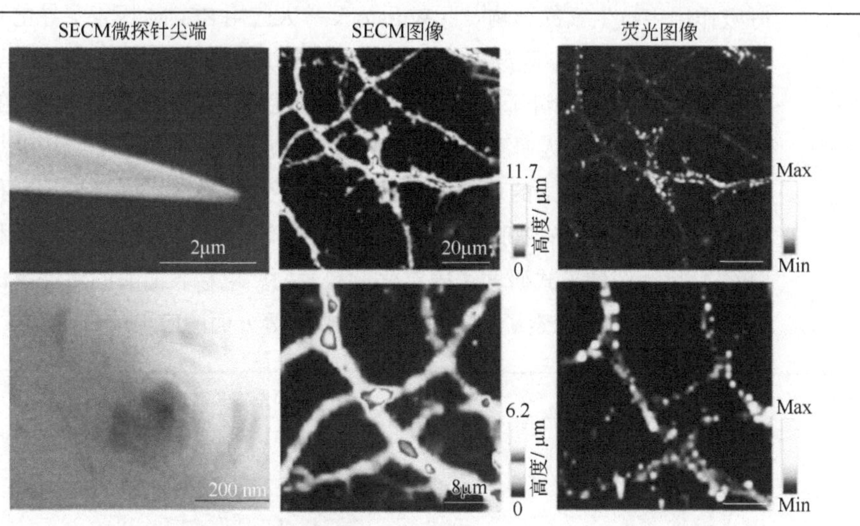

图 6.33　SECM 细胞成像与荧光显微镜细胞成像对比

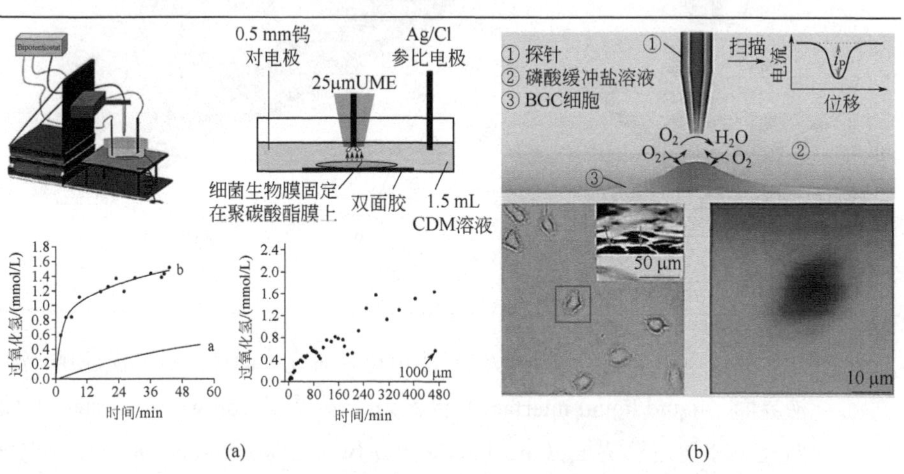

图 6.34　SECM 应用于细胞向外释放双氧水研究（a）和细胞表面超氧离子研究（b）

扫描电化学显微镜广泛应用在固/液界面研究中：如修饰电极、导电聚合物薄膜、模拟生物膜、生物固定化修饰等固态界面上，利用 SECM

技术不仅可以对其膜结构进行表征，同时也可以研究膜上的反应机理，测量化学反应的动力学参数，直接测量多相反应中的电荷转移过程。如Squella等人应用SECM方法研究了β-环糊精修饰电极在不同氧化还原探针下的电化学行为差异，并结合图像模式观察了电极修饰不同阶段膜的不均匀生长[139]；Matsue等人利用SECM成像模式研究了生物芯片上细菌呼吸作用中抗生素的影响[140]；Wittstock等人应用SECM探索了导电聚合物PEDOT和PEDT膜导电性变化及金属电沉积的影响[141]；Heinze等人利用SECM仪器探讨了噻吩类聚合物膜的性质及其与氧化还原探针的相互作用[142]；Seo等人研究了铁的阳极氧化反应[143]；国内的邵元华老师等人研究了修饰电极上的反应速率常数及离子响应行为[144]；Matsue利用SECM研究了活体单细胞膜的渗透性及光合作用[145]；Wittstock等人利用SECM反馈图像模式研究了固定化颗粒表面、电极表面酶的活性及反应特性（图6.35），探索了SECM检测酶活性等方面的应用前景[146-149]。

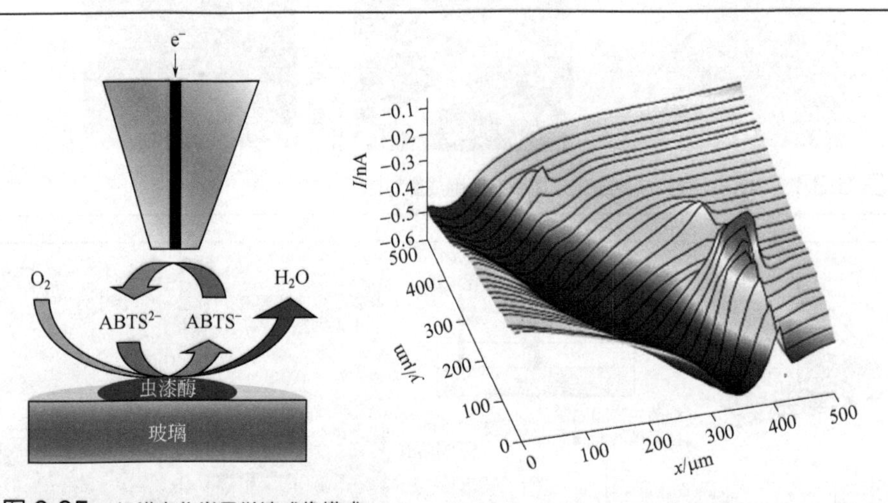

图6.35 扫描电化学显微镜成像模式

扫描电化学显微镜在液/液界面电化学研究中同样具有广泛应用：液/液界面（liquid/liquid interface）也称为油/水界面（oil/water interface）或两互不相溶溶液界面（the interface between two immiscible electrolyte solutions，ITIES），其上的电荷（电子或离子）转移反应是最基本的物理化学过程之一，同时界面结构也与其上转移反应过程的热力学及动力学过程密切相关。相关领域的SECM研究工作，邵元华老师在多年前已经做了较为系统的评述[150]。Bard 等人最早利用 SECM 技术方法，提出了在稳态条件下对快速多相反应动力学参数进行测定的理论及验证方法，观察到了电子的反向转移，讨论了界面电位差及支持电解质对反应的影响[151-153]；邵元华老师等应用 SECM 研究了异相电子转移反应的速率常数与驱动力之间更关系，观察到了 Marcus 电子转移理论中的反向电子转移区域[154]；邵元华老师等人也将这一研究方法引入到生命科学领域中的离子转移研究中，探索了加速离子转移及简单离子转移等与生物体系密切相关的反应过程[155]等等。

扫描电化学显微镜还可以应用于表面微区加工（图 6.36），利用探针接近表面时局部的电子转移反应，可以在表面微区内进行电化学沉积或刻蚀，以此来进行直接的表面加工等。

图 6.36 扫描电化学显微镜表面微区加工

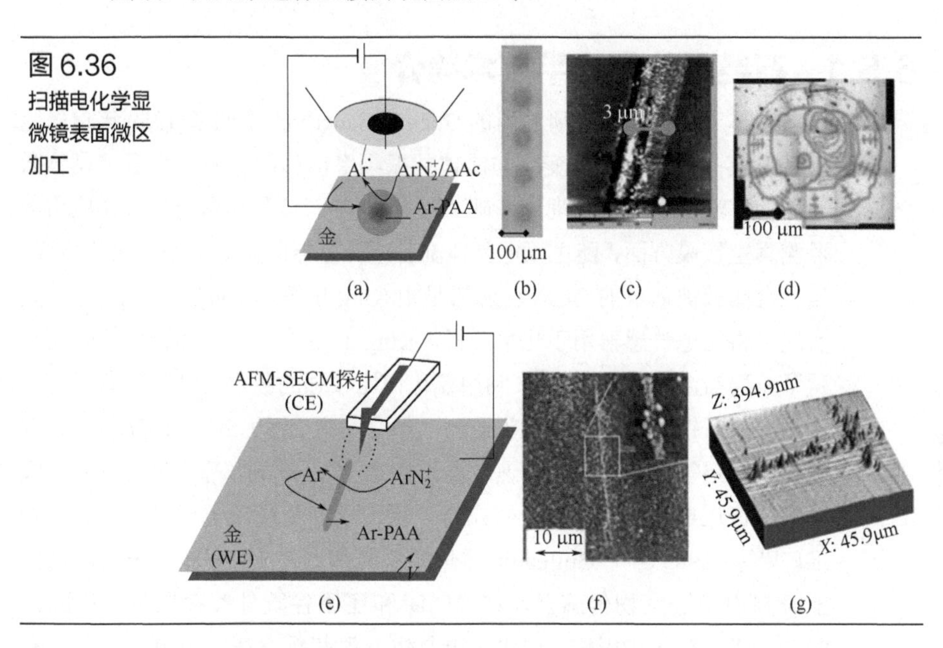

尽管 SECM 技术具有多种不同的操作模式，但在实际应用中，往往很难通过单一模式去研究复杂体系问题，因此通常是结合各种模式综合应用，甚至是结合联用其他多种分析技术方法来进行研究。如中南大学周飞艨课题组将表面等离子体共振（SPR）检测方法与 SECM 相结合，克服了传统电化学方法在 SPR 芯片上外加电位导致 SPR 角度位移明显变化的缺点，使得该方法可以用于有机分子取向和生物分子构象变化等方面的研究，一定程度上提高了检测的灵敏度，拓宽了电化学与 SPR 联用

的应用范围[156]；与石英晶体微天平（QCM）技术联用，最早由 Bard 研究小组开展的相关工作，该联用方法可以由 SECM 提供电化学信息，QCM 同时提供的质量变化信息[157, 158]；同期国内邵元华老师研究小组也开展了相关研究工作[159]；将 SECM 技术方法与原子力显微镜（AFM）联用，可以有效地提高电化学基底形貌信息采集的空间分辨率，相关联用技术方法目前较为广泛地应用于表面刻蚀和固/液界面研究中[160, 161]；将 SECM 技术方法与扫描光学显微技术联用，同时进行扫描电化学、光学成像等多方面的空间分辨信息[158-162]。

6.5 电化学与石英晶体微天平的联用

6.5.1 石英晶体微天平技术简介

柏林工业大学物理研究所的 Guenter Sauerbrey 教授于 1959 年首先提出了石英晶体表面质量变化与晶体共振频率偏移的关系，为石英晶体微天平的广泛应用提供了理论基础[163]，1959 年石英晶体微天平首先应用于监测真空镀膜方面，随之压电晶体制备成传感器的研究就开始火热展开。第一台比较被认可的 QCM 传感器是由 King Jr 等在 1964 年制作的，首先实现了将压电传感器用于化学分析，King Jr 等在石英晶体谐振器表面涂覆了一层盐溶液（氯化锂），利用氯化锂比较强的吸水特性实现对湿度的检测。随后针对大气环境污染监测，如空气中 H_2S、SO_2、HCl、Cl_2、汽车尾气测定等研究也开始迅速发展。1972 年，Shons 等将免疫学方法成功应用在压电传感器上，针对病毒、蛋白质的免疫压电传感器开始得到推广[164]。1983 年，Guilbault 将甲醛脱氢酶（FADH）涂覆在压电晶体上研制出甲醛生物传感器，在 NAD^+和还原谷胱甘肽存在下，甲醛被 FADH 催化氧化成甲酸，造成压电晶体的振荡频率在一定电场下发生变化，从而测定空气中甲醛浓度。然而，QCM 在液相中的研究应用遇到了极大的困难。其原因是 QCM 在液体环境中振荡导致的能量损耗远大于气相中的损耗，早期的振荡电路又是照搬气相中的电路，导致无法获得稳定的震动方式[165]。

直至 80 年代，Nomura 和 Konash 等实现了在液相环境中稳定的振荡，开辟了压电传感器应用的全新领域，大大地拓展了 QCM 的应用空间，尤其是在电化学及生物技术领域。1985 年，Kanasawa 和 Gorden 从剪切波的物理角度结合本构方程推导了 QCM 单面接触牛顿液体时的频率响应模型，被业界称为 Kanasawa 模型[166]。该模型指出：QCM 传感器从空气移到液体中，其频率的变化量与液体黏度、密度乘积项的平方根呈正比例关系。后来，Rodahl 等人补充推导了液相中的耗散因子与频率响应关系。但是，该模型并不能直接分离出未知液体的黏度和密度。20 世纪 90 年代开始，瑞典的 Kasemo 教授及其领导的研究小组开展了 QCM 的黏弹性薄膜研究工作。他们以流体力学理论和黏弹性材料的 Voigt 模型为基础，推导出 QCM-D 模型，通过同时监测 QCM 的频率变化和能量耗散变化来分析黏弹性介质吸附现象，这是目前黏弹性柔性薄膜分析应用最普遍的模型。但是，该模型在获得能量耗散变化时，采用了瞬时激励法，其测试精度容易受到影响；同时该模型应用于液相时，还需要已知液体的密度，而绝大多数情况下，溶液的密度是未知的。这些都限制了该模型的进一步应用。

为了更全面了解 QCM 振荡理论，研究人员从多个角度，如电学、声学的原理发展了等效电路模型、流体力学模型、有限元分析法等方法，这些方法从不同的角度上加深了我们对 QCM 数据的理解，但由于模型过于复杂，并没有能够推动 QCM 的商业应用。在硬件方面，QCM 主要发展了振荡器法和阻抗分析法等检测方法，可提供振荡阻抗、振荡频率、振幅和半峰宽等信息，这些测量参量一般都与液相特征参量相关，从而实现分离质量和溶液性质对检测参数的影响。Bruckenstein 等人通过仪器的创新，采用双振荡电路的方式，分离出黏弹性的贡献。Dunham 等人采用双石英晶体芯片，自动扣除电导率、黏弹性、温度等参数的影响。Rodahl 等人则提出了能量耗散的概念，用于表征吸附物质的黏弹性质。Hook 小组同时监测频率变化和能量耗散因子，并借助 Voigt 模型开始尝试表征生物膜层的黏弹性特性。进一步研究表明，许多与外界相关的物理、化学参数对于频率的变化存在不同程度的影响。这些因素包括: 表面粗糙度、温度、压力、电导率等。但由于这些影响因素往往属于极端的实例，在现实的应用中，这些因素对于实验结果多数可以忽略不计或者经过特殊处理减小对结果的影响。

电化学石英晶体微天平（electrochemical quartz crystal microbalance，EQCM）是联用传统的液相 QCM 技术和电化学技术，发展起来的一种全新的检测和表征技术。由于 EQCM 同时利用了电化学检测的高灵敏度及 QCM 可实时检测表面质量及阻尼的特点，可现场检测电极表面纳克级的质量变化、溶液黏度和密度性质以及修饰膜黏弹性等参数的改变，所获得的信息量远比单纯电化学检测的丰富，在电化学过程的分析研究中具有非常好的应用前景，已开始得到越来越广泛的应用。

6.5.2 石英晶体特征

6.5.2.1 石英晶体压电特性

石英晶体是由二氧化硅组成的矿物，化学式 SiO_2。它是一个正六面体，有三个坐标轴，*Z* 轴是晶体的对称轴，称为光轴，在这个方向上没有压电效应；*X* 轴称为电轴，垂直于 *X* 轴面上的电压效应最明显；*Y* 轴称为机械轴，在电场力的作用下沿此轴方向的形变最明显。单结晶的石英晶体结构具有压电效应特性，某些电介质在沿一定方向上受到外力的作用而变形时，其内部会产生极化现象，同时在它的两个相对表面上出现正负相反的电荷。相对的，当沿石英晶体某一方向施加电场时，在其他方向会产生变形或振动。应用石英材料这种压电效应，根据其发生共振时的频率特性作为各类型频率信号的参考基准。因其能够达到很高的 *Q* 值，所以绝大部分的频率控制元件，如共振子及振荡器，都以石英材料为基础。根据振动的特性，可以分为体波（bulk waves）振动及表面声波（surface acoustic wave）振动。体波振动元件包括石英晶体共振子、石英晶体滤波器及石英晶体振荡器等。表面波振动元件包括表面波滤波器及表面波共振子。当石英晶体以某种特定的角度切割，再予以抛光、打磨等，就完成了具有某种属性的石英晶片。将石英晶片以某种方式在表面镀上电极后，再引出电气引线或以其他方式封装，就制成了一种所谓的石英晶体共振片。

6.5.2.2 石英晶体切型及振动模式

（1）石英晶体的切型　石英晶体振荡器中的石英片都是按一定方位从晶体上切割下来的，具有一定的几何形状和尺寸，其外形有薄方片、薄圆片、棒状、音叉状等，石英片有的两个主面均为平面，有的一个主面为平面，另一主面为凸面，有的两主面均为凸面，如图 6.37 所示。所谓切型，就是对晶体坐标轴某种取向的切割，不同的切型物理性质不同。切面的方向与 *X*、*Y*、*Z* 轴成什么角度关系是极其重要的。例如，AT 切型和 CT 切型的石英片都是围绕 *X* 轴旋转一个角度，两种切型仅差 3°，但其特性和用途大不相同，AT 型用于短波段，CT 切型则用于长波段。

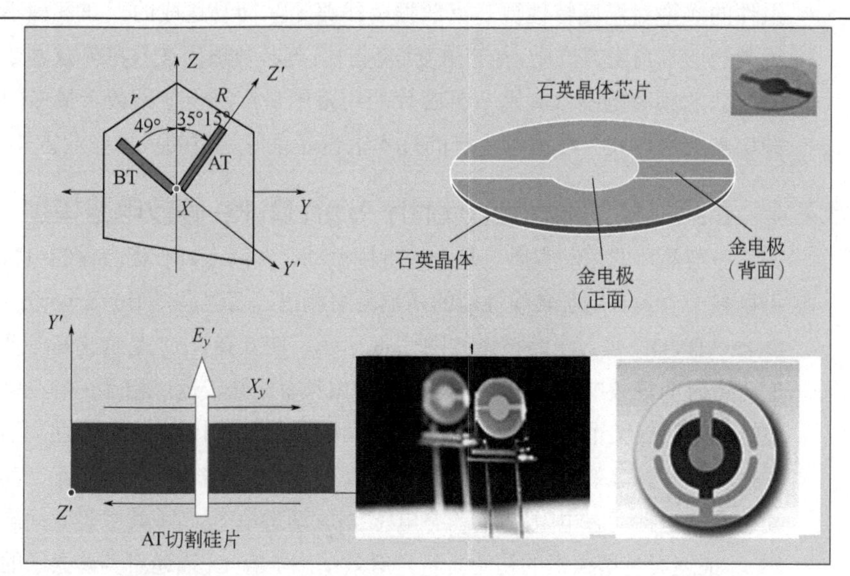

图 6.37　石英晶体及其切型

（2）石英晶体的振动模式　经由不同的切割角度及不同电极形状的电场效应，石英晶体展现了各种不同的振动模态，尤其是与切型关系更为密切，因为必须有一定的切型才能得到某种单一的振动模式（即单频性）和所要求的特性。根据不同使用要求，以及从数千赫兹到数百兆赫兹这样宽的频率范围内，可以采用不同的振动模式和不同的尺寸来实现。晶体的振动模式有：长度伸缩振动模式、弯曲振动模式、面切变振动模式（用于低频）和厚度振动模式（用于高频）。目前高频石英谐振器都采用厚度切变振动模式，它的常用切型为 AT 和 BT 切型。

6.5.2.3　石英晶体的频率与温度特性

大部分的石英晶体产品是用于电子线路上的参考频率基准或频率控制组件。所以，频率与工作环境温度的特性是一个很重要的参数。事实上，良好的频率与温度（frequeny versus temperature）特性也是选用石英作为频率组件的主要因素之一。经由适当的定义及设计，石英晶体组件可以很容易地就满足到以百万分之一（parts per million，ppm）单位等级的频率误差范围。若以离散电路方式将 LCR 零件组成高频振荡线路，虽然也可以在小量生产规模达到所需要的参考频率信号误差在 ppm 或 sub-ppm 等级要求，可是这种方式无法满足产业要达到的量产规模。石英组件的频率对温度特性更是离散振荡线路无法简易达成的。在各种不同种类的切割角度方式中，AT 角度切割的石英芯片适用在数兆赫兹到数百兆赫兹的频率范围，其是石英芯片应用范围最广泛及使用数量最多的一种切割应用方式。在大量生产的技术上也是很好达成的一种作业方式。

6.5.2.4 石英晶体的 Butterworth-Van Dyke 等效电路模型

石英晶体的振动实质上是一种机械振动。实际上，石英晶体的电特性可以被一个具有电子转换性能的两端网络测出。石英晶体 Butterworth-Van Dyke（BVD）等效电路模型如图 6.38 所示，图 6.38（b）是考虑基频及各次泛音时的等效电路，由于各次泛音谐振频率相隔较远，相互影响小，所以选择基频或某个泛音频率时只需考虑其谐振频率附近的电路特性。当工作在基频时，等效电路可视为图 6.38（c），这个回路包括两个支路，其中动态支路包括动态电阻 R_1、动态电感 L_1、动态电容 C_1，其中等效动态电感 L_1 描述石英谐振子的初始质量，等效动态电容 C_1 描述石英谐振子的机械弹性，等效动态电阻 R_1 描述石英谐振子的能量损耗与机械摩擦或阻尼损耗等。同时静态支路的 C_0（包括电极电容和引脚分布电容）作为一个石英晶体的绝缘体的电容被并入回路，其值一般为几皮法至几十皮法，与弹性振动有关的阻抗 R_1 是在谐振频率时石英晶体的谐振阻抗。

图 6.38
石英晶体 BVD 等效电路模型

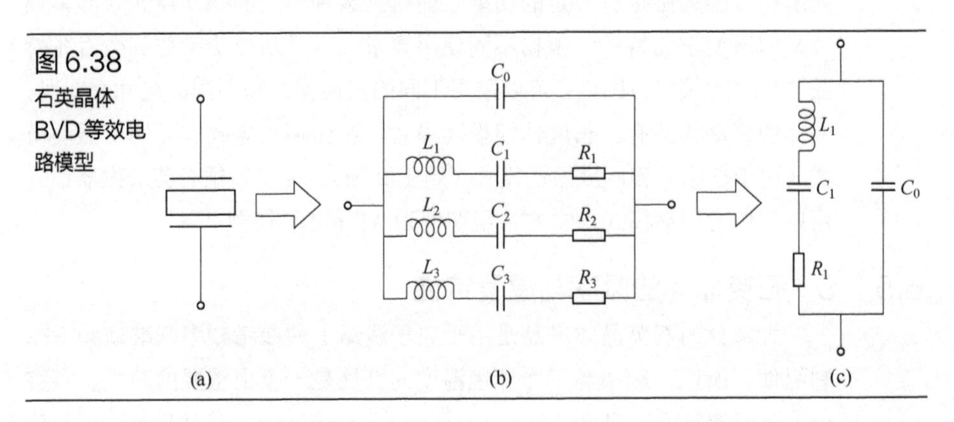

Lucklum 和 Granstaff 等人给出了无负载晶体电学参数的物理表达式为：

$$C_0 = \varepsilon_q \frac{A}{h_q} \tag{6.1}$$

$$R = \frac{\eta_q \pi^2}{8C_0 K_0^2 \mu_q} \tag{6.2}$$

$$L = \frac{h_q^3 \rho_q}{8 A e_q^2} \tag{6.3}$$

$$C = \frac{8 A e_q^2}{h_q \mu_q \left(\pi^2 - 8 K_0^2\right)} \tag{6.4}$$

式中，ε_q为晶体介电常数；η_q、μ_q分别为晶体的黏度及剪切模量；A为晶体元件电极的有效面积；h_q为晶体的厚度；K_0为压电应力常数；ρ_q为晶体的密度。

6.5.2.5 石英晶体的谐振频率

根据图 6.38（c）所示的石英晶体等效电路，可知道其等效阻抗表达式为：

$$Z = \frac{R_1 + j\left(\omega L_1 - \dfrac{1}{\omega C_1}\right)}{1 - \omega^2 L_1 C_0 + \dfrac{C_0}{C_1} + j\omega R_1 C_0} \tag{6.5}$$

将上式整理得：

$$Z = \frac{R_1 + j\left(\omega L_1 - \dfrac{1}{\omega C_1} - \omega^3 L_1^2 C_0 + \dfrac{2\omega L_1 C_0}{C} - \dfrac{C_0}{\omega C^2} - \omega R_1^2 C_0\right)}{1 + \dfrac{C_0^2}{C_1^2} - 2\omega^2 L_1 C_0 + \dfrac{2C_0}{C_1} + \omega^2 R_1^2 C_0 - 2\omega^2 L_1 C_0^2 + \omega^4 L_1^2 C_0^2} \tag{6.6}$$

电路谐振的条件是式（6.6）的虚部为零。即：

$$\omega^2 L_1 C_1^2 - C_1 - \omega^4 L_1^2 C_1^2 C_0 + 2\omega^2 L_1 C_1 C_0 - C_0 - \omega^2 R_1^2 C_1^2 C_0 = 0 \tag{6.7}$$

$\omega^2 R_1^2 C_1^2 C_0$项很小可忽略不计，因此可求得方程的两个解为：

$$\omega_r^2 = \frac{1}{L_1 C_1} \tag{6.8}$$

$$\omega_a^2 = \frac{1}{L_1 C_1} + \frac{1}{L_1 C_0} \tag{6.9}$$

将两个谐振角频率变换为对应的频率可以得到：

$$f_r = \frac{1}{2\pi}\sqrt{\frac{1}{L_1 C_1}} \tag{6.10}$$

$$f_a = \frac{1}{2\pi}\sqrt{\frac{1}{L_1 C_1} + \frac{1}{L_1 C_0}} \tag{6.11}$$

f_r、f_a分别称为石英晶体的谐振频率与反谐振频率。

除谐振频率与反谐振频率外，还有四个重要的频率，f_{Zmax}、f_{Zmin}、f_s、f_p分别称为最大阻抗频率、最小阻抗频率、串联谐振频率、并联谐振频率。其中串联谐振频率是零相位最小频率，也是自激振荡电路法能利用的唯一谐振频率。

石英晶体的导纳 Y：

$$Y=\frac{1}{Z}=\frac{1}{R_1+j\left(\omega L_1-\dfrac{1}{\omega C_1}\right)}+j\omega C_0 \tag{6.12}$$

令 $X=\omega L_1-1/\omega C_1$，求导纳模的最大最小值频率便可求得 Z 的最小及最大值频率，求解过程不再进行详述。四个频率表达式分别如下：

$$f_{Zmax}=f_r\left(1+\frac{1}{2r}+\frac{r}{2Q^2}\right) \tag{6.13}$$

$$f_{Zmin}=f_r\left(1-\frac{r}{2Q^2}\right) \tag{6.14}$$

$$f_p=f_r\left(1+\frac{1}{2r}-\frac{r}{2Q^2}\right) \tag{6.15}$$

$$f_s=f_r\left(1+\frac{r}{2Q^2}\right) \tag{6.16}$$

其中 $Q=\omega L_1/R_1$，$r=C_0/C_1$。

设其各参数为 $R_1=500\Omega$，$C_1=0.018\text{pF}$，$L_1=30\text{mH}$，$C_0=15\text{pF}$，则晶体的阻抗相位-频率曲线如图 6.39 所示。

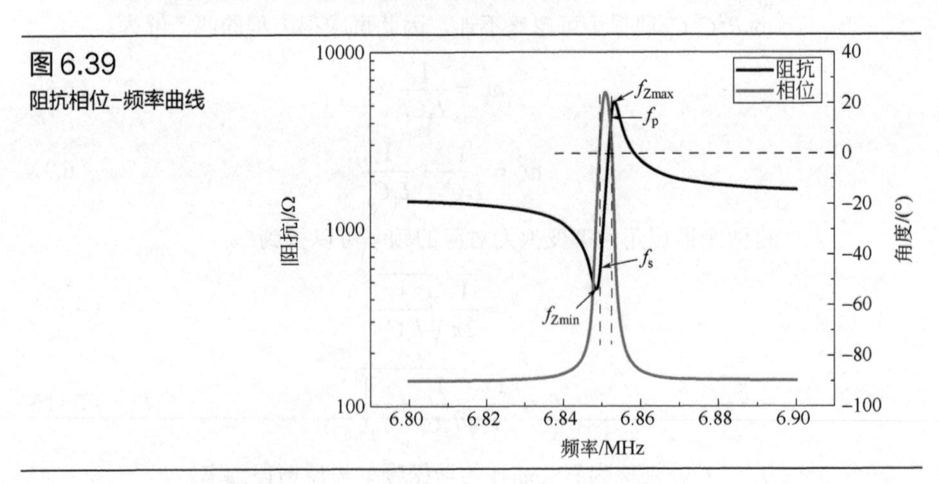

图 6.39
阻抗相位-频率曲线

在实际测量中，石英晶体的谐振频率和反谐振频率是无法直接测量的，能够测量的量有最大阻抗频率、最小阻抗频率、串联谐振频率、并联谐振频率，由石英晶体等效电路模型阻抗相位-频率曲线可知，当晶体发生串并联谐振时相位为零。基于AT切型的石英晶体Q值一般在10^5以上，$r/2Q^2$的量级在10^{-8}左右，$rf_r/2Q^2$不到0.1Hz，因此，f_{Zmin}与f_s可等同，f_{Zmax}与f_p可等同。然而，在某些黏弹性较大的环境测量时，等效串联电阻会变得很大，而且由于静电容C_0的存在，相频特性的零相位将消失，即f_s、f_p频率会消失。这也是振荡电路法在大阻尼溶液中停振的根本原因。

6.5.3 石英晶体微天平仪器简介

目前市场上主流商用QCM仪器有以下几种：瑞典Q-Sense公司的QCM-D仪器、美国Gamry的eQCM 10M、德国3T analytik的qCell、美国Maxtek公司的RQCM、美国SRS（Stanford Research System）公司的QCM200、美国Ametek公司的QCM922等，仪器外观如图6.40。其中Q-sense公司仪器性能最为优异，能提供最多13次谐波下的频率和耗散因子信息，大量的研究文章都是采用该公司仪器进行测量，但价格最为昂贵。

美国Maxtek公司（目前并入Inficon公司）RQCM仪器采用高性能锁相振荡器，可同时测量压电石英晶体的谐振频率和动态电阻响应，支持5MHz、9MHz基频的石英晶体，频率分辨率0.03Hz，扫描速度2000～50ms，不支持电化学联用，主要用于测量薄膜在沉积、溶解或渗透过程中的性能，最多可支持三个通道同时测量。通过O形圈进行安装，相比其他检测池安装便捷，电极表面黏附层可选择铬、钛，电极表面可选择金、银、铝或仅有黏附层的石英晶体芯片。

德国3T analytik QCM-D石英晶体微天平（采用石英晶体实时能量耗散追踪技术）主要分为精确温控的qCell T系列和普通温控的qCell系列，性能指标优秀、灵敏度高、稳定性好，该系列具有温控范围广，可达到4～80℃。每个系列可以选配双通道、四通道、电化学、高强度等多种不同配件仪器，并且其芯片具有独特设计，可保证芯片放置的完美重现，并且该芯片可以直接与电路接触，避免了检测池针脚接触不良的问题，提高了实验的重复与可靠性，目前大多数同类仪器都无法做到。

美国Gamry公司的eQCM10M，频率测量范围1～10MHz，分辨率

0.02Hz，具有较高的数据采集速度，价格经济，由于不依赖锁相振荡器，所以不需要手动补偿并联电容，电化学功能可通过与 Reference 600 电化学工作站进行联用，提供金、铂、碳、镍、多种石英晶体芯片。但 10MHz 的石英晶体使用电极延伸区域通过银浆与导线固定，由于受形状限制，只支持聚四氟乙烯的检测池。这种引线固定式的石英晶体由于引线部分影响，易受溶液腐蚀不便于清洗，一般无法重复使用。5MHz 的石英晶体为无引线石英晶体微天平可支持流动型的电解池。软件支持友好，具有良好的分析软件相辅助。

美国 SRS 公司的 QCM100 及 200 仪器系统需要外接万用表和频率计才能读出晶体的频率和阻抗值，并且该仪器系统可以在高负载溶液中驱动。早期的仪器系统需要自己编程控制，如使用 Labview 等，但整个仪器系统价格比较低，可拓展性高。

美国 Ametek 公司的 QCM922 仪器产品，除测量频率-质量的变化外，还可以测量导纳的变化，以此可以推断出晶体表面液体介质的黏度变化，采样速度在 100ms，频率分辨率 0.1Hz，采用 RS-232 或 GPIB 接口，测量采用 9MHz AT 切型的石英晶振片。该仪器可以与普林斯顿应用研究的电化学工作站的辅助输入直接电化学联用，通过 PowerSuite 软件联机，可以同时得到电位、电流和电量的值。支持电化学联用方法有：CV、LSV、CA、CC、CE 等，扫描速度 1mV/s。但该仪器由于测量的时间分辨率较低，不能用于暂态电化学技术方法的联用测量中。

图 6.40
商品化 QCM 仪器

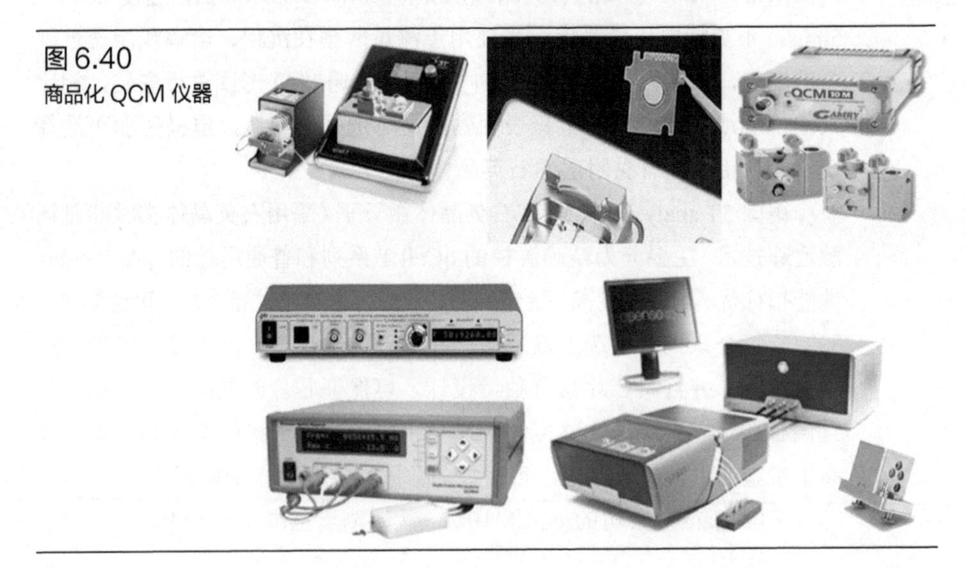

瑞典 Q-Sense 公司的 QCM-D 仪器具有较高的测量稳定性及测量精度，该公司是目前从事 QCM 相关研究公司和实验室中最为出色的一个。该系列仪器采用谐振频率为 5MHz 的石英晶体，可以测量基频的奇数倍频率下的不同谐振频率与耗散因子，可通过 4 个通道连接 4 个检测池进行测量，可以自动完成加液，系统测量精度很高，测量信号稳定。其温度稳定性可达±0.02℃，测量频率范围在 1～70MHz，频率测量灵敏度可达 0.01Hz，D 因子测量稳定度可达 10^{-7}，采样频率 10～250ms，数据通信接口采用 USB2.0 接口，此外该仪器系统还可以进行程序升温变化测量，但价格也十分昂贵。但其多通道进液管及出液口和液体池材质和机构的设计因素导致其不能测量过于黏稠的液体，如高负载的聚合物溶液。该仪器可以连接多种电化学测量系统，仅仅是添加其配套的 QEM401 附件即可，该附件在微流通池内置有一个 Pt 片对电极，同时在流体出口处内置 WPI 公司生产的参比电极。

但目前该仪器由于测量方法的限制，导致基本只能与电化学的一些稳态技术相联用结合，如基本只能与慢扫描速度的循环伏安技术结合联用，一些暂态的电化学技术方法还不能集成其中。此外，一些多种复杂电化学技术方法的结合联用，将会需要多种不同的电化学调制手段结合，形成复合的任意波形调制，从而应用于界面膜制备、化学修饰等反应过程，但目前的仪器手段还不具备这样的测量应用。

目前市场主要仪器都为进口产品，其中支持电化学联用与耗散因子测量仪器较少，多数产品为单独提供石英晶体测量模块，对石英晶体支持多为固定频率，表 6.1 对仪器优缺点进行了比较。

表 6.1　市售主要 QCM 仪器产品的优缺点对比

公司	仪器	优点	缺点
瑞典 Q-Sense	Q-Sense E4	性能最为优异，能提供奇数倍谐振频率下的 f 和 D 信息，并且用户界面良好	价格较为昂贵、对晶体要求高，耗材较贵
德国 3Tanalytik	qCell	性能优良，温度测量范围最广，测量精度高，芯片稳定，实验重现性好，检测池安装便捷，软件操作良好	由于芯片通过聚酯膜，对芯片要求高，耗材价格昂贵
美国 Gamry	eQCM10M	性能优良，价格经济，操作软件具有良好的分析功能	芯片仅提供 5MHz、10MHz 石英晶体，10MHz 晶体通过导电胶连接不便于清洗
意大利 OpenQCM	OpenQCM	体积最小、具有耗散测量功能、价格低廉、硬件具有开放接口	无法电化学联用。新型仪器相关资料较少

续表

公司	仪器	优点	缺点
美国 Maxtek	RQCM	频率范围可达4.977～5.020MHz或者8.976～9.036MHz，测量精度高	频率采样最快需要50ms，无法与电化学联用，价格昂贵
美国 Ametek	QCM922	频率测量范围5～30MHz，测量阻抗范围1～10kΩ，除测量频率-质量的变化外，还可以测量导纳的变化，可与电化学联用	频率采样时间需100ms，无法与暂态电化学技术联用
美国 SRS	QCM200	仅支持5MHz，阻抗测量范围0～5kΩ，可以驱动高负载	频率采样时间最小0.1s，精度0.01Hz需要10s、1Hz需要0.1s，对于常规实验而言10s过长
美国 CHI	CHI400B	采用差频技术，缩短采样时间，集成电化学联用功能	对晶体要求高，其谐振频率固定在7.995MHz，不能测量耗散因子，无温度控制功能
芬兰 KSVNIMA	QCM-Z500	采用阻抗技术，信息获取全面	时间分辨率低，无法与电化学联用，价格昂贵

6.5.4 石英晶体微天平测量原理与仪器结构

6.5.4.1 石英晶体等效模型

Butterworth与Van Dyke认为谐振器可以用电容、电感、电阻组成的电路等效，即BVD石英晶体等效电路模型（图6.41），通过BVD模型，可以用静态电容C_0、动态电感L_m、动态电容C_m、动态电阻R_m与石英晶体谐振器物理属性互相关联，最后可获取串联谐振频率f_s与并联谐振频率f_p。压电石英谐振器的等效电路如图6.41所示，晶体不发生谐振时可等价为平板电容器，支路的电容称为静态电容C_0，通常几十皮法左右；晶体发生谐振时，其机械振动惯性可用动态等效电感L_m来模拟，通常为10^{-2}～10^{-3}H量级，利用动态电容C_m来模拟晶体弹性，通常在10^{-2}～10^{-1}pF左右。L_m、C_m与晶体切型、几何尺寸及电极几何尺寸、晶体的质量、柔度等有关。此外，用串联损耗电阻R_m来等效晶体谐振时的摩擦等机械能耗，R_m主要由晶体所接触物质的黏度所决定，也受晶体加工条件等因素的影响。

在刚性薄膜吸附、牛顿流体和黏弹性薄膜吸附时可以通过BVD等效电路模型进行分析，增加的电阻、电感、电容会与串联支路的电阻R_m、

电感 L_m、电容 C_m 叠加。在刚性薄膜吸附时，由于表面质量增加引入新的电感，串联支路的电感 L_m 增加；在牛顿流体溶液中，溶液的黏度与密度会影响电感、电阻，串联支路的电感 L_m、电阻 R_m 增加；黏弹性薄膜吸附条件下会引入新的电感、电阻、电容，串联支路的电阻 R_m、电感 L_m、电容 C_m 增加。当石英晶体工作在液体中时，石英晶体的串联谐振等效阻抗 R_m 会变得很大，如对于 5MHz 的 AT 切型晶体工作在基频时如果单面接触水其 R_m 大约在 380Ω，而在空气中则在 10Ω 左右。这样的变化会在两个方面影响电路的设计：首先 R_m 变大会导致晶体的品质因数下降，使动态支路阻抗相位频率曲线的斜率变小，从而使振荡电路的稳定性降低；其次当 R_m 变大时会使并联电容 C_0 的影响凸显出来，这种情况下会导致晶体导纳的相位在串联谐振频率处较大地偏离零相位，从而使传统的石英晶体振荡电路无法工作在串联谐振频率上，甚至无法起振。

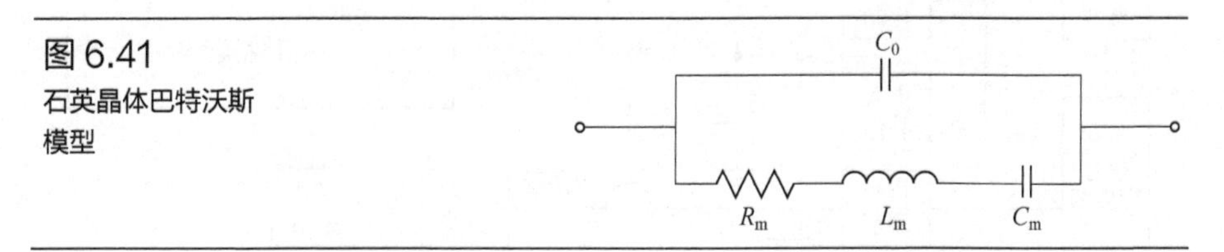

图 6.41
石英晶体巴特沃斯模型

6.5.4.2 石英晶体测量原理

我们采用了一种正交解调测量方法对石英晶体的频率特性进行测量（图 6.42），首先在一段较大频率范围内对晶体进行频率扫描，大致获取晶体谐振位置；其次逐步减小扫描步进量以获得晶体谐振的精确频率，然后根据测量的石英晶体幅频特性曲线和相频特性曲线求得串联谐振频率点 f_s、静态电容 C_0 等信息，根据理论公式 $D=1/Q$，对耗散因子进行求解。

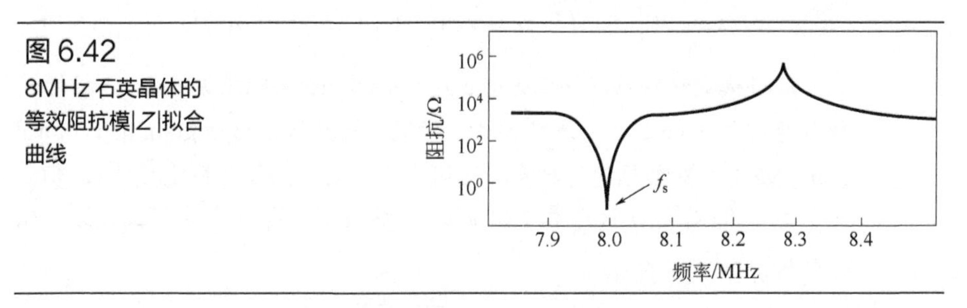

图 6.42
8MHz 石英晶体的等效阻抗模|Z|拟合曲线

正交解调测量方法测量电路原理如图 6.43 所示，将石英晶体视为一个二端无源网络，用振幅为 A、角频率为 ω 的余弦信号 $A\cos\omega t$ 对石英晶

体施加激励（频率扫描），随着输入信号频率 ω 的变化，测量并记录输出信号 H 的振幅系数 $\left|A_{\mathrm{v}}(\omega)\right|$ 和相位 $\phi(\omega)$ 得到电压节点 V_{g} 的幅频和相频关系。当激励达到串联谐振频率时，串联谐振回路（R_{m}、C_{m}、L_{m}）呈现纯阻性，此时石英晶体的阻抗最小，节点 V_{g} 的振幅最大；当激励信号频率远离串联谐振频率时，石英晶体阻抗逐渐变大，响应信号的幅值逐渐变小。根据这一性质，通过改变激励信号的频率，测量响应信号的变化，可得到电压节点 V_{g} 的幅度-频率特性：

$$H=\left|A_{\mathrm{v}}(\omega)\right|\times A\cos\left[\omega t-\phi(\omega)\right] \tag{6.17}$$

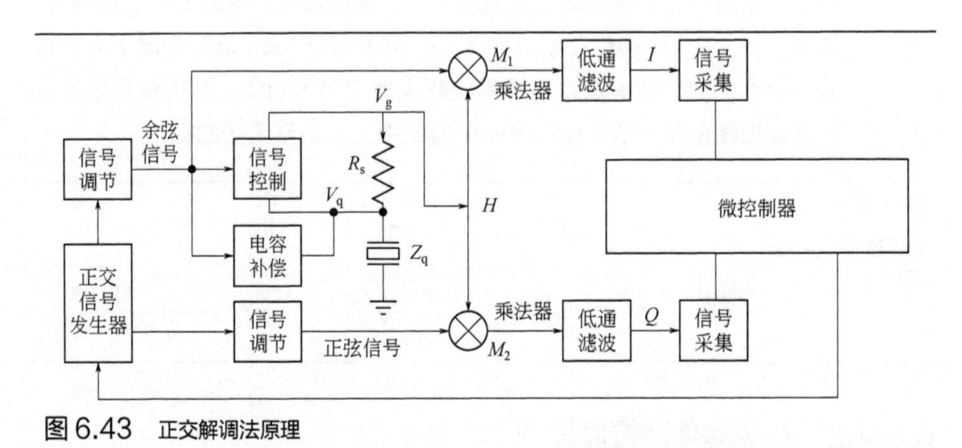

图 6.43 正交解调法原理

将信号 H 与两路正交信号进行混频，根据积化和差公式可知，通过低通滤波器（low-pass filter，LPF）可滤除角频率为 2ω 的高频分量。得到 I、Q 两路输出直流电压信号，如公式（6.18）和公式（6.19）所示：

$$I=\mathrm{LPF}\left[A\cos(\omega t)\times H\right]=0.5A^2\left|A_{\mathrm{v}}(\omega)\right|\cos\left[\phi(\omega)\right] \tag{6.18}$$

$$Q=\mathrm{LPF}\left[A\sin(\omega t)\times H\right]=0.5A^2\left|A_{\mathrm{v}}(\omega)\right|\sin\left[\phi(\omega)\right] \tag{6.19}$$

通过模数转换器（analog to digital converter，ADC）将 I、Q 信号采集并通过公式（6.20）和公式（6.21）在微控制器（microprogrammed control unit，MCU）对数据进行计算，即可得到该石英晶体在特定频率 ω 刺激下节点 H 的幅值 $\left|A_{\mathrm{v}}(\omega)\right|$ 和相位 $\phi(\omega)$，通过扫频得到信号 H 的幅频，相频特性如图 6.44 所示。

$$\left|A_{\mathrm{v}}(\omega)\right|=2\times\sqrt{I^2+Q^2}/A^2 \tag{6.20}$$

$$\phi(\omega)=\arctan(Q/I) \tag{6.21}$$

图 6.44
信号节点 H 幅频相频特性

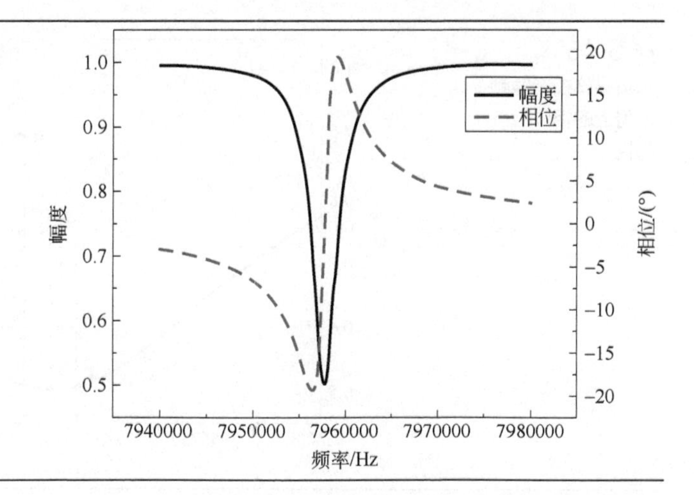

根据 BVD 石英晶体等效模型，当 C_0 较小并且 R_m 在几十到几百欧姆时，可忽略 C_0 的影响。石英晶体发生串联谐振时石英晶体支路呈现纯阻性特性，V_g 相对于 V_q 的相移 $\phi=0^\circ$，串联等效电阻为 R_m。

$$R_m/(R_m+R_s)=\mathrm{Max}\left|A_v(\omega)\right| \quad (6.22)$$

通过公式（6.22）可以求得 R_m 的值，在零相位附近，相位变化近似线性，对其进行线性拟合可求得零点对应的串联谐振频率 f_s。耗散因子 D 的具体求解过程如下：

对节点 V_g 进行频响分析：

$$V_q/V_g=\left[R_m+j\left(\omega L_s-\frac{1}{\omega C_s}\right)\right]\Big/\left[R_m+R_s+j\left(\omega L_s-\frac{1}{\omega C_s}\right)\right] \quad (6.23)$$

令 $X=\omega L_s-1/\omega C_s$，$R=R_s+R_m$，则有：

$$V_q/V_g=\left(RR_m+X^2+jXR_s\right)/\left(R^2+X^2\right) \quad (6.24)$$

根据公式（6.24）可得相移 ϕ：

$$\phi=\arctan\left[XR_s/\left(RR_m+X^2\right)\right] \quad (6.25)$$

根据公式（6.25）得到关于电抗 X 的方程：

$$X^2-\frac{R_s}{\tan\phi}X+RR_m=0 \quad (6.26)$$

石英晶体在谐振频率附近的相位阻抗特性如图 6.45 所示。根据幅频曲线上串联谐振频率点求得 R_m 值，在串联谐振点附近相频曲线近似一条直线，取直线上两频率点 f_1、f_2 分别对应角频率 ω_1、ω_2 及电抗 X_1、X_2。

图 6.45
石英晶体在谐振频率附近的相位阻抗特性

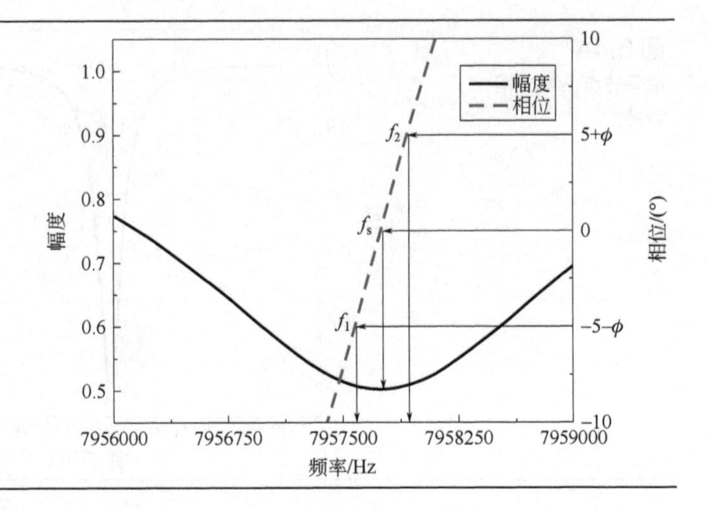

取角频率 ω_1、ω_2 分别代入公式（6.26）得到电抗 X_1、X_2，将 ω_1、ω_2、X_1、X_2 代入 $X=\omega L_s-1/\omega C_s$，得出公式（6.27）、公式（6.28）。

$$\omega_1^2 L_s C_m - X_1\omega_1 C_m - 1 = 0 \qquad (6.27)$$

$$\omega_2^2 L_s C_m - X_2\omega_2 C_m - 1 = 0 \qquad (6.28)$$

通过求解公式（6.27）、式（6.28）可得到动态电感 L_s。

$$L_s = \left(X_2\omega_2 - X_1\omega_1\right)/\left(\omega_2^2 - \omega_1^2\right) \qquad (6.29)$$

根据耗散因子 D 的定义可得到其计算式（其中 f_s 为串联谐振频率）：

$$D = 1/Q = 2\pi f_s L_s / R_m = f_s\left(X_2 f_2 - X_1 f_1\right)/R_m\left(f_2^2 - f_1^2\right) \qquad (6.30)$$

6.5.4.3 静态电容补偿原理

通常情况下，在石英晶体空载时静电容 C_0 较小，只有几皮法，同时 R_m 的值在几十欧，当用 10MHz 以下的频率信号作为激励时，C_0 对 R_m 的影响可以忽略。前述串联谐振频率、串联等效电阻、耗散因子 D 的求解依然有效。但是，当晶体处于液相环境测量时，尤其是在负载较重时（如丙三醇水溶液等体系下），加之夹具的应力影响和导线的分布电容，使得 C_0 变为几十皮法（一般在 20～60pF），C_0 对 R_m 将产生较大的影响，R_m 越大 C_0 的影响越严重。图 6.46 显示了当 R_m=500Ω 时，C_0 从 0pF 到 35pF，以 5pF 步进增加时，箭头方向为电容增加，模拟了石英晶体的幅频、相频特性变化。

从图 6.46 可以看出，随着 C_0 的增大，石英晶体的零相位在曲线中逐渐偏移甚至消失，此时我们所能测得的谐振频率也不再是晶体的串联谐振频率 f_s。从图 6.46 可以得知幅频随着电容增大而减小，即等效阻抗不再是晶体的串联谐振等效电阻 R_m，同时对于耗散因子 D 的算法也不再成立。因此为了保证测量的准确性和精度，必须在电路中去除静态电容 C_0 的影响。

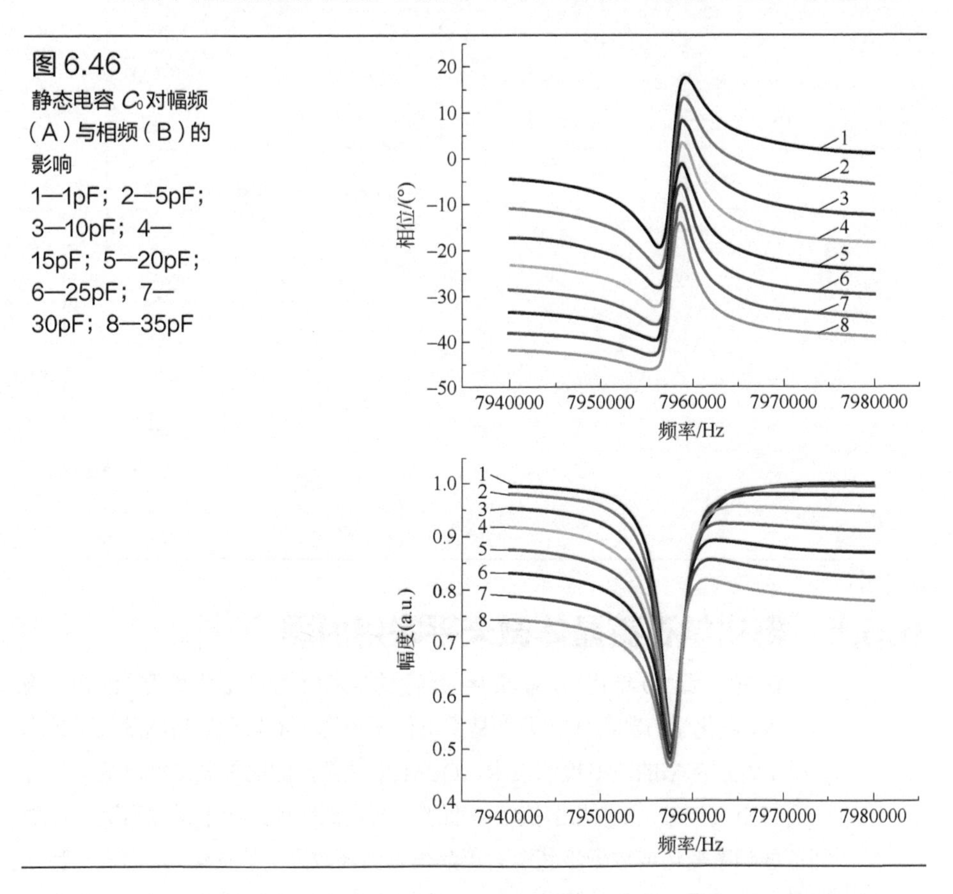

图 6.46
静态电容 C_0 对幅频（A）与相频（B）的影响
1—1pF；2—5pF；3—10pF；4—15pF；5—20pF；6—25pF；7—30pF；8—35pF

为了减弱静态电容 C_0 对谐振频率的影响，可以通过负电容来与静态电容 C_0 相抵消[167]，但不同体系下静态电容的大小我们无法准确获取。为了解决这一问题，我们采用变容二极管进行解决，原理如图 6.47 所示，将变容二极管 C_x 与石英晶体一端相连，对变容二极管另一端施加交直流混合信号，通过直流信号控制变容二极管的电容 C_x，而交流信号用来补偿流过静态电容 C_0 的电流，直至变容二极管与石英晶体上施加的电压大小相等、相位相同，当变容二极管的电容与静态电容 C_0 相等时，流过静态电容 C_0 的电流刚好得到补偿，该方法理论上在任意频率下都可以对静态电容 C_0 完全补偿。与以往振荡电路电容补偿方法相比，采用变容二极管的方式更加灵活，不用手动调节补偿电容，并且直流信号控制精度更高。

图 6.47
静电容 C_0 补偿方法

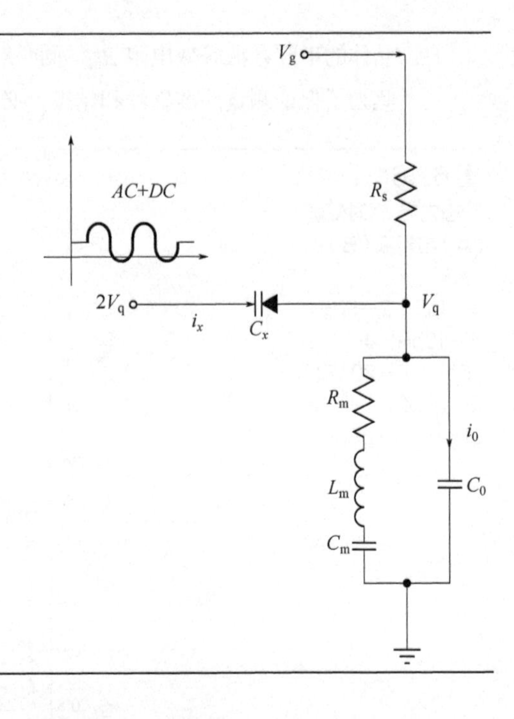

6.5.5 电化学石英晶体微天平联用原理

在 20 世纪 80 年代后，单面接触溶液的 QCM 可以在黏度低的液相中稳定振荡，电化学石英晶体微天平是将电化学测量技术与石英晶体微天平技术基础上发展起来的新型检测技术。QCM 中通常检测池单面接触溶液，另外一面与空气接触，其中与溶液接触面既可通过振荡电路用于检测石英晶体表面谐振频率变化或进一步获取石英晶体表面耗散因子的变化，从而进一步获取黏度、密度、等效电阻等信息，又可以作为工作电极通过与溶液中的参比电极、对电极形成三电极体系，通过电化学不同的实验方法：如循环伏安法（cyclic voltammetry，CV）、计时电流法（chronoamperometry，CA）等，测得不同方法下的电化学信息。EQCM 由于引入了电化学信息，可以在原位反应时从一个全新角度获取反应信息。EQCM 通过自身独特的检测机理，更可以探测反应机理与化学反应动力学等，并且可以检测电化学活性物质与行为，有助于全面的认识整体的电化学反应过程。EQCM 也可将扫描电化学显微镜与 EQCM 进行联用测量，或 EQCM 与分子荧光光谱、椭圆偏振等联用。EQCM 可在检测谐振频率的基础上同时检测电压、电流等电化学信息，为在电化学原位反应过程中提供电极吸附的质量信息，更加精准地为反应机理提供分析手段[168, 169]。

EQCM 的应用理论与实验结果现已被实验充分验证及解释分析。其中石英晶体电极面双电层内质量的变化（ΔM）为：

$$\Delta M_{\text{anion,cation}}=\left(\frac{q^{+}}{F}\right)\left(M_{\text{anion}}-M_{\text{water}}v_{\text{anion}}\right)-\left(\frac{q^{-}}{F}\right)\left(M_{\text{cation}}-M_{\text{water}}v_{\text{cation}}\right) \tag{6.31}$$

式中，M 为分子质量；F 为法拉第常数；v 为离子扩散而被相应的阴、阳离子替换的水分子数量。常规电化学体系中质量的变化基本由离子的氧化还原造成，其中尤为重要的参数是电量 ΔQ（C/cm^2）与电流（A/cm^2），根据测定反应过程中产生的质量或电荷变化，对电极表面的电化学过程的电流效率与过程扩散动力学做定量表征，石英晶体谐振频率的变化与石英晶体表面电极质量的积分量度，电流为电极表面参与反应的瞬时流量表征。

相关公式如下，法拉第定律如式（6.32）：

$$\Delta m=\frac{QM}{nF} \tag{6.32}$$

Sauerbery 方程：

$$\Delta f=-\frac{2nf_0^2}{A\sqrt{\rho_{\text{q}}\mu_{\text{q}}}}\Delta m=-\frac{nf_0}{\rho_{\text{q}}h_{\text{q}}}=-2.26\times10^{-6}\,\frac{nf_0^2\Delta m}{A}=-\frac{\Delta m}{C_{\text{f}}} \tag{6.33}$$

式中，n 为谐波次数；Δf 为频率变化；f_0 为初始状态下石英晶体基频的频率；μ_{q} 为 AT 切割石英晶体的剪切模量，$\mu_{\text{q}}=2.947\times10^{11}\text{g/cm}\cdot\text{s}^2$；$\rho_{\text{q}}$ 为 AT 切割石英晶体的密度，$\rho_{\text{q}}=2.648\text{g/cm}^2$；$\Delta m$ 为石英晶体质量的变化；C_{f} 为比例常数；C_{f} 的倒数 S 称为石英晶体微天平的质量灵敏度。

将公式（6.32）与公式（6.33）结合可得：

$$\Delta m=\Delta f/C_{\text{f}}=\Delta QM/nF \tag{6.34}$$

以 M/n 形式展开为：

$$\frac{M}{n}=-\frac{\Delta f}{\Delta Q}\times\frac{1}{C_{\text{f}}}F=-\frac{A\sqrt{\rho_{\text{q}}\mu_{\text{q}}}}{2nf_0^2}F \tag{6.35}$$

式中，F 为法拉第常数，F=96485C/mol；M 为电极表面物质沉积或溶出的单位物质的量的物质所具有的质量，又称摩尔质量，g/mol；n 为反应物质转移的电子数，其中 M/n 代表电极表面每 1mol 电子转移时引起的质量变化，根据 M/n 可发现，当以 Δf 与 ΔQ 绘制数据时，其 $\Delta f/\Delta Q$ 的斜率与 F 与 $\dfrac{1}{C_{\text{f}}}$ 的乘积代表为电极表面物质每 1mol 电子转移引起的单位物质的量的物质所具有的质量为多少。通过公式（6.35）将 QCM 与电化学连接在一起，以提供更多信息。这种方法简单直观，并且通过对同电位下区域的选择，可以单独进行分析，如选择氧化或还原过程或特征峰区域。但需要注意的是，M/n 与理论值仅近似并且可能存在多个反应过程，而且很多反应过程中容易受到多方面因素影响，如析氢反应、电极表面吸附脱附、双电层充放电的影响。

6.5.6 电化学与石英晶体微天平总体结构

将系统划分为三部分：①上位机计算机、驱动软件、应用软件组成软件部分；②下位机电子线路、下位机固件程序组成硬件部分；③仪器外设外观结构、检测池机械部分。

上下位机通过 USB 进行通信。上位机主要将图形界面的指令进行逻辑处理，转换为相关指令，向下位机发送并对下位机发送的指令进行解析，最终进行数据的展现。下位机分为电化学模块与石英晶体微天平模块，石英晶体微天平模块与电化学模块采用串行外设接口（serial peripheral interface，SPI）进行通信，电化学模块作为 SPI 主控端，石英晶体模块作为 SPI 从机。SPI 通信采用直接内存存取（direct memory access，DMA）方式，将处理器的性能最大化。石英晶体频率偏移、耗散因子等数据均通过 SPI 传送给电化学模块，最后电化学模块通过 USB 接口将所有数据传送给上位机，整体结构如图 6.48 所示。

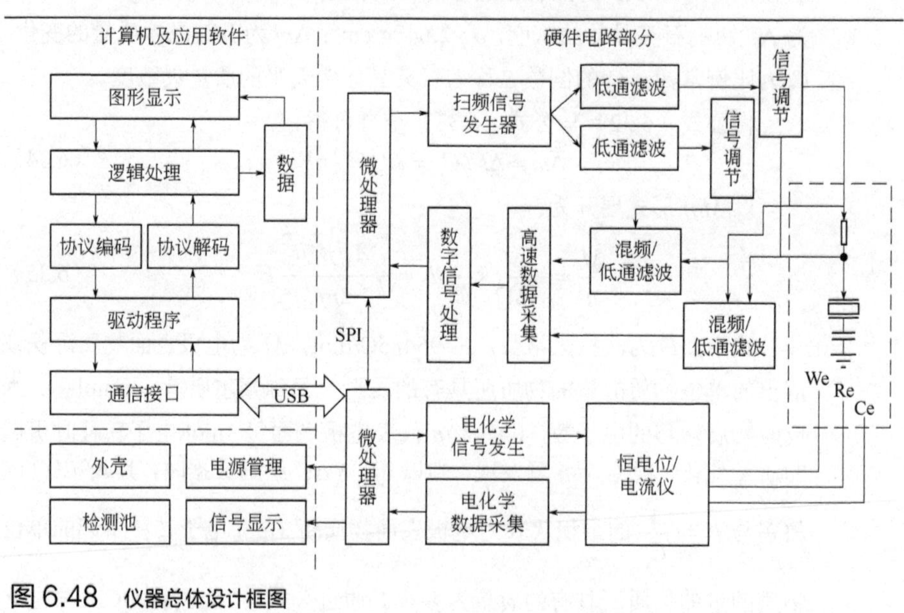

图 6.48 仪器总体设计框图

6.5.7 电化学与石英晶体微天平联用技术的应用

6.5.7.1 Pd 的沉积与溶解

选用面积为$0.5cm^2$自制9MHz金电极的石英晶体芯片，在1mmol/L $PdCl_2$与0.1mol/L $KClO_4$混合溶液中选择QCM与循环伏安法联用实验，以0.02V/s的扫描速度，在0.1V到0.7V的电位区间内进行扫描，直至获取稳定的循环伏安曲线与谐振频率变化曲线，如图6.49所示，可以看到在0.35V Pb开始沉积，还原峰出现在0.35V到0.2V，氧化峰出现在0.45V到0.6V。在电位反转后，在0.45V沉积的Pb开始溶解，从整体观察，谐振频率的变化随着钯的沉积与溶解呈现一种闭环循环，表明电极表面物质质量变化与谐振频率的变化有紧密的相关性，通过进一步计算，可在获取电化学信息的同时又可获得质量变化信息等。

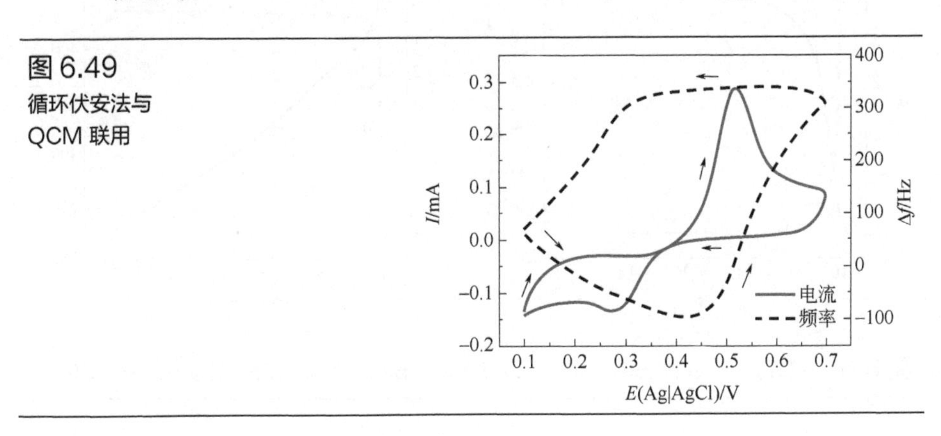

图 6.49 循环伏安法与QCM联用

6.5.7.2 QCM 电势阶跃实验

在相同的实验条件下，选择合适电位进行Pd的沉积与溶解，以QCM与计时电流法对Pd的氧化还原进行单独研究，选择0.65V与0.25V作为Pd的氧化还原电位，单独施加电位5s的单独研究过程如图6.50所示。

以0.25V电位施加5s，如图6.51（b）中*AB*段谐振频率平稳下降过程为还原沉积Pd的过程（$Pd^{2+}\rightarrow Pd$），随后*BC*段谐振频率趋于平稳。以0.65V电位施加5s，图6.51（a）中*BC*段谐振频率缓慢上升为Pd的氧化溶解过程（$Pd\rightarrow Pd^{2+}$），图6.51（a）*AB*段谐振频率变化平稳表示附着在电极表面的 Pd 已经完成氧化溶解。每次的氧化阶段可以充分将 Pd 溶解。

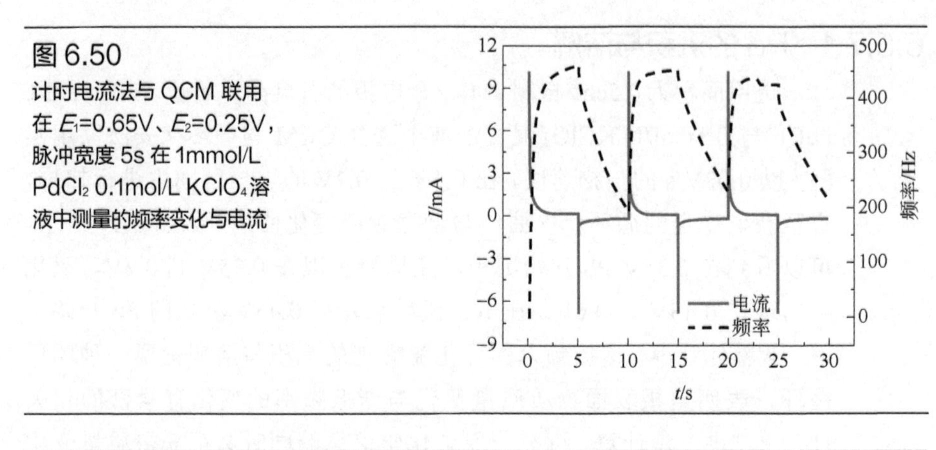

图 6.50 计时电流法与 QCM 联用在 E_1=0.65V、E_2=0.25V，脉冲宽度 5s 在 1mmol/L $PdCl_2$ 0.1mol/L $KClO_4$ 溶液中测量的频率变化与电流

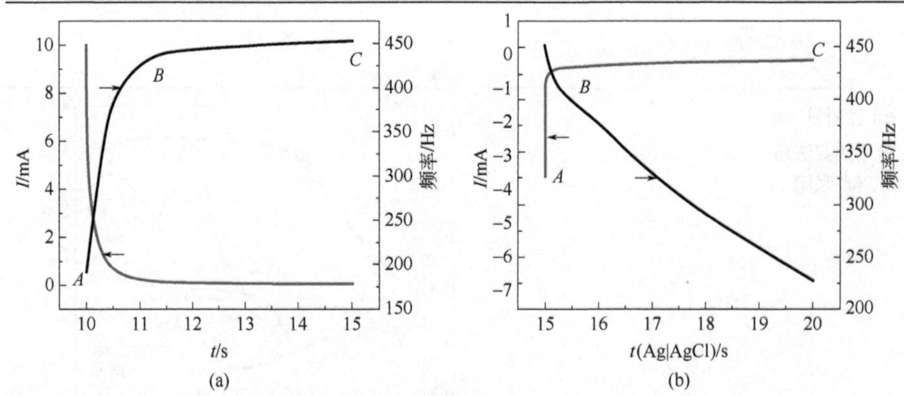

图 6.51 （a）Pd 在以 0.65V 持续 5s 进行溶解；（b）Pd 在以 0.25V 持续 5s 进行沉积

对于直径为 0.8cm 的 9MHz 的石英晶体芯片，根据公式（6.35），即

$$\frac{M}{n}=\left(\frac{d_{\mathrm{f}}}{\mathrm{d}\Delta Q}\right)\frac{F}{C_{\mathrm{f}}}=\frac{3.14\times\left(\dfrac{0.8}{2}\right)^{2}\times 96485}{2.26\times10^{-6}\times9000000^{2}}\left(\frac{d_{\mathrm{f}}}{\mathrm{d}\Delta Q}\right)=2.74\times10^{-9}\times96485\left(\frac{d_{\mathrm{f}}}{\mathrm{d}\Delta Q}\right)$$

可得到图 6.52（a）、（b）所对应氧化、还原阶段的 M/n 分别为 48.38g/mol、46.06g/mol。根据 Pd 的分子量 106.42，电子数为 2，理论上 Pd 的 M/n 值为 53g/mol，这种理论与实际测量的误差源于系统误差和电极表面状态、双电层充放电的影响。

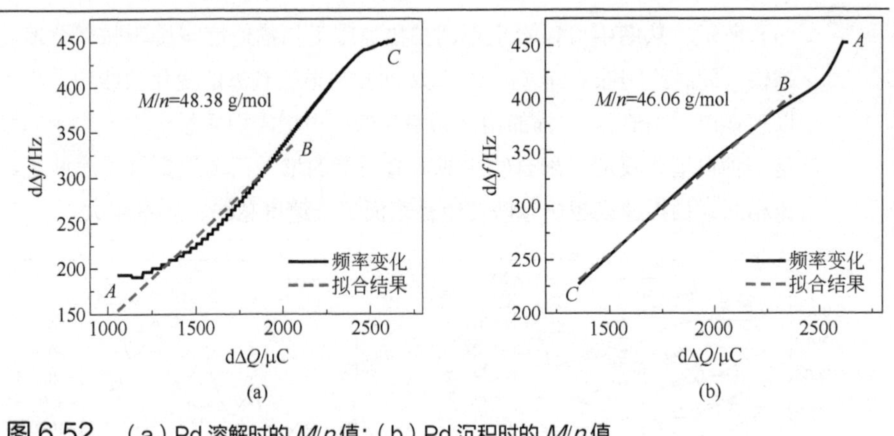

图 6.52 （a）Pd 溶解时的 M/n 值；（b）Pd 沉积时的 M/n 值

6.5.7.3 聚苯胺膜的电聚合

制备 0.1mol/L 苯胺与 0.5mol/L 硫酸的混合溶液，选择 QCM 与循环伏安法联用实验，以 0.01V/s 的扫速在电位范围为−0.2～0.9V 进行电化学聚合苯胺，结果如图 6.53 所示。可观察到三对氧化还原峰，0.2V 为还原态的聚苯胺、0.45V 为中间氧化态的聚苯胺、0.75V 为全氧化态的聚苯胺。对应的还原峰电位为 0.1V、0.45V、0.65V。对应谐振频率可以看出，当谐振频率降低时则电极表面苯胺质量增长快，在大于 0.4V 时不论正扫或负扫苯胺增量都在增加，苯胺质量增加最快主要集中在 0.55～0.8V 的高电势区域。在电势低于 0.5V 时主要为苯胺薄膜的氧化还原过程，正向扫描时阴离子进入导致谐振频率降低、质量增加；逆向扫描时对应质子置入阴离子释放导致谐振频率增加、质量减小。总体的苯胺随着实验圈数的增加，谐振频率变化随之增加，电流越来越大。从图 6.53（b）中也可以得出相同结论。随着实验圈数的增加，苯胺质量总体不断增加，耗散因子也不断增大，不论处于正扫或负扫都有质量的变化，曲线整体有一定规律的变化且斜率变大，结合电流不断增大，可以表明随着苯胺在电极表面发生聚合，聚合的苯胺膜在后续的反应中起到了自催化的作用，使得反应连续进行。

苯胺在电极表面聚合时，可通过电量 Q 伴随实验进行的时间 t 或循环次数 N 的变化曲线 Q/N 来代表苯胺的聚合速度，Q/N 的大小可以表达苯胺受不同因素影响导致聚合速度的改变，通过选择 0.1mV/s、0.5mV/s、10mV/s 不同扫速对苯胺进行聚合并绘制循环次数与电量曲线，如图 6.54

（a）所示，从图中可以看出不同扫描速度下扫描速度越慢苯胺聚合速度越快，同时绘制图 6.54（b）中循环次数与谐振频率的变化曲线中，也可以观察出 0.1mV/s 扫描的谐振频率最低即电极表面质量最大。由于苯胺是一种自催化反应，聚合物生成随着质量的增加而增快聚合速度两者结论相同，扫描速度越慢苯胺在电极表面聚合速度越快、质量越大。

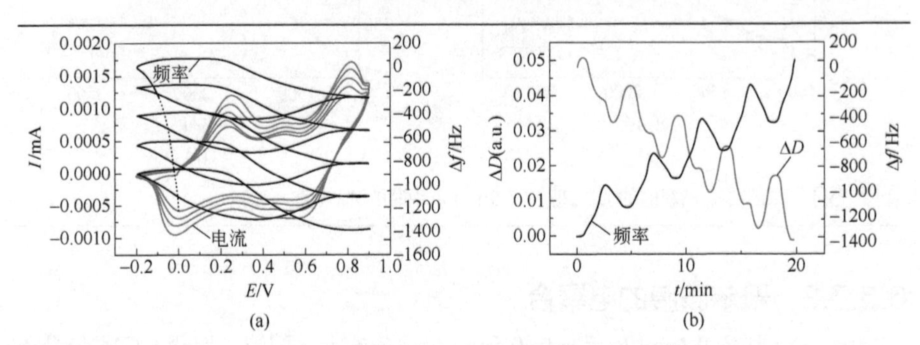

图 6.53 （a）PANI 电化学合成过程的 QCM-CV 联用实验过程；（b）谐振频率与耗散因子曲线

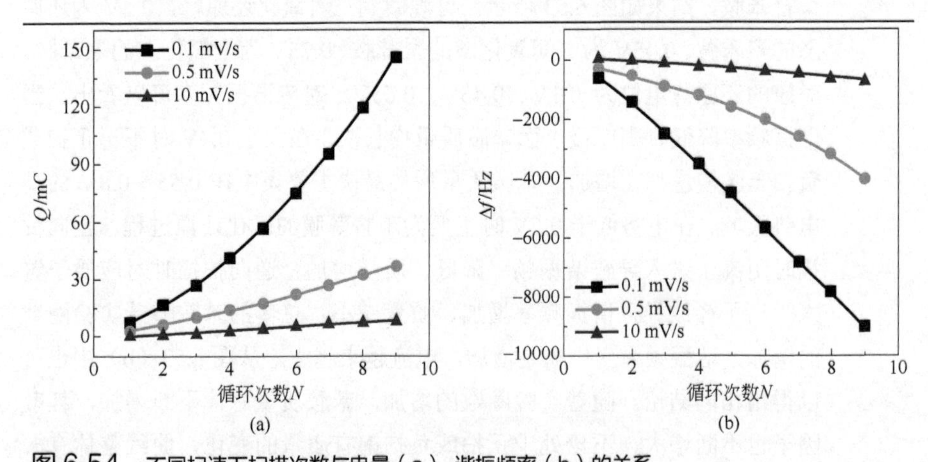

图 6.54 不同扫速下扫描次数与电量（a）、谐振频率（b）的关系

参考文献

[1] Kuwana T, Darlington R K, Leedy D W, Electrochemical studies using conducting glass indicator electrodes[J]. Analytical Chemistry, 1964,36:2023

[2] 郑华均，马淳安. 光谱电化学原位测试技术的应用及进展[J]. 浙江工业大学学报,2003, 05.

[3] 焦奎，吕刚，孙伟，杨涛，吴俊峰. 紫外可见薄层光谱电化学[J]. 青岛化工学院学报：自然科学版, 2001,03.

[4] 谢远武，董绍俊. 光谱电化学方法-理论与应用[M].吉林.吉林科学技术出版社，1993.

[5] 董绍俊. 薄层光谱电化学[J]. 分析化学, 1985, 13:70.

[6] Von Benken W, Kuwana T. Preparation and properties of thin gold and platinum films on glass or quartz for transparent electrodes [J]. Anal Chem, 1970, 42:114.

[7] Cieslinski R, Armstrong N R. Metallized-plastic optically transparent electrodes[J]. Anal Chem, 1979, 51:565.

[8] Murray R W, Heineman W R. An optieally transparent thin layer electrochemical cell [J]. Anal Chem, 1967, 39(13):1666.

[9] Gamage Ranjith S K A, Siva Umapathy, McQuillan A James. OTTLE cell study of the UV-visible and FTIR spectroelectrochemistry of the radical anion and dianion of 1,4-benzoquinone in DMSO solutions[J]. Electroanalytical Chem, 1990, 284: 229-235.

[10] Deangelis Thomas P, Hurst Roger W, Yacynych Alexander M, et al.Carbon and mercury-carbon optically transparent electrodes[J]. Analytical Chemistry,1977,49 (9): 1395-1398.

[11] Mattson J S, Smith C A. Optically transparent carbon film electrodes for infrared spectro-electrochemistry[J]. Anal Chem, 1975, 47:1122.

[12] Pang S，Hernandez Y，Feng X，et al. Graphene as transparent electrode material for organic electronics [J]. Advanced Materials，2011，23(25)：2779-2795.

[13] 刘志广，张华，李亚明. 仪器分析[M].辽宁:大连理工大学出版社，2004.

[14] 姜春明，张汉昌，白如科. 原位紫外-可见光谱和电化学方法研究苯胺聚合过程中的降解[J]. 高分子学报，2004，5:684-687:

[15] 王丽琴，曾子文，胡荫华. 一种简易光谱电化学电池[J]. 分析仪器，1991(1)：3.

[16] 张贵荣，张爱健，王欢，等. 电聚合苯胺过程的在线紫外-可见光谱[J]. 高分子学报，2008：41-47.

[17] Genies E M, Lapkowski M. J Electroanal Chem, 1987, 236(1/2):189-197.

[18] 张贵荣，张静波，肖丽平，等. 间甲基苯胺电化学聚合以及它与对苯二胺电化学共聚的原位紫外-可见光谱[J]. 化学学报，2009(67):657-664:

[19] 徐雯茹，张雷. 邻氨基酚与邻苯二胺共聚的原位紫外-可见光谱电化学研究[J]. 分析测试学报，2014(12)，1334-1341.

[20] 朱元保，黄杉生. 薄层电解池流动注射法测定铜[J]. 高等化学学报, 1989, 10:554-556.

[21] 顾登平，张雪英，蒋殿录. 一种新型长光程薄层光谱电化学池[J]. 物理化学学报，1993，9(3).

[22] 郑国栋，孙浩然,曹锡章. 光程可调光透薄层光谱电化学池[J].分析化学, 1991 (12): 1455-1459.

[23] 牛建军，程广金，董绍俊. 新式夹心型光透薄层光谱电化学电解池[J]. 应用化学，1992，9(6): 11–15.

[24] 林祥钦，刘殿骏. 电极体插入式长光程可见-紫外薄层光谱电化学池设计[J]. 物理化学学报，1989, 5(6): 719.

[25] Moseor-Boss P A，Newbery R,Szpak S,et al.Versatile,low-volume,thin-layer cell for in situ spectroelectroch emistry[J]. Anal Chem, 1996,68(16)：3277-3282.

[26] 罗瑾，林仲华，田昭武. 电化学原位紫外可见反射光谱法[J]. 化学通报, 1994(2):5-8.

[27] Paula A Brooksby, Fawcett W Ronald. Determination of the electric field intensities in a mid-infrared spectroelectrochemical cell using attenuated total reflection spectroscopy with the otto optical configuration[J].Analytical Chemistry,2001,73 (6): 1155-1160.

[28] Bewick A, Mellor J M, Pons B S . Distinction between ECE and disproportionation mechanisms in the anodic oxidation of methyl benzenes using spectroelectrochemical methods[J].

Electrochimica Acta, 1980, 25(7):931-941.

[29] Sun S G, Lin Y . Kinetics of isopropanol oxidation on Pt(111), Pt(110), Pt(100), Pt(610) and Pt(211) single crystal electrodes: Studies of in situ time-resolved FTIR spectroscopy[J]. Electrochimica Acta, 1998, 44(6):1153-1162.

[30] Moon S M, Bock C, Macdougall B . Setup, sensitivity and application of thin electrolyte layer ATR-FTIR spectroscopy[J]. Journal of Electroanalytical Chemistry, 2004, 568(none):225-233.

[31] 阳耀月，张涵轩，蔡文斌. 电化学表面增强红外光谱技术进展[J]. 电化学, 2013(1):6-16.

[32] Martin H B, Morrison P W. Application of a diamond thin film as a transparent electrode for in situ infrared spectroelectrochemistry[J]. Electrochemical and Solid State Letters, 2001, 4(4): E17-E20.

[33] Adzic R R, Shao M H, Liu P. Superoxide anion is the intermediate in the oxygen reduction reaction on platinum electrodes[J]. Journal of the American Chemical Society, 2006, 128(23): 7408-7409.

[34] Xue X K, Liu J H, Wang J Y, et al. Practically modified attenuated total reflection surface-enhanced IR absorption spectroscopy for high-quality frequency-extended detection of surface species at electrodes[J]. Analytical Chemistry, 2008, 80(1): 166-171.

[35] Smekal A. Zur quantentheorie der dispersion[J]. Naturwissenschaften, 1923, 11(43): 873-875.

[36] Raman C V. A change of wave-length in light scattering[J]. Nature, 1928, 121(3051): 619.

[37] Fleischmann M, Hendra P J, McQuilla A J. Raman-Spectra of pyridine adsorbed at a silver electrode[J]. Chemical Physics Letters, 1974, 26: 163-166.

[38] Wu D Y, Li J F, Ren B, et al. Electrochemical surface-enhanced Raman spectroscopy of nanostructures[J]. Chemical Society Reviews, 2008, 37(5): 1025-1041.

[39] 庞然，金曦，赵刘斌，等. 电化学表面增强拉曼光谱的量子化学研究[J]. 高等学校化学学报，2015, 36, 2087-2098.

[40] Wood R W. Diffraction gratings with controlled groove form and abnormal distribution of intensity[J]. The London, Edinburgh, and Dublin Philosophical Magazine and Journal of Science, 1912, 23(134): 310-317.

[41] Nylander C, Liedberg B, Lind T. Gas detection by means of surface plasmon resonance[J]. Sensors and Actuators, 1982, 3: 79-88.

[42] Liedberg B, Nylander C, Lunström I. Surface plasmon resonance for gas detection and biosensing[J]. Sensors and actuators, 1983, 4: 299-304.

[43] Homola J. Surface plasmon resonance sensors for detection of chemical and biological species[J]. Chemical Reviews, 2008, 108(2): 462-493.

[44] Sriram R, Yadav A R, Mace C R, et al. Validation of arrayed imaging reflectometry biosensor response for protein–antibody interactions: Cross-correlation of theory, experiment, and complementary techniques[J]. Analytical Chemistry, 2011, 83(10): 3750-3757.

[45] Su L C, Chang Y F, Chou C, et al. Binding kinetics of biomolecule interaction at ultralow concentrations based on gold nanoparticle enhancement[J]. Analytical Chemistry, 2011, 83(9): 3290-3296.

[46] Liu Y, Dong Y, Jauw J, et al. Highly sensitive detection of protein toxins by surface plasmon resonance with biotinylation-based inline atom transfer radical polymerization amplification[J].

Analytical Chemistry, 2010, 82(9): 3679-3685.

[47] Zhang Y, Xu M, Wang Y, et al. Studies of metal ion binding by apo-metallothioneins attached onto preformed self-assembled monolayers using a highly sensitive surface plasmon resonance spectrometer[J]. Sensors and Actuators B: Chemical, 2007, 123(2): 784-792.

[48] Forzani E S, Zhang H, Chen W, et al. Detection of heavy metal ions in drinking water using a high-resolution differential surface plasmon resonance sensor[J]. Environmental Science & Technology, 2005, 39(5): 1257-1262.

[49] Fernández F, Hegnerová K, Piliarik M, et al. A label-free and portable multichannel surface plasmon resonance immunosensor for on site analysis of antibiotics in milk samples[J]. Biosensors and Bioelectronics, 2010, 26(4): 1231-1238.

[50] Vaisocherova H, Yang W, Zhang Z, et al. Ultralow fouling and functionalizable surface chemistry based on a zwitterionic polymer enabling sensitive and specific protein detection in undiluted blood plasma[J]. Analytical Chemistry, 2008, 80(20): 7894-7901.

[51] Kretschmann E, Raether H. Radiative decay of non radiative surface plasmons excited by light[J]. Zeitschrift für Naturforschung A, 1968, 23(12): 2135-2136.

[52] Otto A. Excitation of nonradiative surface plasma waves in silver by the method of frustrated total reflection[J]. Zeitschrift für Physik A Hadrons and Nuclei, 1968, 216(4): 398-410.

[53] Sambles J R, Bradbery G W, Yang F. Optical excitation of surface plasmons: an introduction[J]. Contemporary Physics, 1991, 32(3): 173-183.

[54] Smith E A, Corn R M. Surface plasmon resonance imaging as a tool to monitor biomolecular interactions in an array based format[J]. Applied Spectroscopy, 2003, 57(11): 320A-332A.

[55] Privett B J, Shin J H, Schoenfisch M H. Electrochemical sensors[J]. Analytical Chemistry, 2008, 80(12): 4499-4517.

[56] Wang J, Wang F, Zou X, et al. Surface plasmon resonance and electrochemistry for detection of small molecules using catalyzed deposition of metal ions on gold substrate[J]. Electrochemistry Communications, 2007, 9(2): 343-347.

[57] Norman L L, Badia A. Electrochemical surface plasmon resonance investigation of dodecyl sulfate adsorption to electroactive self-assembled monolayers via ion-pairing interactions[J]. Langmuir, 2007, 23(20): 10198-10208.

[58] Zhang N, Schweiss R, Zong Y, et al. Electrochemical surface plasmon spectroscopy—Recent developments and applications[J]. Electrochimica Acta, 2007, 52(8): 2869-2875.

[59] Boussaad S, Pean J, Tao N J. High-resolution multiwavelength surface plasmon resonance spectroscopy for probing conformational and electronic changes in redox proteins[J]. Analytical Chemistry, 2000, 72(1): 222-226.

[60] Gordon Ⅱ J G, Ernst S. Surface plasmons as a probe of the electrochemical interface[J]. Surface Science, 1980, 101(1-3): 499-506.

[61] Gordon Ⅱ J G, Swalen J D. The effect of thin organic films on the surface plasma resonance on gold[J]. Optics Communications, 1977, 22(3): 374-376.

[62] Wain A J, Do H N L, Mandal H S, et al. Influence of molecular dipole moment on the redox-induced reorganization of α-helical peptide self-assembled monolayers: an electrochemical SPR investigation[J]. The Journal of Physical Chemistry C, 2008, 112(37): 14513-14519.

[63] Xin Y, Gao Y, Guo J, et al. Real-time detection of Cu^{2+} sequestration and release by immobilized apo-metallothioneins using SECM combined with SPR[J]. Biosensors and Bioelectronics, 2008, 24(3): 369-375.

[64] Sriwichai S, Baba A, Deng S, et al. Nanostructured ultrathin films of alternating sexithiophenes and electropolymerizable polycarbazole precursor layers investigated by electrochemical surface plasmon resonance (EC-SPR) spectroscopy[J]. Langmuir, 2008, 24(16): 9017-9023.

[65] Panta Y M, Liu J, Cheney M A, et al. Ultrasensitive detection of mercury (Ⅱ) ions using electrochemical surface plasmon resonance with magnetohydrodynamic convection[J]. Journal of Colloid and Interface Science, 2009, 333(2): 485-490.

[66] Kurita R, Nakamoto K, Ueda A, et al. Comparison of electrochemical and surface plasmon resonance immunosensor responses on single thin film[J]. Electroanalysis: An International Journal Devoted to Fundamental and Practical Aspects of Electroanalysis, 2008, 20(20): 2241-2246.

[67] Wang J, Wang F, Zou X, et al. Surface plasmon resonance and electrochemistry for detection of small molecules using catalyzed deposition of metal ions on gold substrate[J]. Electrochemistry Communications, 2007, 9(2): 343-347.

[68] Norman L L, Badia A. Electrochemical surface plasmon resonance investigation of dodecyl sulfate adsorption to electroactive self-assembled monolayers via ion-pairing interactions[J]. Langmuir, 2007, 23(20): 10198-10208.

[69] Davis B W, Linman M J, Linley K S, et al. Unobstructed electron transfer on porous polyelectrolyte nanostructures and its characterization by electrochemical surface plasmon resonance[J]. Electrochimica Acta, 2010, 55(15): 4468-4474.

[70] Taranekar P, Baba A, Park J Y, et al. Dendrimer precursors for nanomolar and picomolar real-time surface plasmon resonance/potentiometric chemical nerve agent sensing using electrochemically crosslinked ultrathin films[J]. Advanced Functional Materials, 2006, 16(15): 2000-2007.

[71] Choi C H, Hillier A C. Combined electrochemical surface plasmon resonance for angle spread imaging of multielement electrode arrays[J]. Analytical chemistry, 2010, 82(14): 6293-6298.

[72] Tang H, Wang Q, Xie Q, et al. Enzymatically biocatalytic precipitates amplified antibody–antigen interaction for super low level immunoassay: an investigation combined surface plasmon resonance with electrochemistry[J]. Biosensors and Bioelectronics, 2007, 23(5): 668-674.

[73] Wang J, Wang F, Xu Z, et al. Surface plasmon resonance and electrochemistry characterization of layer-by-layer self-assembled DNA and Zr^{4+} thin films, and their interaction with cytochrome c[J]. Talanta, 2007, 74(1): 104-109.

[74] Kang X, Jin Y, Cheng G, et al. In situ analysis of electropolymerization of aniline by combined electrochemistry and surface plasmon resonance[J]. Langmuir, 2002, 18(5): 1713-1718.

[75] Taranekar P, Fulghum T, Baba A, et al. Quantitative electrochemical and electrochromic behavior of terthiophene and carbazole containing conjugated polymer network film precursors: EC-QCM and EC-SPR[J]. Langmuir, 2007, 23(2): 908-917.

[76] Hu W, Li C M, Cui X, et al. In situ studies of protein adsorptions on poly (pyrrole-*co*-pyrrole propylic acid) film by electrochemical surface plasmon resonance[J]. Langmuir, 2007, 23(5): 2761-2767.

[77] Kang X, Jin Y, Cheng G, et al. Surface plasmon resonance studies on the electrochemical doping/dedoping processes of anions on polyaniline-modified electrode[J]. Langmuir, 2002, 18(26): 10305-10310.

[78] Damos F S, Luz R C S, Kubota L T. Investigations of ultrathin polypyrrole films: Formation and effects of doping/dedoping processes on its optical properties by electrochemical surface plasmon resonance (ESPR)[J]. Electrochimica Acta, 2006, 51(7): 1304-1312.

[79] Baba A, Park M K, Advincula R C, et al. Simultaneous surface plasmon optical and electrochemical investigation of layer-by-layer self-assembled conducting ultrathin polymer films[J]. Langmuir, 2002, 18(12): 4648-4652.

[80] Jin Y, Shao Y, Dong S. Direct Electrochemistry and Surface Plasmon Resonance Characterization of Alternate Layer-by-Layer Self-Assembled DNA−Myoglobin Thin Films on Chemically Modified Gold Surfaces[J]. Langmuir, 2003, 19(11): 4771-4777.

[81] Wang F, Wang J, Chen H, et al. Assembly process of CuHCF/MPA multilayers on gold nanoparticles modified electrode and characterization by electrochemical SPR[J]. Journal of Electroanalytical Chemistry, 2007, 600(2): 265-274.

[82] Sriwichai S, Baba A, Deng S, et al. Nanostructured ultrathin films of alternating sexithiophenes and electropolymerizable polycarbazole precursor layers investigated by electrochemical surface plasmon resonance (EC-SPR) spectroscopy[J]. Langmuir, 2008, 24(16): 9017-9023.

[83] Baba A, Lübben J, Tamada K, et al. Optical properties of ultrathin poly (3, 4-ethylenedioxythiophene) films at several doping levels studied by in situ electrochemical surface plasmon resonance spectroscopy[J]. Langmuir, 2003, 19(21): 9058-9064.

[84] Sheridan A K, Ngamukot P, Bartlett P N, et al. Waveguide surface plasmon resonance sensing: Electrochemical desorption of alkane thiol monolayers[J]. Sensors and Actuators B: Chemical, 2006, 117(1): 253-260.

[85] Toyama S, Aoki K, Kato S. SPR observation of adsorption and desorption of water-soluble polymers on an Au surface[J]. Sensors and Actuators B: Chemical, 2005, 108(1-2): 903-909.

[86] Boussaad S, Pean J, Tao N J. High-resolution multiwavelength surface plasmon resonance spectroscopy for probing conformational and electronic changes in redox proteins[J]. Analytical Chemistry, 2000, 72(1): 222-226.

[87] Frasconi M, D'Annibale A, Favero G, et al. Ferrocenyl alkanethiols−thio β-cyclodextrin mixed self-assembled monolayers: Evidence of ferrocene electron shuttling through the β-cyclodextrin cavity[J]. Langmuir, 2009, 25(22): 12937-12944.

[88] Yao X, Yang M L, Wang Y, et al. Study of the ferrocenylalkanethiol self-assembled monolayers by electrochemical surface plasmon resonance[J]. Sensors and Actuators B: Chemical, 2007, 122(2): 351-356.

[89] Yao X, Wang J, Zhou F, et al. Quantification of redox-induced thickness changes of 11-ferrocenylundecanethiol self-assembled monolayers by electrochemical surface plasmon resonance[J]. The Journal of Physical Chemistry B, 2004, 108(22): 7206-7212.

[90] Raitman O A, Katz E, Bückmann A F, et al. Integration of polyaniline/poly (acrylic acid) films and redox enzymes on electrode supports: an in situ electrochemical/surface plasmon resonance study of the bioelectrocatalyzed oxidation of glucose or lactate in the integrated bioelectrocatalytic

systems[J]. Journal of the American Chemical Society, 2002, 124(22): 6487-6496.

[91] Gu H, Ng Z, Deivaraj T C, et al. Surface plasmon resonance spectroscopy and electrochemistry study of 4-nitro-1,2-phenylenediamine: A switchable redox polymer with nitro functional groups[J]. Langmuir, 2006, 22(8): 3929-3935.

[92] Liu J, Tian S, Tiefenauer L, et al. Simultaneously amplified electrochemical and surface plasmon optical detection of DNA hybridization based on ferrocene−streptavidin conjugates[J]. Analytical chemistry, 2005, 77(9): 2756-2761.

[93] Wang L, Zhu C, Han L, et al. Label-free, regenerative and sensitive surface plasmon resonance and electrochemical aptasensors based on graphene[J]. Chemical Communications, 2011, 47(27): 7794-7796.

[94] Baba A, Taranekar P, Ponnapati R R, et al. Electrochemical surface plasmon resonance and waveguide-enhanced glucose biosensing with N-alkylaminated polypyrrole/glucose oxidase multilayers[J]. ACS Applied Materials & Interfaces, 2010, 2(8): 2347-2354.

[95] Wang S, Forzani E S, Tao N. Detection of heavy metal ions in water by high-resolution surface plasmon resonance spectroscopy combined with anodic stripping voltammetry[J]. Analytical Chemistry, 2007, 79(12): 4427-4432.

[96] Wang J, Shao Y, Jin Y, et al. Electrochemical thinning of thicker gold film with qualified thickness for surface plasmon resonance sensing[J]. Analytical Chemistry, 2005, 77(17): 5760-5765.

[97] Zhai P, Guo J, Xiang J, et al. Electrochemical surface plasmon resonance spectroscopy at bilayered silver/gold films[J]. The Journal of Physical Chemistry C, 2007, 111(2): 981-986.

[98] Ku J R, Vidu R, Stroeve P. Mechanism of film growth of tellurium by electrochemical deposition in the presence and absence of cadmium ions[J]. The Journal of Physical Chemistry B, 2005, 109(46): 21779-21787.

[99] Riskin M, Basnar B, Chegel V I, et al. Switchable surface properties through the electrochemical or biocatalytic generation of Ag^0 nanoclusters on monolayer-functionalized electrodes[J]. Journal of the American Chemical Society, 2006, 128(4): 1253-1260.

[100] Gupta G, Bhaskar A S B, Tripathi B K, et al. Supersensitive detection of T-2 toxin by the in situ synthesized π-conjugated molecularly imprinted nanopatterns. An in situ investigation by surface plasmon resonance combined with electrochemistry[J]. Biosensors and Bioelectronics, 2011, 26(5): 2534-2540.

[101] Nieciecka D, Krysinski P. Interactions of doxorubicin with self-assembled monolayer-modified electrodes: Electrochemical, surface plasmon resonance (SPR), and gravimetric studies[J]. Langmuir, 2011, (27): 1100-1107.

[102] Wang J, Wang F, Xu Z, et al. Surface plasmon resonance and electrochemistry characterizationof layer-by-layer self-assembled DNA and Zr^{4+} thin films, and their interaction with cytochrome c[J]. Talanta, 2007, 74(1): 104-109.

[103] Fan F R F, Bard A J, Kwak J, et al. scanning electrochemical microscopy-introduction and principles[J]. Analytical Chemistry, 1989, 61(2): 132-138.

[104] Kwak J, Bard A J. Scanning electrochemical microscopy. Theory of the feedback mode[J]. Anal Chem, 1989,61:1221.

[105] Kwak J, Bard A J. Scanning electrochemical microscopy. Apparatus and two-dimensional scans

of conductive and insulating substrates[J]. Analytical Chemistry, 1989, 61(17): 1794-1799.

[106] 伍海龙，张玉林，崔蕾，等. 扫描电化学显微镜检测电路的研制[J]. 电子技术应用, 2007(4):23-24.

[107] 周红，夏勇. 电分析仪器中的微电流测量[J]. 分析仪器, 2000(2):20-23.

[108] 穆纪千，毛秉伟，卓向东，等. 扫描电化学显微仪——电子控制系统的研制[J]. 厦门大学学报：自然版, 1994(s1): 258-261.

[109] Fan F R F, Mirkin M V, Bard A J. Polymer films on electrodes. 25. Effect of polymer resistance on the electrochemistry of poly (vinylferrocene): scanning electrochemical microscopic, chronoamperometric, and cyclic voltammetric studies[J]. The Journal of Physical Chemistry, 1994, 98(5): 1475-1481.

[110] Unwin P R, Bard A J. Scanning electrochemical microscopy. 9. Theory and application of the feedback mode to the measurement of following chemical reaction rates in electrode processes[J]. The Journal of Physical Chemistry, 1991, 95(20): 7814-7824.

[111] Zhou F, Unwin P R, Bard A J. Scanning electrochemical microscopy. 16. Study of second-order homogeneous chemical reactions via the feedback and generation/collection modes[J]. The Journal of Physical Chemistry, 1992, 96(12): 4917-4924.

[112] Zhou F, Bard A J. Detection of the electrohydrodimerization intermediate acrylonitrile radical anion by scanning electrochemical microscopy[J]. Journal of the American Chemical Society, 1994, 116(1): 393-394.

[113] Treichel D A, Mirkin M V, Bard A J. Scanning electrochemical microscopy. 27. Application of a simplified treatment of an irreversible homogeneous reaction following electron transfer to the oxidative dimerization of 4-nitrophenolate in acetonitrile[J]. The Journal of Physical Chemistry, 1994, 98(22): 5751-5757.

[114] Demaille C, Unwin P R, Bard A J. Scanning electrochemical microscopy. 33. Application to the study of ECE/DISP reactions[J]. The Journal of Physical Chemistry, 1996, 100(33): 14137-14143.

[115] Engstrom R C, Weber M, Wunder D J, et al. Measurements within the diffusion layer using a microelectrode probe[J]. Analytical Chemistry, 1986, 58(4): 844-848.

[116] Engstrom R C, Meaney T, Tople R, et al. Spatiotemporal description of the diffusion layer with a microelectrode probe[J]. Analytical Chemistry, 1987, 59(15): 2005-2010.

[117] Engstrom R C, Wightman R M, Kristensen E W. Diffusional distortion in the monitoring of dynamic events[J]. Analytical Chemistry, 1988, 60(7): 652-656.

[118] Mirkin M V, Fan F R F, Bard A J. Direct electrochemical measurements inside a 2000 angstrom thick polymer film by scanning electrochemical microscopy[J]. Science, 1992, 257(5068): 364-366.

[119] Fan F R F, Mirkin M V, Bard A J. Polymer films on electrodes. 25. Effect of polymer resistance on the electrochemistry of poly (vinylferrocene): scanning electrochemical microscopic, chronoamperometric, and cyclic voltammetric studies[J]. The Journal of Physical Chemistry, 1994, 98(5): 1475-1481.

[120] Slowinski K, Chamberlain R V, Miller C J, et al. Through-bond and chain-to-chain coupling. Two pathways in electron tunneling through liquid alkanethiol monolayers on mercury

electrodes[J]. Journal of the American Chemical Society, 1997, 119(49): 11910-11919.

[121] Shao Y, Mirkin M V. Scanning electrochemical microscopy (SECM) of facilitated ion transfer at the liquid/liquid interface[J]. Journal of Electroanalytical Chemistry, 1997, 439(1): 137-143.

[122] Shao Y, Mirkin M V. Probing ion transfer at the liquid/liquid interface by scanning electrochemical microscopy (SECM)[J]. The Journal of Physical Chemistry B, 1998, 102(49): 9915-9921.

[123] Barker A L, Gonsalves M, Macpherson J V, et al. Scanning electrochemical microscopy: beyond the solid/liquid interface[J]. Analytica Chimica Acta, 1999, 385(1-3): 223-240.

[124] Takahashi Y, Shevchuk A I, Novak P, et al. Multifunctional nanoprobes for nanoscale chemical imaging and localized chemical delivery at surfaces and interfaces[J]. Angewandte Chemie International Edition, 2011, 50(41): 9638-9642.

[125] Lai S C S, Patel A N, McKelvey K, et al. Definitive evidence for fast electron transfer at pristine basal plane graphite from high - resolution electrochemical imaging[J]. Angewandte Chemie International Edition, 2012, 51(22): 5405-5408.

[126] Güell A G, Ebejer N, Snowden M E, et al. Structural correlations in heterogeneous electron transfer at monolayer and multilayer graphene electrodes[J]. Journal of the American Chemical Society, 2012, 134(17): 7258-7261.

[127] Kleijn S E F, Lai S C S, Miller T S, et al. Landing and catalytic characterization of individual nanoparticles on electrode surfaces[J]. Journal of the American Chemical Society, 2012, 134(45): 18558-18561.

[128] Patel A N, McKelvey K, Unwin P R. Nanoscale electrochemical patterning reveals the active sites for catechol oxidation at graphite surfaces[J]. Journal of the American Chemical Society, 2012, 134(50): 20246-20249.

[129] Yang D, Han L, Yang Y, et al. Solid - State Redox Solutions: Microfabrication and Electrochemistry[J]. Angewandte Chemie International Edition, 2011, 50(37): 8679-8682.

[130] Wittstock G, Schuhmann W. Formation and imaging of microscopic enzymatically active spots on an alkanethiolate-covered gold electrode by scanning electrochemical microscopy[J]. Analytical Chemistry, 1997, 69(24): 5059-5066.

[131] Wittstock, G. & Wilhelm, T. Characterization and manipulation of microscopic biochemically active regions by scanning electrochemical microscopy (SECM)[J]. Anal Sci, 2002, 18:1199-1204.

[132] Zhao, C. A. & Wittstock, G. Scanning electrochemical microscopy of quinoprotein glucose dehydrogenase [J]. Anal Chem,2004, 76: 3145-3154.

[133] Burchardt M, Traeuble M, Wittstock G. Digital simulation of scanning electrochemical microscopy approach curves to enzyme films with michaelis-menten kinetics[J]. Anal Chem, 2009,81:4857-4863.

[134] Zhao C, Wittstock G. An SECM detection scheme with improved sensitivity and lateral resolution: Detection of galactosidase activity with signal amplification by glucose dehydrogenase[J]. Angew Chem Int Ed,2004,43:4170-4172.

[135] Li X, Bard A J. Scanning electrochemical microscopy of HeLa cells - Effects of ferrocene methanol and silver ion[J]. J Electroanal Chem,2009,628:35-42.

[136] Takahashi Y. et al. Topographical and electrochemical nanoscale imaging of living cells using voltage-switching mode scanning electrochemical microscopy[J]. Pro Natl Acad Sci, 2012,109:11540-11545.

[137] Liu X, et al. Real-time mapping of a hydrogen peroxide concentration profile across a polymicrobial bacterial biofilm using scanning electrochemical microscopy[J]. Pro Natl Acad Sci,2011,108:2668-2673.

[138] Xue Y D, et al. Real-time monitoring of cell viability by its nanoscale height change with oxygen as endogenous indicator[J]. Chem Commun,2010,46:7388-7390

[139] Bollo S, Yanez C, Sturm J,et al.Cyclic voltammetric and scanning electrochemical microscopic study of thiolated β-cyclodextrin adsorbed on a gold electrode[J]. Langmuir,2003, 19(8): 3365-3370.

[140] Kaya T, Nishizawa M, Yasukawa T, et al. A microbial chip combined with scanning electrochemical microscopy[J]. Biotechnology and Bioengineering, 2001, 76(4): 391-394.

[141] Wittstock G, Asmus T, Wilhelm T. Investigation of ion-bombarded conducting polymer films by scanning electrochemical microscopy (SECM)[J]. Fresenius' Journal of Analytical Chemistry, 2000, 367(4): 346-351.

[142] Marck C, Borgwarth K, Heinze J. Micropatterns of poly (4, 4′ - dimethoxy - 2, 2′ - bithiophene) generated by the scanning electrochemical microscope[J]. Advanced Materials, 2001, 13(1): 47-51.

[143] Fushimi K, Seo M. An SECM observation of dissolution distribution of ferrous or ferric ion from a polycrystalline iron electrode[J]. Electrochimica Acta, 2001, 47(1-2): 121-127.

[144] Jinyou Y E, Liu J, Zhang Z, et al. Investigation of the model compounds at 4-aminobenzoic acid modified glassy carbon electrode by scanning electrochemical microscopy[J]. Journal of Electroanalytical Chemistry, 2001, 508(1):123-128.

[145] Yasukawa T, Kaya T, Matsue T. Characterization and imaging of single cells with scanning electrochemical microscopy[J]. Electroanalysis, 2015, 12(9):653-659.

[146] Wittstock G, Wilhelm T, Bahrs S, et al. SECM feedback imaging of enzymatic activity on agglomerated microbeads[J]. Electroanalysis: An International Journal Devoted to Fundamental and Practical Aspects of Electroanalysis, 2001, 13(8 - 9): 669-675.

[147] Zaumseil J, Wittstock G, Bahrs S, et al. Imaging the activity of nitrate reductase by means of a scanning electrochemical microscope[J]. Fresenius' Journal of Analytical Chemistry, 2000, 367(4): 352-355.

[148] Wilhelm T, Wittstock G, Szargan R.Scanning electrochemical microscopy of enzymes immobilized on structured glass-gold substrates[J]. Fresenius' Journal of Analytical Chemistry, 1999, 365(1-3): 163-167.

[149] Wittstock G. Modification and characterization of artificially patterned enzymatically active surfaces by scanning electrochemical microscopy[J]. Fresenius Journal of Analytical Chemistry, 2001, 370(4):303-315.

[150] 邵元华. 扫描电化学显微镜及其最新进展[J]. 分析化学, 1999, 27(11):1348-1355.

[151] Wei C, Bard A J, Mirkin M V. Scanning electrochemical microscopy. 31. Application of SECM to the study of charge transfer processes at the liquid/liquid interface[J]. J Phys.Chem, 1995,

99(43):16033-16042.

[152] Solomon T, Bard A J. Reverse (Uphill) electron transfer at the liquid/liquid interface[J]. Journal of Physical Chemistry, 1995, 99(49):17487-17489.

[153] Michael Tsionsky,et al. Long-range electron transfer through a lipid monolayer at the liquid/liquid interface[J]. Journal of the American Chemical Society, 1997, 119(44): 10785-10792.

[154] Sun P, Li F, Chen Y, et al. Observation of the marcus inverted region of electron transfer reactions at a liquid/liquid interface[J]. Journal of the American Chemical Society, 2003, 125(32): 9600-9601.

[155] Sun P, Zhang Z, Gao Z, et al. Probing fast facilitated ion transfer across an externally polarized liquid–liquid interface by scanning electrochemical microscopy[J]. Angewandte Chemie International Edition, 2002, 41(18): 3445-3448.

[156] Xiang J, Guo J, Zhou F. Scanning electrochemical microscopy combined with surface plasmon resonance: Studies of localized film thickness variations and molecular conformation changes[J]. Analytical Chemistry, 2006, 78(5): 1418-1424.

[157] Cliffel D E, Bard A J, Shinkai S. Electrochemistry of tert-butylcalix [8] arene−C60 films using a scanning electrochemical microscope−quartz crystal microbalance[J]. Analytical Chemistry, 1998, 70(19): 4146-4151.

[158] Lee Y, Bard A J. Fabrication and characterization of probes for combined scanning electrochemical/optical microscopy experiments[J]. Analytical Chemistry, 2002, 74(15): 3626-3633.

[159] 苏彬，袁艺，孙鹏，等. 玻璃微、纳米管及其在电分析化学中的应用[J]. 分析科学学报, 2001, 17(6):520-525.

[160] Gollas B, Bartlett P N, Denuault G. An instrument for simultaneous EQCM impedance and SECM measurements[J]. Analytical Chemistry, 2000, 72(2):349-356.

[161] Macpherson J V, Unwin P R. Combined scanning electrochemical-atomic force microscopy[J]. Analytical Chemistry, 2000, 72(2):276-285.

[162] And Y L, Bard A J. Fabrication and characterization of probes for combined scanning electrochemical/optical microscopy experiments[J]. Analytical Chemistry, 2002, 74(15):3626.

[163] Sauerbrey G. Use of quartz vibrator for weighting thin films on a microbalance[J]. Zeitschrift fur Physik, 1959, 155: 206-212.

[164] 严枫，胡效亚. 免疫传感器在肿瘤标志物检测中的应用[J]. 分析测试学报，2006, 25(2): 132-136.

[165] 吴兵. 石英晶体微天平电学参数获取及在物理吸附上的应用[D]. 合肥:中国科学技术大学, 2008.

[166] Kanazawa K K, Gordon Ⅱ J G. Frequency of a quartz microbalance in contact with liquid[J]. Analytical Chemistry, 1985, 57(8): 1770-1771.

[167] 李辉. 石英晶体谐振器的振动模态分析及环境电磁场影响研究[D]. 成都：西南交通大学, 2013.

[168] Yang M, Thompson M. Multiple chemical information from the thickness shear mode acoustic wave sensor in the liquid phase[J]. Analytical Chemistry, 1993, 65(9): 1158-1168.

[169] 蒋海峰. 基于频谱分析方法石英晶体微天平的研究[D]. 合肥:中国科学技术大学, 2007.

索引